DONGYANG MIRAE University
interior design

DONGYANG MIRAE UNIVERSITY

DONGYANG MIRAE UNIVERSITY
Department of Interior Design

2014 degree show

The 13th Narrative in Spacial Praxis

동양 미래대학교 실내디자인과

152-714
DONGYANG MIRAE University Dept.of Interior Design
62-160, gocheok-dong, guro-gu, seoul, korea
phone + 82 2 2610 1962
fax + 82 2 2610 1960

http://interior.dongyang.ac.kr

contents 2014

MATTER ; REAL
41 projects

발간사

공간 디자인은 물질과 현상으로 나타납니다.
물리적 공간 속에 인간의 삶과 문화와
시대정신이 내재해 있습니다.
공간을 만드는 일은 문화를 만드는 일이고
미래의 삶터를 만드는 작업입니다.

오늘날 인간을 둘러싼 디지털 생태계는
너무나 빠르게 진화하여 예측하지 못한
사회적 이슈들을 만들어 내고 있습니다.
공간디자인의 개념 또한
새로운 질료에 의해
새로운 현상을 창출해 내고 있습니다.

2014년도 졸업작품 주제
'MATTER:REAL'은 물질과 현상을 가로지르는
중의적 의미를 내포하고 있습니다.

졸업작품전에 출품된 낱낱의 작품 속에는
질료와 현상의 고찰 속에
공간문화의 질을 높이겠다는
시대정신이 내재해 있습니다.

치열한 자신과의 싸움을 통해
창의적인 작품을 완성해 낸 학생들의 노력과
지도교수의 노고에
뜨거운 박수를 보냅니다.

2014. 9. 23.

디자인학부장 김 홍 기

동아·한신
104
3호관
degree show
MAT ER; REAL

13th
degree show
DONGYANG MIRAE UNIVERSITY
MATTER;REAL

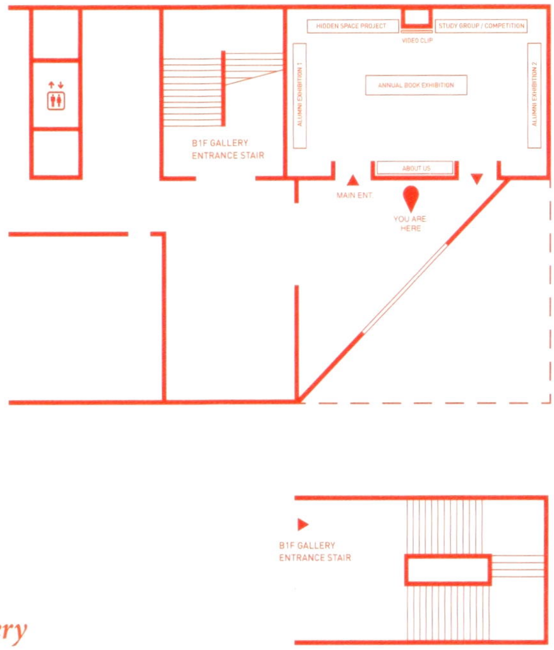

1F Gallery

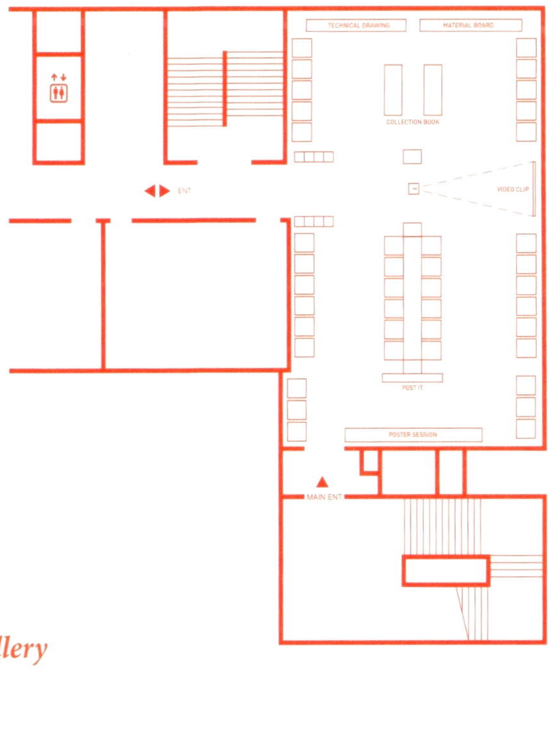

B1F Gallery

1F GALLERY : SPECIAL SHOW

Alumni exhibition

Annual book exhibition : "Contents" 2004 · 2005 · 2007 · 2008 · 2010 · 2009 · 2011 · 2012· 2013

Hidden space project : international design exchange project 2010 · 2011 · 2012 · 2013 · 2014

Study group : WIND · SYNTAX 2014 episode & Competition Awards exhibition

Video clip : process images, student's comments & words of thanks

2014 degree show

B1F GALLERY : 2014 DEGREE SHOW

Graduate 40 works poster

Degree show post it comments

2014 Graduate 40 works

Technical drawing & material board

Collection book

T h e   1 3 t h   n a r r a t i v e   i n   s p a t i a l   p r a x i s

2014 PROJECT "MATTER ; REAL" MEMBERS

우리가 최선을 다해야 하는 이유는 사람들을 감동시키기 위해서가 아니다.
최선을 다할 때만이 자신이 즐겁게 일할 수 있기 때문이다.

[앤드류 매튜스]

contents

DONGYANG MIRAE University Dept. of interior design

STUDIO A

A반 지도교수 박영태(Park, Young-Tae) Robotomy@naver.com

창신동 봉제 : Archive Studio
이은미 | Lee Eun-Mi

Hotel Meteorite
김민경 | Kim Min-Kyung

TENSION UP
노승희 | No Seung-Hee, 이은비 | Lee Eun-Bi

새로 보다
윤정인 | Yun Jeong-In, 한아름 | Han Ah-Reum

숨쉴 틈을 주다
윤설영 | Yoon Seol-Young , 송지은 | Song Ji-Eun

듣다 : 대화의 시작
한수민 | Han Soo-Min , 이인근 | Lee In-Keun

HUE 休
이승은 | Lee Seung-Eun , 송연주 | Song Yeon-Ju

THINKING CLOUD
최승민 | Choi Seung-Min , 정한울 | Jeong Han-Ul

Knitting
김아란 | Kim Ah-Ran, 석진주 | Seok Jin-Ju

CONNECT
김시은 | Kim Si-Eun

RE:MAKE
김혜미 | Kim Hye-Mi

관객과 배우를 잇다
정보배 | Jeong Bo-Bae

GRAIN BETWEEN
조경찬 | Jo Kyung-Chan

Severance in communication
홍종무 | Hong Jong-Mu

글로 짓다
곽민주 | Kwak Min-Joo

STUDIO B

B반 지도교수 이미경(Lee, Mi-Kyung) mikeelee@dongyang.ac.kr

Smart Structure
황영지 | Hwang Young-Ji , 박용주 | Park Yong-Ju

OVERLAP ALLEY
장한별 | Jang Han-Byeol , 한어진 | Han Eo-Jin

오르락 내리락
유영주 | Yu Young-Ju , 이지애 | Lee Ji-Ae

PULL & PUSH
정세양 | Jeong Se-Yang , 김홍미 | Kim Hong-Mee

Butterfly House
주민희 | Joo Min-Hee

MINI COMPLEX CENTER
안새봄 | An Sae-Bom , 최은정 | Choi Eun-Jeong

Custom-made Food Restaurant
김진화 | Kim Jin-Hwa , 이윤정 | Lee Yoon-Jeong

SEWING FACTORY
강민지 | Kang Min-Ji

Interaction
박종창 | Park Jong-Chang , 이명섭 | Lee Myoeng-Seop

All fresh Pop up Store
최수진 | Choi Soo-Jin , 김아름 | Kim Ah-Rum

Spa & Aesthetic Shop
이유리 | Lee Yu-Ri , 장혜선 | Jang Hye-Sun

Save animal, Save green, Save life
박종배 | Park Jong-Bae , 이기정 | Lee Ki-Jeong

2014 Interior Design Studio

STUDIO C

C반 지도교수 이은령(Lee, Eun-Ryung) juliayee@hanmail.net

SEE – THROUGH
김경희 | Kim Gyoung-Hee, 김미소 | Kim Mi-So

청년 작당소 : BAND
양정은 | Yang Jeong-Eun

STAR ARTIFACT
여운비 | Yeo Woon-Bi, 심지윤 | Sim Ji-Yoon

WALDORF
이소라 | Lee So-Ra, 정윤경 | Jung Yoon-Kyung

Turning Point
김윤애 | Kim Yoon-Ae, 박수진 | Park Su-Jin

A-hyeon scape
정호진 | Jeong Ho-Jin

Sewing the Space
채지연 | Chae Ji-Yeon, 임정연 | Lim Jeong-Yeon

共存
이혜원 | Lee Hye-Won

낯설음 : 공간의 유희
김해조 | Kim Hoa-Jo

Build something up
박소망 | Park So-Mang

Visualization of hearing
이혜경 | Lee Hae-Kyung

Crossing and cut off the eyes
박소영 | Park So-Young, 신기랑 | Shin Ki-Rang

Trace of our history
김태호 | Kim Tae-Ho, 임대홍 | Lim Dae-Hong

CONTROL FREEDOM
이성경 | Lee Seong-Kyung, 이호림 | Lee Ho-Rim

이은미 | Lee Eun-Mi

창신동 미싱사들의 봉제 아카이브 스튜디오

alley-square variation

창신동 봉제; 아카이브 스튜디오

changsin-dong sewing archive studio

Theme

우리는 혼자 살아갈 수 없으며 내가 아닌 다른 누군가와의 교감과 소통을 통하여 같이 살아간다. 봉제산업으로 형성된 막. 네트워크는 신경 세포처럼 무수히 퍼져나가며 어제와 오늘간의 만남으로 생긴 것이 아닌 시간을 통해 끈끈히 생성된 것이다. 창신동 봉제골목 미싱사들의 시간과 기억을 보존하며 아카이브 공간을 연결시킨 커뮤니티 장소 '봉제 아카이브 스튜디오'를 제안한다.

Why is that

동대문시장을 만드는 보이지 않는 손. 창신동 봉제골목.화려한 조명과 상품들이 자체 발광하는 판타즈마고리아가 형성되는 공간. 동대문. 그러나 동대문 뒤편으로 눈을 돌리면 적막한 산동네가 눈에 들어온다. 이곳이 바로 동대문시장을 떠받치는 산동네. 창신동이다. 봉제골목에는 3천여개의 봉제공장이 들어서있는 것으로 알려져 있으며 오래된 한옥과 판잣집이 즐비되어있고 이 곳에 머무는 사람들 역시 최첨단 기계가 아니라 낡은 미싱기 앞에서 삶을 의지하고 있다. 같은 장소. 같은 공간에서 같은 일을 하는데도 동네 사람들과의 교류. 관계를 만들어가는 시스템 또한 부족한 상황. 커뮤니티 장소 '봉제 아카이브 스튜디오'를 제안한다.

History of chang-sin dong

창신동 봉제골목에는 3천여개의 봉제공장들이 들어차 있다. 도시형 한옥,개조된 판잣집, 다세대주택까지 다양한 집들 사이로 봉제공장들이 빼곡하다. 이 골목을 걸으면 그동안 잊고 있던 봉제기계 소리들이 따라온다. 창신동길 낮은 지대 주변으로는 각종 부자재 점포와 패턴 작업장 그리고 패턴부터 미싱까지 도맡아 하는 종합공장들이 모여있다. 창신동길을 따라 높은 지대 성곽까지 한번 왔다 갔다 하면, 옷 한 벌이 하루만에 만들어지는 마법 같은 곳이다. 눈에 띄지 않는 낮은 곳에서 위를 떠받치며, 배후지로써 인큐베이터로써, 어머니 같은 모태로써, 서울에 산소를 공급하는 곳. 그곳이 동대문 시장의 뒤편 창신동이 자리잡은 매력이다.

Target analysis

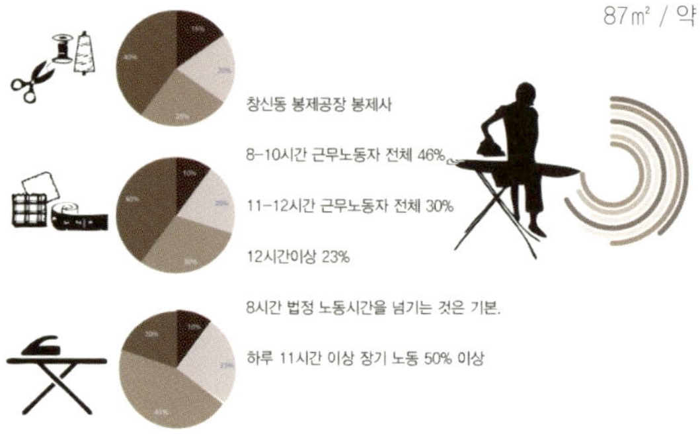

Site analysis

서울특별시 종로구 창신동 봉제골목 629-3번지
87㎡ / 약 48평

Process develop

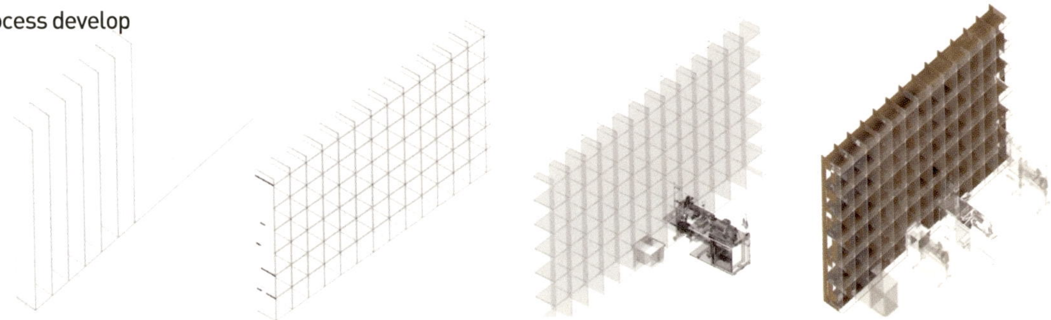

Functional Furniture Modeling

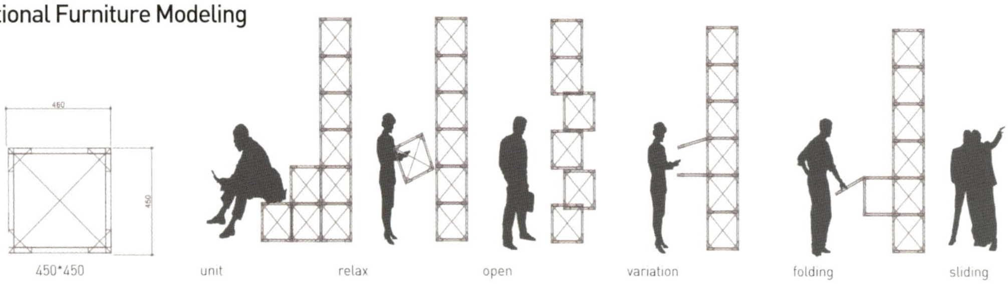

Module variation

rotate transform connect cross-unit variation

개개인의 프라이버시 경계를 허물지 않고 다양성을 더해 미싱사들의 삶의 궤적 그리고 기억이 공존하는 아카이브 공간.

모듈러 시스템을 통해 공간의 변형과 드나듦을 자유롭게 하여 public + privacy를 동시에 공존시킨다.

Modular [모듈러] 이동성, 가변성, 모듈성, 접이식, 다양성 꺼내 쓰는 가구를 통한 공간의 변형.

Furniture plan

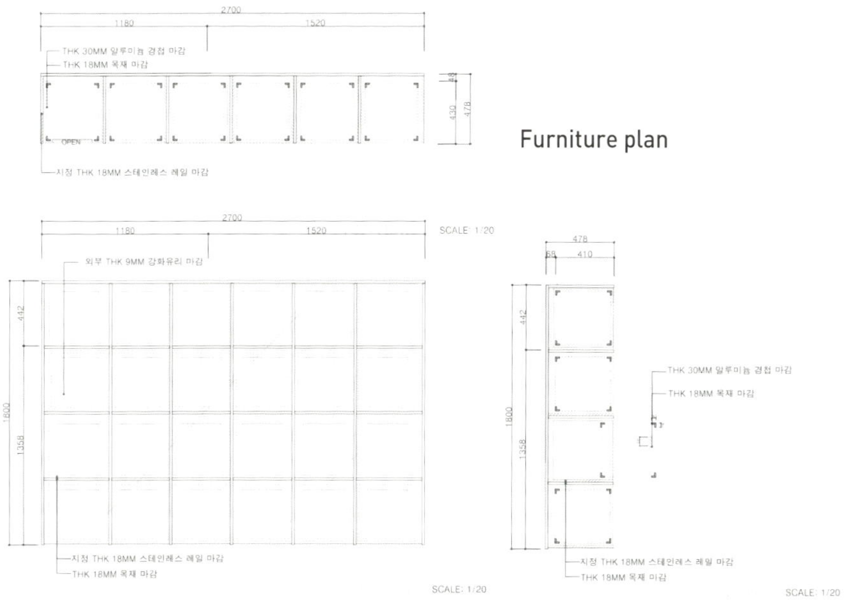

Modular change process

3D Modeling

[archive area]

[entrance view]

Floor Plan

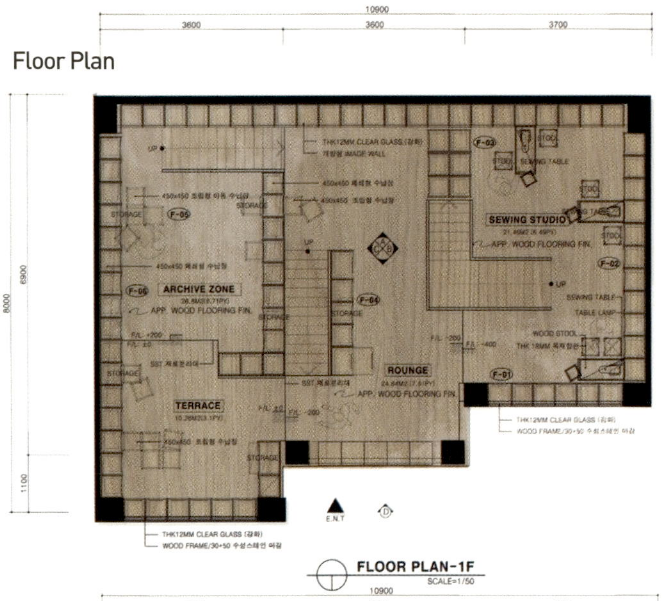

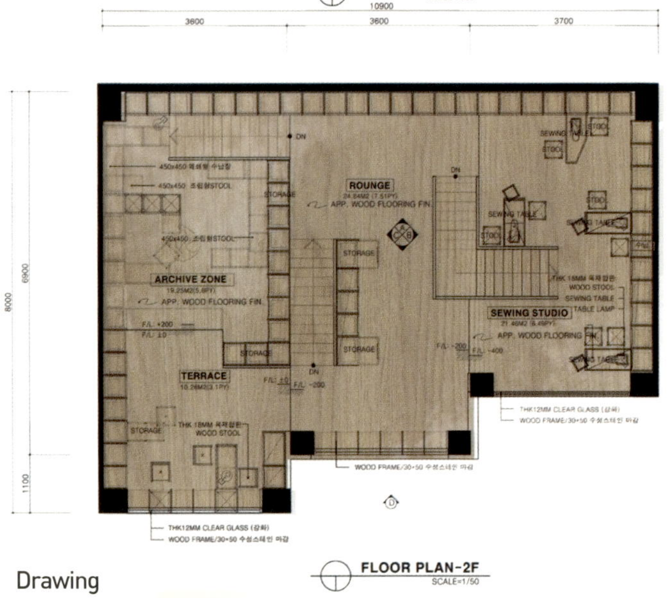

axnomatric view

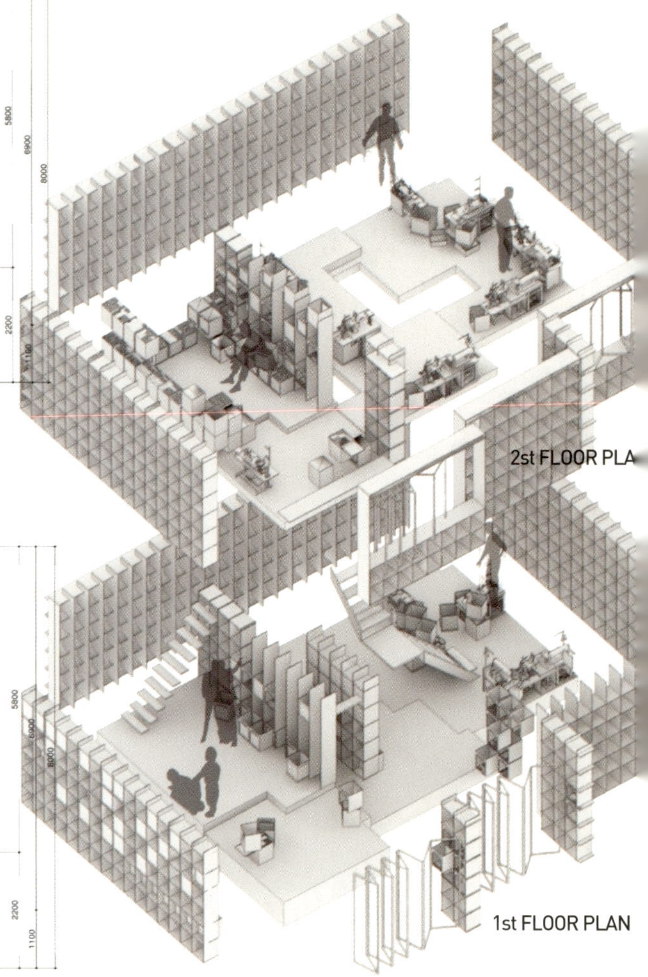

Drawing

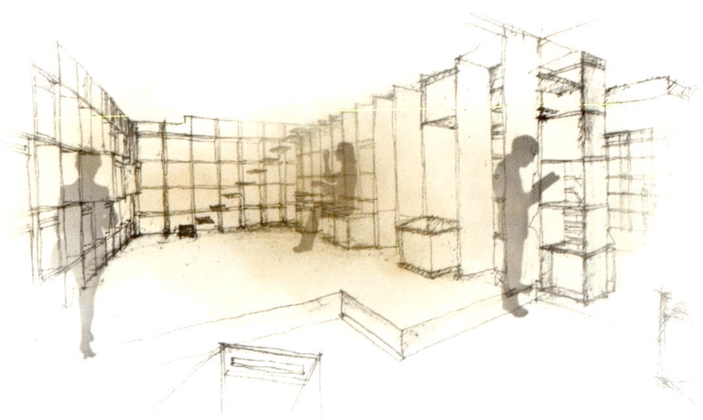

3D Modeling

[sewing studio + archive area]

[relax rounge + sewing studio]

황영지 | Hwang Young-Ji , 박용주 | Park Yong-Ju

SMART STRUCTURE

제기동 한약 약령시장 커뮤니케이션센터

스마트 스트럭쳐는 방문자의 감정에 반응한다. 우리는 물과 안개와 빛에 빈응하고 공간은 변화한다. 약령시장이 지나온 과거의 시간들과 현재의 시간은 물과 안개와 빛에 의해 조절되고 반응하며 사람들을 이끌어낸다. 스마트 스트럭쳐는 물질을 콘트롤하고 물질을 없앤다. 방문자는 이러한 약령시장의 역사를 물과 안개와 빛과 함께 공유하고 즐기며 공간 안에 흡수된다.

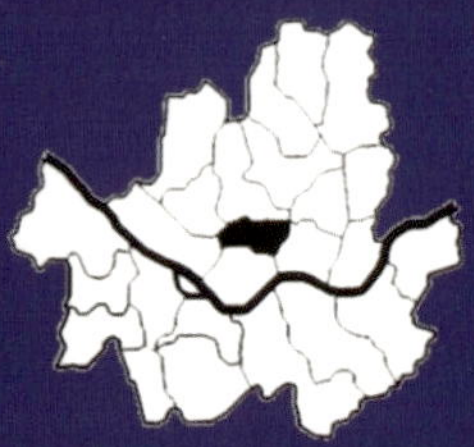

서울특별시 동대문구 제기동 서울약령시장

1960년대 부터 한약재를 취급하던 인들이 청량리역을 통해 모이기 시작해 형성되었다. 처음에는 옆에 붙어 있는 경동시장과 함께 '경동약령시장' 으로 불리다가1995년부터 '서울약령시장' 이라는 정식명칭으로 재래시장인 경동시장과 구분되었다. 그 후 2005년도에 '한방산업특구' 로 지정되어 현재 국내 한약재의 무려 70% 정도가 이곳에서 거래되고 있다고 하니, 엄청난 규모임이 확실한 듯 하다.

제기동에 위치한 약령시장은 넓은 규모와 깔끔하게 정리되고 한약시장이라는 유명테마를 가진 것과 달리 막상 방문해보면 관련직업에 종사하는 사람들 외엔 사람이 없는 관광쪽으론 낙후되어있는 시장이다. 제기동 약령시작을 알리고 외국관광객이나 한약에 어려워하는 젊은이들이 약령시장에 관심을 가지고 알아갈 수 있는 공간이 필요하다. 약령시장의 한약 판매 이익뿐만 아니라, 노인들의 편의와 세대 차의 극복 그리고 약령시장의 플래그 십 스토어를 설계해 보고자 한다. 어떠한 물질적 요소 보다는 물과 안개와 빛이라는 비물질성으로 접근하여 물질적인 유쾌한 공간을 만든다.

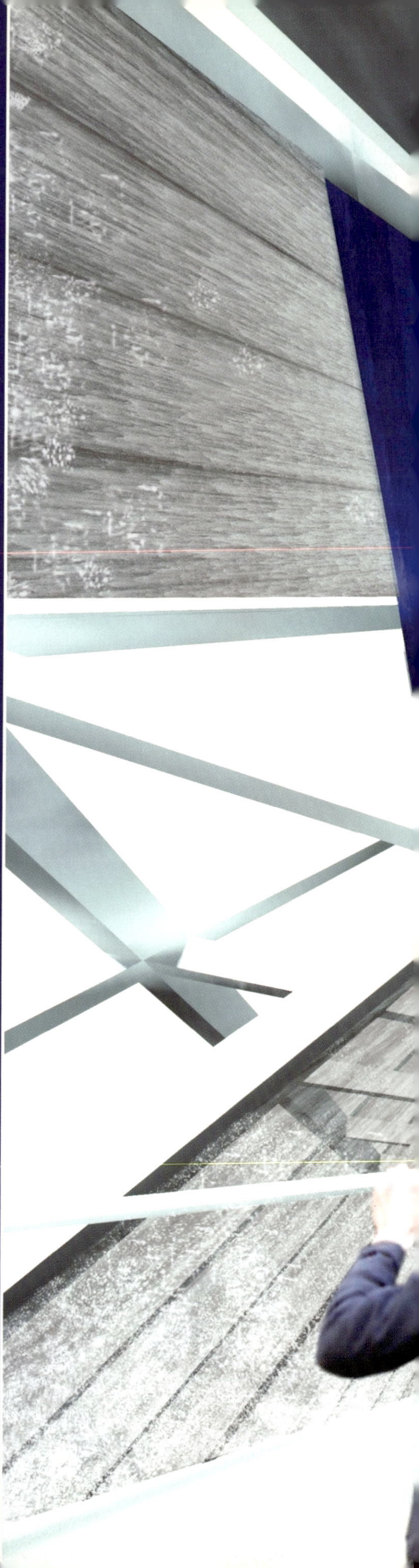

Water
Structure cycle
Light
Mist

Design process
/smart structure

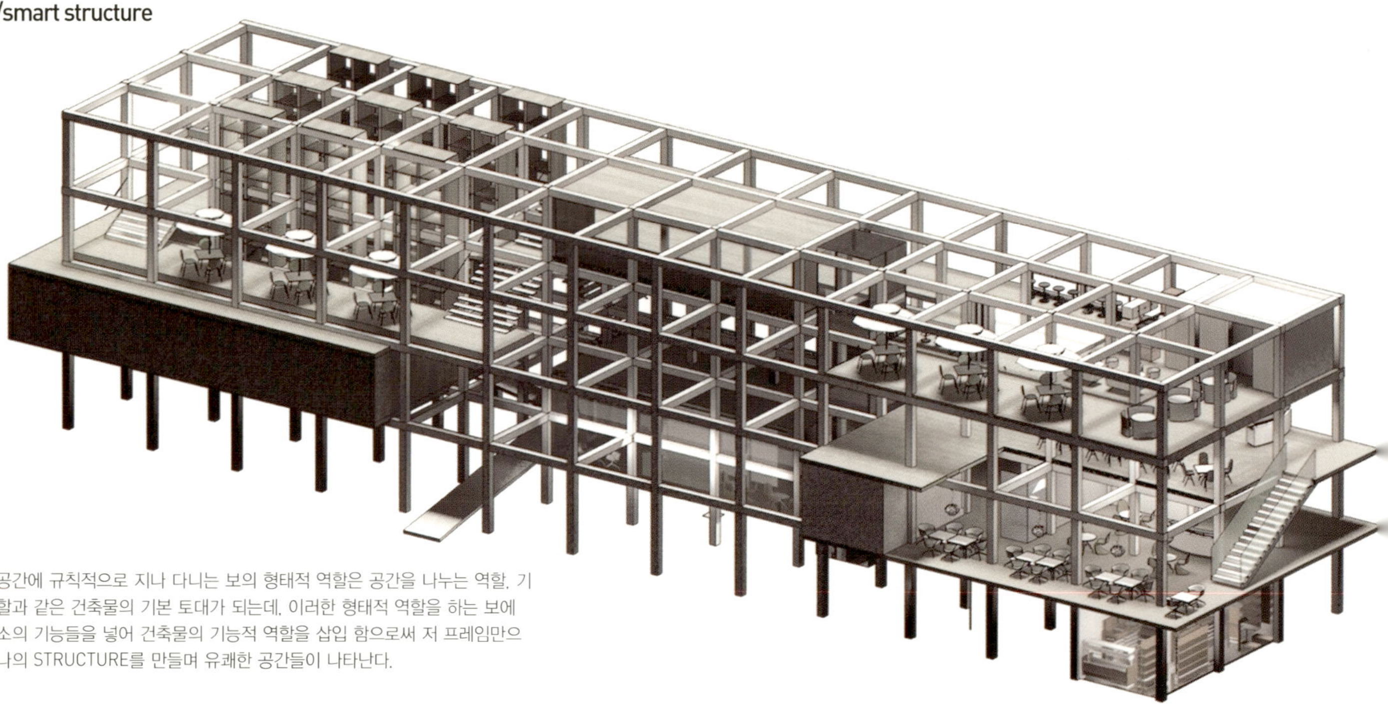

내외부 공간에 규칙적으로 지나 다니는 보의 형태적 역할은 공간을 나누는 역할, 기둥의 역할과 같은 건축물의 기본 토대가 되는데, 이러한 형태적 역할을 하는 보에 여러 요소의 기능들을 넣어 건축물의 기능적 역할을 삽입 함으로써 저 프레임만으로도 하나의 STRUCTURE를 만들며 유쾌한 공간들이 나타난다.

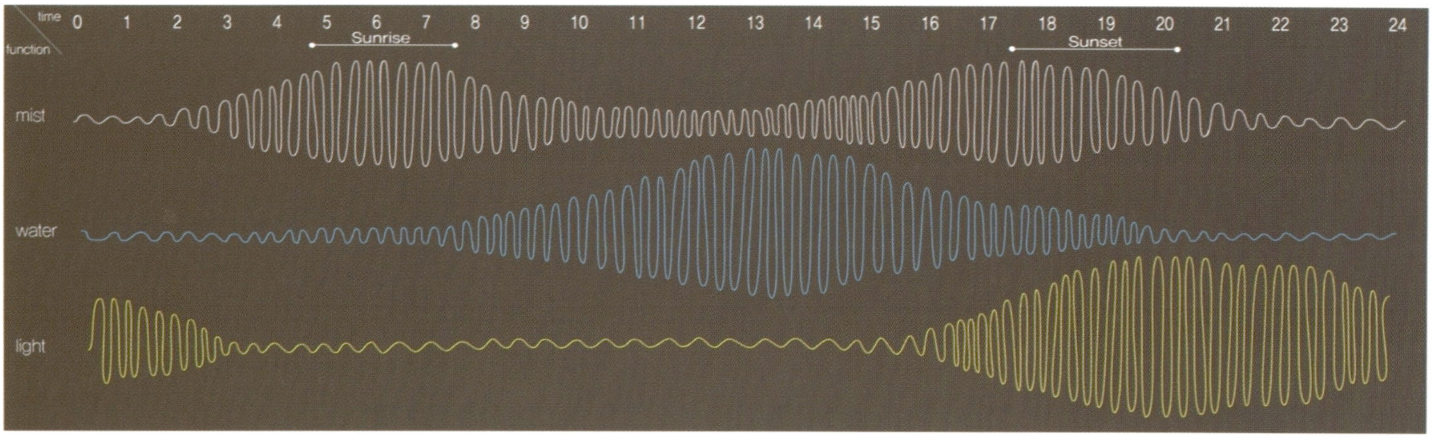

Mist 안개로 둘러싸인 새로운 공간적 상황

인조된 자연임에 근거를 두고있다. 장소성에 대한 새롭고 현대적인 해석으로 안개는 비물질적 외피로써 존재한다. 이를 통해 벌어지는 상황은 인간에게 새로운 공간 체험을 가능케한다.

Water 전자매체와 자연에 의한 연출

물을 끌어올린 후 노즐로 분출되면서 형성 되며, 습하고 물기가 축축한 느낌으로 인간의 감성을 자극한다. 물이라는 자연과 건축물, 비물질과 물질의 조화, 건축과 공간의 소통 그리고 투명성을 느끼게 한다.

Light 전자매체에 의존한 행위들을 의도

공간을 체험하는데 있어 감각기관을 사용한다. 시각적 감각으로 공간을 의식 신체와 공간의 위치관계를 파악하고 촉각으로 사방에 흩어진 물방울들과 교우하며 건축의 공간을 경험한다.

Mist scene / 약재 전시장

약재전시장인 곳으로 스마트 스트럭쳐로 만들진 기둥에 3,4층을 잇는 높은 전시대를 사이로 slope를 두어 지나가는 형식으로 된 야외 전시장이다. 높은 전시장과 스트럭쳐의 안개 기능이 조화를 이루면서 흥미로운 공간을 형성한다.

Water scene / restaurant

복층으로 된 레스토랑 내에도 스마트 스트럭쳐가 기둥을 유지함으로서 건물의 통일성을 잃지 않았고, 스트럭쳐의 스마트 기능을 실내에서도 사용하여 레스토랑에 재미를 부여하였다.

Light scene / rest space

약재전시관 옆 야외 휴식공간으로 밤에 스마트 스트럭쳐에서 빛들이 나옴으로써 따로 야외 전등을 설치할 필요가 없이 밤에 건축물 내부를 밝혀 길을 안내한다.

Exploded view

Passgeway

정해진 공간들을 이어주기 위해 길게 이어지면서 얽히고 설킨 동선들을 만들어내며 흡사 미로나 골목길을 연상시키는 이 길들은 공간들을 이어줌과 동시에 스마트 스트럭쳐 사이사이를 지나며 스트럭쳐의 기능을 경험할 수 있다.

Medical herbs exhibition

스마트 스트럭쳐로 만들어진 공간에 3.4층을 잇는 높은 9개의 전시대들을 사이로 경사진 슬로프를 두면서 관람하도록 만든 약재 전시장이다.

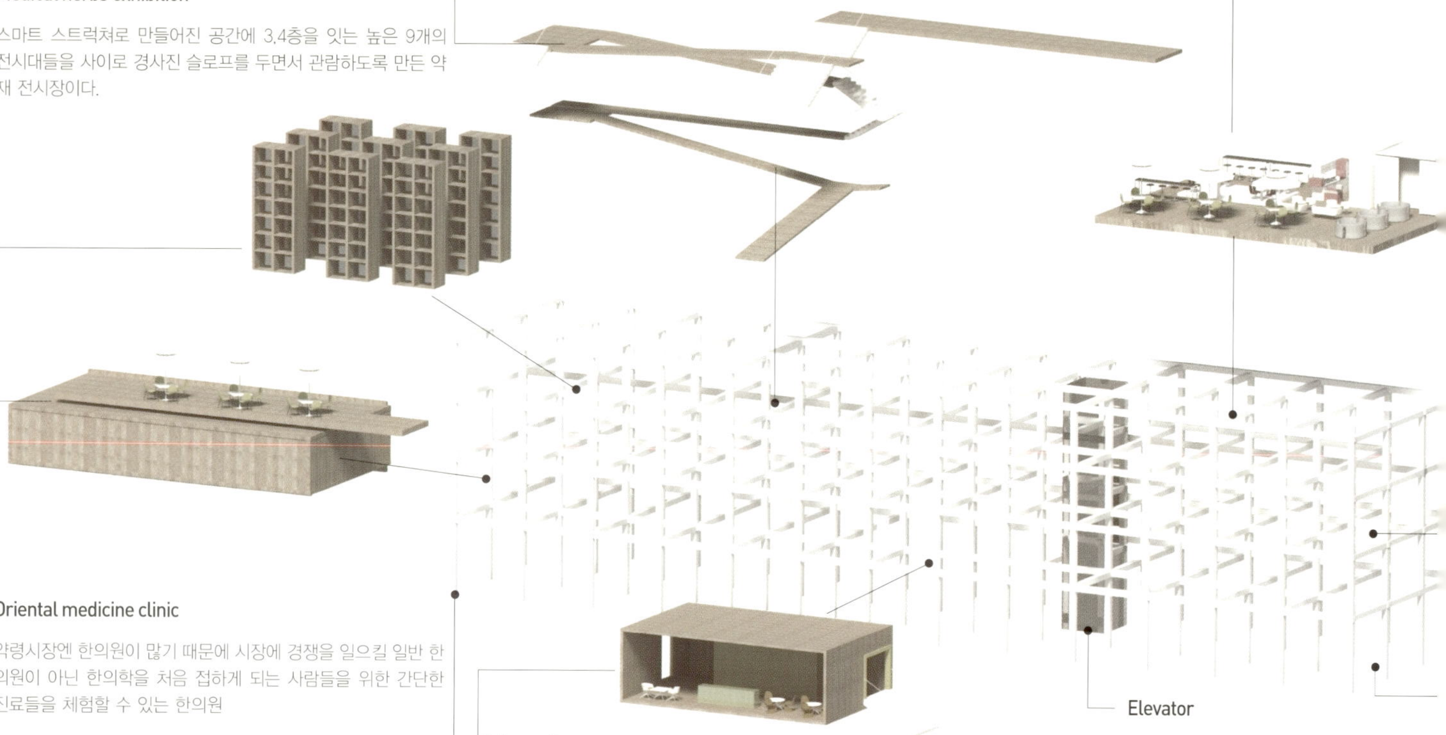

Oriental medicine clinic

약령시장엔 한의원이 많기 때문에 시장에 경쟁을 일으킬 일반 한의원이 아닌 한의학을 처음 접하게 되는 사람들을 위한 간단한 진료들을 체험할 수 있는 한의원

Rest space

전시관 옆에 3층에 위치하여 트인 정면과 전시관을 뒤로한 야외 휴게실

Information

약령시장의 지리와 위치 등과 본건물에 대해 안내하고 문의 할 수 있는 방문객들을 배려한 information

Elevator

Smart structure

비물질 매터리얼인 Light, Water, Mist를 다루면서 건물의 기둥이 되는 스마트 스트럭쳐. 세워진 구조물 속에 공간이 구성되면서 공간과 비물질요소들이 어울어질 수 있게 하는 건물의 핵심이다.

- Cafe

4층 건축물 제일 마지막에 구성한 Cafe는 야외와 실내로 구분되어져있는데 실내도 전 유리로 구성하면서 실내에서도 스트럭쳐 구조가 느껴질수 있도록 표현하여 머무는 사람이 사방이 트인 높은공간에서 자유로움을 느낄 수 있도록 휴식공간을 마련하였다.

- Restaurant

2층, 3층에 위치한 한식퓨전 레스토랑은 제기동 약령시장 주변에 있는 한국음식에 입이 맞지 않는 사람들이나 처음 접하게 되는 사람들을 위하여 그들이 쉽게 적응할 수 있는 분위기와 퓨전음식을 준비하면서 약령시장에 낯설음을 줄여주기 위한 공간이다. 3층 식당에서는 2층이 내려다 보임과 동시에 조경을 즐길수 있게 최대한 공간을 트이게 했다. 스마트 스트럭쳐가 기둥을 유지함으로서 건물의 통일성을 잃지 않았다.

- Convenience store

약령시장안에는 잘 찾아볼 수 없었던 관광객에게 친숙한 편의점을 위치해 두었다.

Floor plan

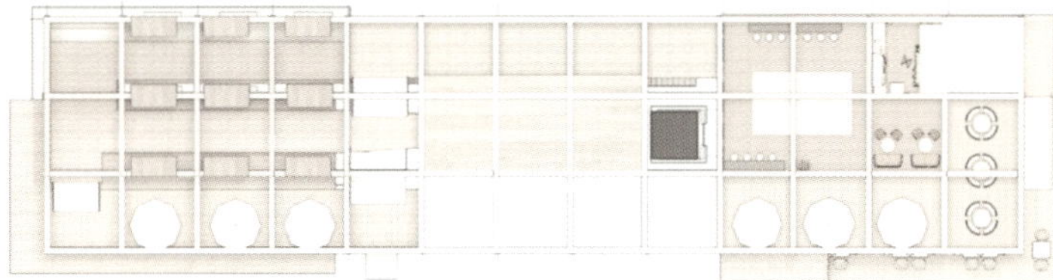

/fitness center
/cafe
/toilet
4th Floor

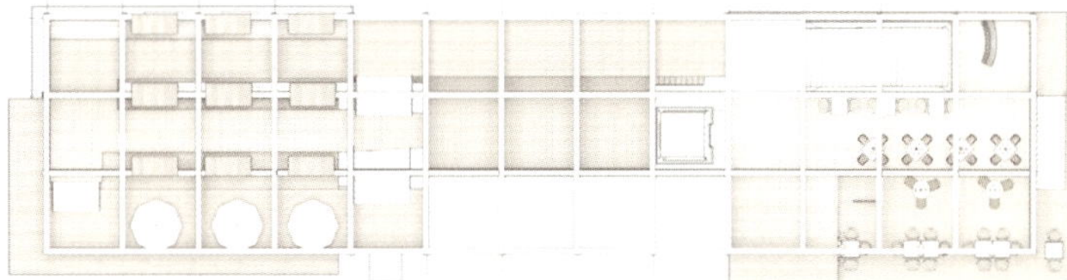

/restaurant
/rest space
/toilet
/medicinal herbs exhibition
3rd Floor

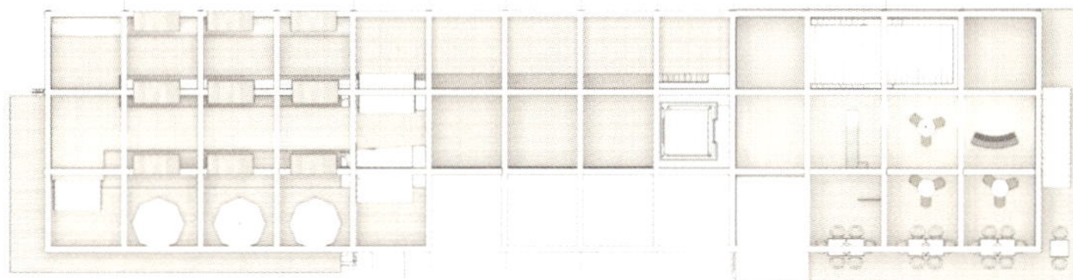

/stage
/restaurant
/oriental medicine clinic
2nd Floor

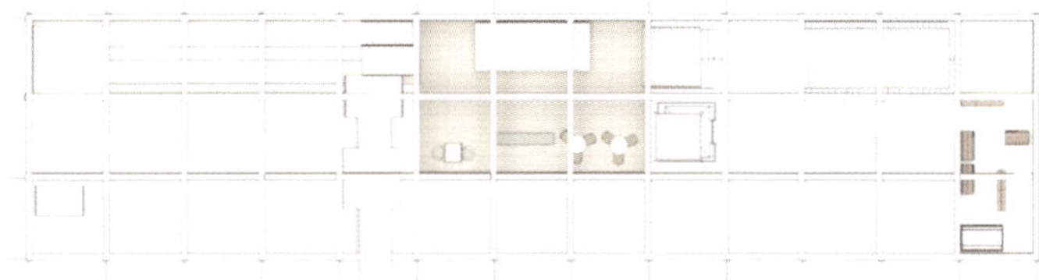

/entrance
/information
/convenience store
1st Floor

김경희 | Kim Gyoung-Hee, 김미소 | Kim Mi-So

See-Through TOTAL BEAUTYSHOP

Background

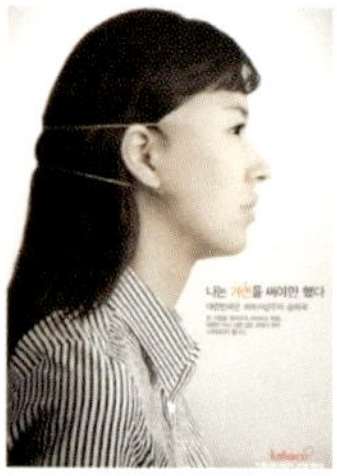

외모지상주의
▼
꾸미기 必
▼
변화를 도와주는 공간
▼
토탈뷰티샵

HAIR

NAIL

COORDINATION

MAKE-UP

Concept

Double skin

Overlap

See through

▶ 우리가 하는 공간에는 헤어, 메이크업, 네일, 코디를 하는 곳이 있는데, 이 네 가지의 공통적인 부분을 찾아보니 (화장을 해도 화장품을 얼굴에 덧대고, 코디를 해도 몸에 옷을 덧대고, 네일을 해도 손톱에 매니큐어를 덧댐) '덧대다' 가 나왔다. 그래서 공간에 적용할 건축 단어로 찾아보니 'overlap, see through, double skin' 이 나와서 콘셉트로 정하게 됐다.

Site

서울특별시 중구 명동 8길 11 프리스비 매장

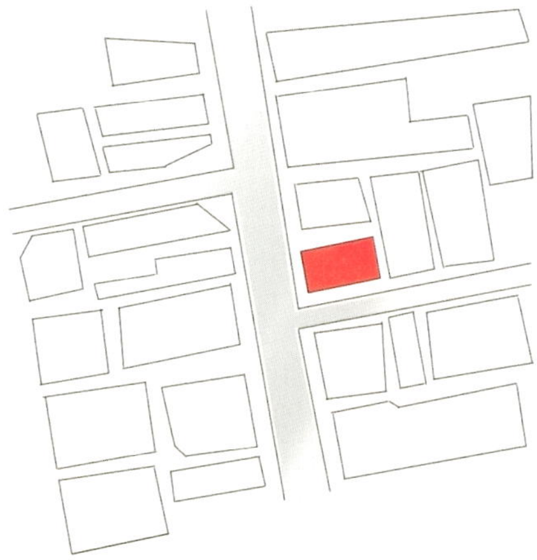

Why?

유행이 빠르고, 화장품 브랜드숍 1번지라고 할 만큼 뷰티에 관련된 상권도 다양하고 유동인구가 많은 곳이기 때문.

20대 여성 30대 여성

Why?

이제 막 성인이 되어 대학생활, 사회생활을 하기 위해서는 자신을 꾸미는 것이 필요하고, 그만큼 관심도도 가장 높은 연령층 이기 때문.

Space program

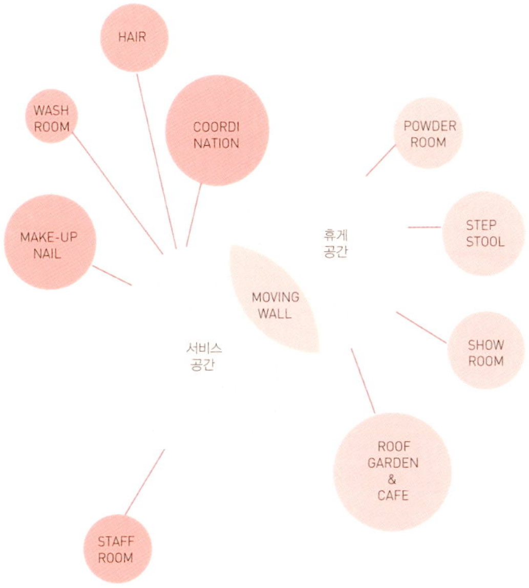

공간은 총 3층이다.

1층은 외벽 없이 사방이 뚫려있어서 거리를 지나다가 누구나 와서 쉴 수 있도록 하였다. 검은 프레임과 시스루 한 하얀 천으로 구성되어 있다. 공간으로는 파우더룸이 마련되어 있어서 여성들이 아무 데서나 화장을 고치게 되는 불편함을 최소화하려 했고, 쇼룸이 있어 헤어, 메이크업, 코디를 시연 받을 수 있는 기회와, 그것을 구경하며 정보를 얻을 수 있도록 하였다.

서비스를 받으러 온 고객은 1층에 마련되어 있는 고객 전용 엘리베이터를 타고 2층과 3층으로 올라오게 된다. 안내데스크의 안내를 통해 서비스실로 들어간다. 서비스실을 포함한 모든 공간은 유리 벽과 시스루한 형형색색의 천으로 구성되어 있다. 홀에는 바닥과 천장에 무빙 월이 있어서 원하는 자리에 공간을 만들어 가벼운 네일이나 메이크업 등의 서비스를 받을 수 있고, 대기하는 대기석이 될 수도 있고, 쉴 수 있는 공간이 되기도 한다.

옥상정원은 1층에 옥상 전용 엘리베이터를 타고 올라와서 카페를 이용하거나 잔디에서 편하게 쉴 수 있는 공간이다.

외부에서 봤을 때 시스루한 천으로 인해 여성스러운 모습이 연출되고, 사용시에만 가려지는 천으로 인해 매번 다른 모습을 볼 수 있다.

특히 밤에는, 그 천들 사이로 은은하게 비치는 조명으로 인해 더 아름다운 여성들의 공간으로 보이게 된다.

Plan

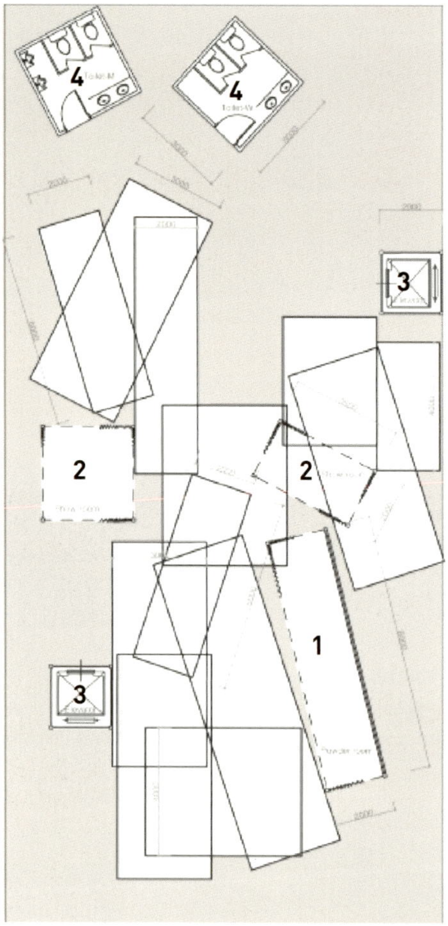

1F

1. Powder room
2. Show room
3. Elevator
4. Toilet

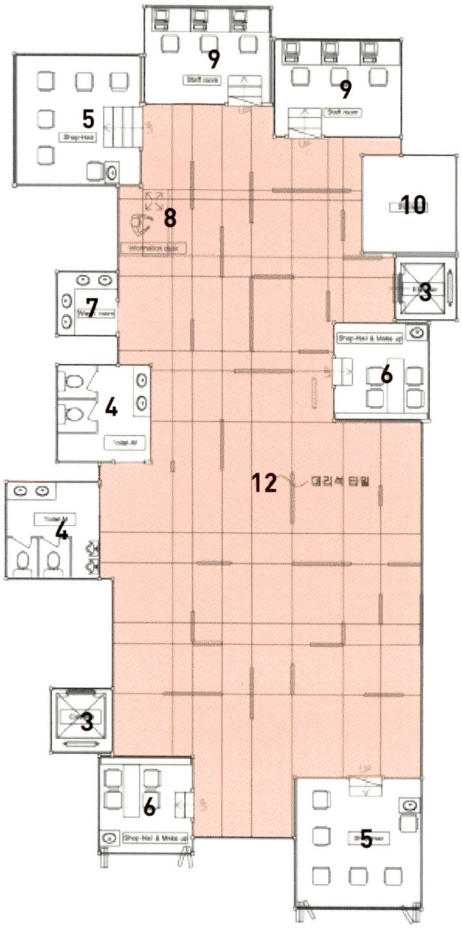

2F

5. Hair shop
6. Nail & makeup shop
7. Wash room
8. Information desk

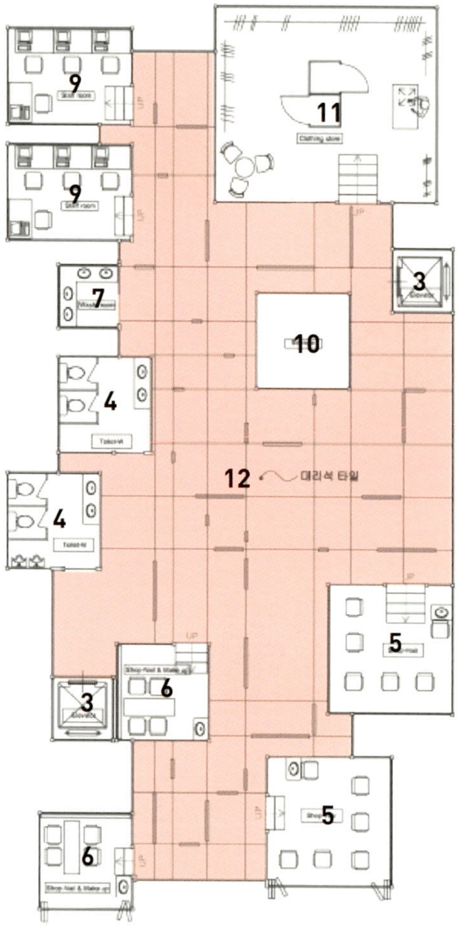

3F

9. Staff room
10. Storage
11. Clothing store
12. Hall

Section

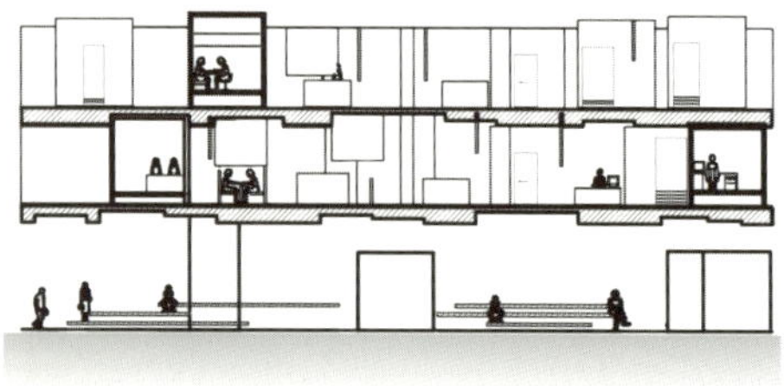

1, 2, 3 층의 단면도

높낮이가 다른 공간이 천장과 바닥에 그대로 적용되어 보여지므로 전체적인 모습이 심심하지 않다.

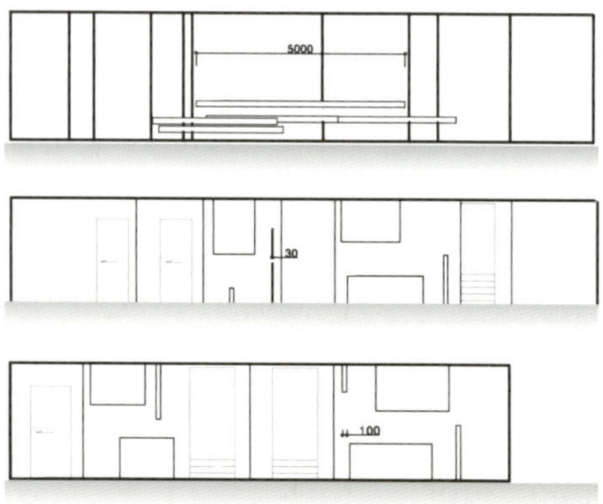

5. Hair shop 2층과 3층에 마련된 헤어샵

12. Nail & makeup shop (Hall) 무빙 월을 이용한 2층과 3층의 홀서비스실

6. Nail & makeup shop 2층과 3층에 마련된 네일샵

Roof garden(cafe) 자유롭게 이용할 수 있는 옥상정원

1F

김민경 | Kim Min-Kyung

Hotel Meteorite

Rediscovery of impormal space.

마포구 상수동 332-2 (와우산로 3길 7)

마포구 서교동 399-9 (양화로 6길 57-12)

Background

우리나라를 찾는 외국인 관광객은 해마다 증가하고 있고 이들을 수용할 수 있는 숙박시설은 부족한 것이 수도권 관광지의 현실이다. 외국처럼 아파트 쉐어나 렌탈과 같은 다양한 숙박시스템 또한 구축되어 있지 않은 우리나라에서 그들을 위한 새로운 공간이 필요함을 절실히 느꼈다. 또한 여러번의 여행을 통해 여행자들의 의식이 예전과는 다름을 느낄 수 있었다. 숙박시설이 단순히 여행을 와서 하룻밤 잠만 자고 가는 곳이 아닌 주변 커뮤니티를 함께 느낄 수 있고 그 곳의 문화를 더 가깝고 친근하게 느낄 수 있는 곳이기를 원한다는 것이다. 따라서 이러한 숙박문화의 변화에 대응할 수 있는 공간을 제시하고자 한다.

외국인 여행객은 122% 증가한 것에 반에 서울, 경기, 인천지역의 숙박시설은 24000천실에서32000천실로 33% 증가한 것에 그쳤다.

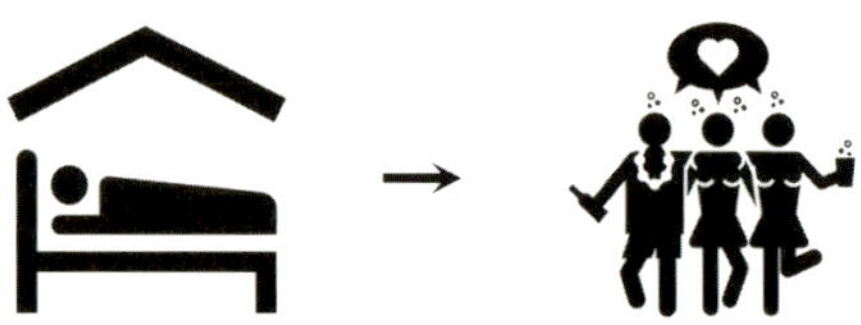

여행자들의 의식변화

Target

여행지 주변의 커뮤니티와 정취를 가까이서 느끼고 싶은 여행객
독특한 곳에서의 특별한 하루를 원하는 사람들

비공식 공간의 재발견 : 비공식공간은 우리 주변에 엄연히 존재하지만 존재하지 않는, 인정 받지 못한 체 숨어버린 삶의 공간을 말한다. 그 중 옥탑은 저소득층 거주민의 필요에 의해 인도되어 온 비공식 공간으로써 도심 속 수많은 무허가 건물 중 하나이다. 이러한 작고 미력한 비공식(무허가) 옥탑을 새로운 시선으로 재해석하여 새로운 형태와 기능을 제시하고자 한다.

마포구 서교동 358-22 (홍익로 3-12)　　　　마포구 서교동 328-35 (와우산로 29길 40-14)

Site Analysis : 서울시 마포구

홍대입구역에 공항철도가 연결되면서 우리나라를 찾는 외국인의 절반 이상이 홍대입구를 찾고있다. 앞으로의 관광객 유치를 위해서는 보다 다양한 숙박시설의 공급이 필요하다. 또한 홍대 상권은 젊음과 예술의 상징이자 다양한 문화가 공존하는 곳으로 홍대 상권 내에서도 다양한 문화와 분위기를 느낄 수 있는 것이 특징이다. 이러한 특징을 고려해 다양한 커뮤니티를 느낄 수 있는 각각 4개의 site를 선정하였다.

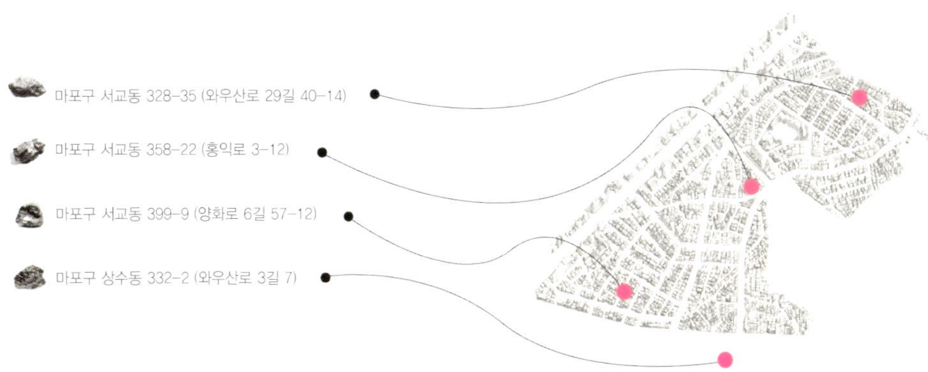

Site community

서로 떨어져 있는 4개의 site는 홍대상권 안의 다양한 커뮤니티와 장소성을 담고 있다. 그리고 그 안에는 서로 다른 매력의 문화가 공존한다.

Handicraft	패션, 창착예술의 거리
Play	홍대 놀이터와 클럽이 있는 젊음의 거리
Nomadism	공연 문화와 함께하는 합정 카페거리
Ecology	독특한 문화공간의 당인리 발전소 거리

Program : 'Hotel meteorite'

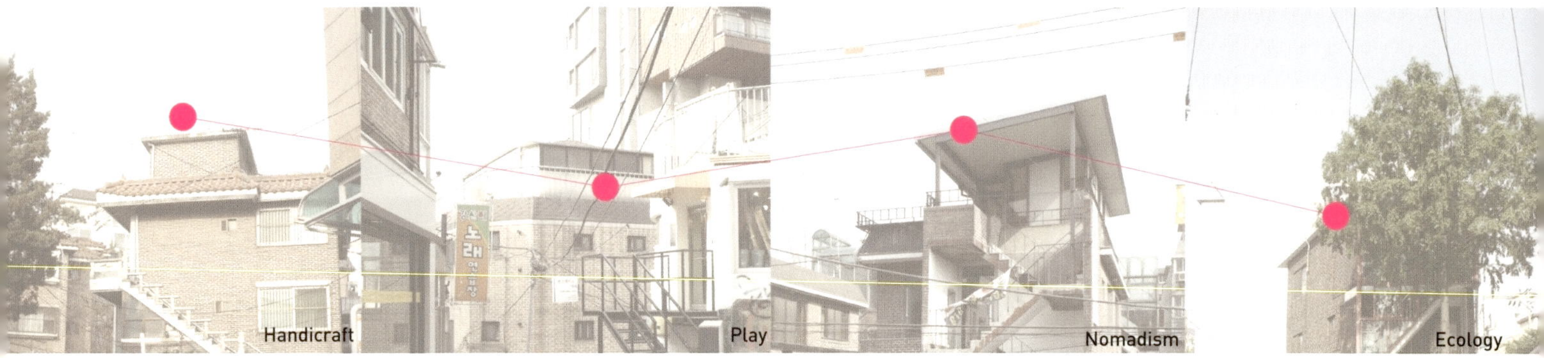

'Hotel meteorite' 는 기존에 없던 새로운 형태의 숙박 시설로 한 지역 안에 개별적 커뮤니티와 장소성을 가지는 4개의 호텔을 말한다. 이것은 기존의 호텔이나 게스트하우스와는 다른 성격을 가지고 있으며 4개의 개별 호텔이라는 개념으로 떨어져 있지만 하나의 호텔로 연결되어 한 지역사회의 다양한 특성을 경험할 수 있게 한 것이 특징이다. 4개로 나뉜 호텔은 각각의 장소가 가진 특징을 반영하여 4가지의 컨셉으로 운영되며 이는 여행자의 선택의 폭을 넓히고 보다 다양한 요구를 수용할 수 있을 것이다.

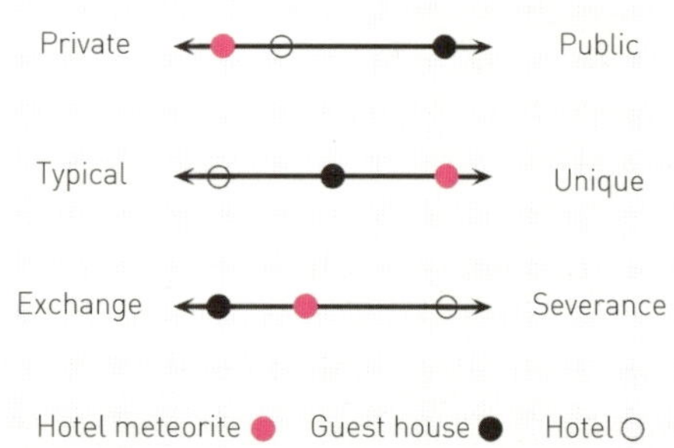

Rooftop renovation project.

홍대 상권과 주거지역 사이에 있는 주택 또는 빌라의 옥탑 리노베이션을 통해 우리 주변에 엄연히 존재하지만 존재하지 않는 바공식 공간의 가능성을 제시한다. 옥탑이 가진 장소의 특수성은 여행자들이 원하는 지역사회의 문화와 사람, 생태를 보다 가까이 체험하기에 적합하며 열린공간인 옥상공간을 활용하여 새로운 경험을 할 수 있도록 하였다.

Concept

Design process

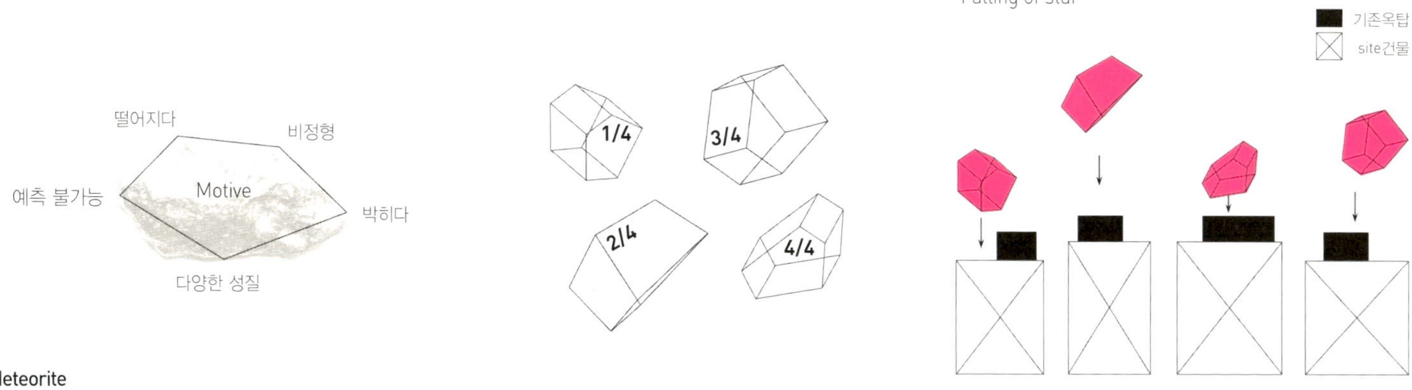

Meteorite

유성체가 대기 중에서 완전히 소멸되지 않고 지구상에 떨어진 것으로 그 성분과 모양이 다른 것이 특징이다.

→ 서로 다른 성질의 비정형 MASS 생성

운석형태의 새로운 공간을 끌어들여 옥탑의 작은 공간과 특수성을 보완하고 상징적 오브제 역할을 할 수 있도록 하였다.

Purpose

운석은 우주에선 생명력을 잃고 떨어지는 돌일 뿐이지만 지구에서는 그렇지 않다. 빛을 내며 떨어지는 유성을 보고 소원을 빌고 떨어진 운석을 찾기 위해 사람들은 노력한다. 이렇게 지구에 떨어져 새로운 의미를 갖게 되는 운석을 그 동안 숨겨져야 했던 비공식공간 옥탑에 떨어트림으로써 사람들의 이목을 집중시키고 옥탑공간 또한 새로운 의미를 가질 수 있다는 것을 이야기 하고싶다.

Plan

Layout plan | Floor plan 1F | Floor plan 2F

Model view

Community

Material

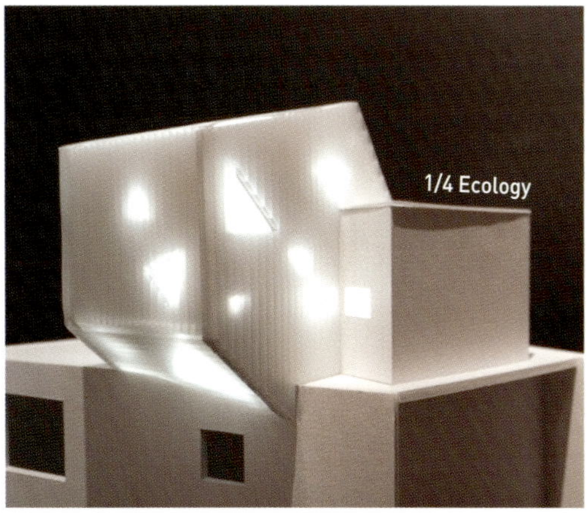

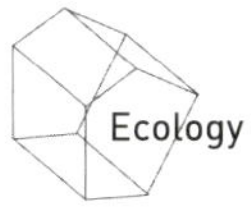

Rooftop program : 옥상 텃밭

건물 주민들이 가꾸고 있는 텃밭으로 바로 딴 채소로 요리를 해먹거나 체험해 볼 수 있고 자연과 함께 휴식을 취할 수 있다.

당인리 발전소길에 위치한 이 곳은 주거지역나 메인 도로를 따라 하우스 웨딩카페 심야식당 문학카페 등의 독특한 커뮤니티를 가진 곳이다. 건물 바로 앞에는 어디에서나 보이는 큰 나무 한그루가 있고 가까운 곳에 한강이 위치해 있어 산책이나 라이딩을 할 수 있다. 주변은 홍대 다른 상권보다 조용하고 한적하므로 차분하게 휴식을 취하기를 원하는 여행자에게 적합하다. 호텔 안에는 휴식을 위한 네트가 있는데 자연 위에 떠있는 듯한 느낌을 주며 빛이 잘 드는 외장재를 사용해 빛을 적극적으로 끌어들였다.

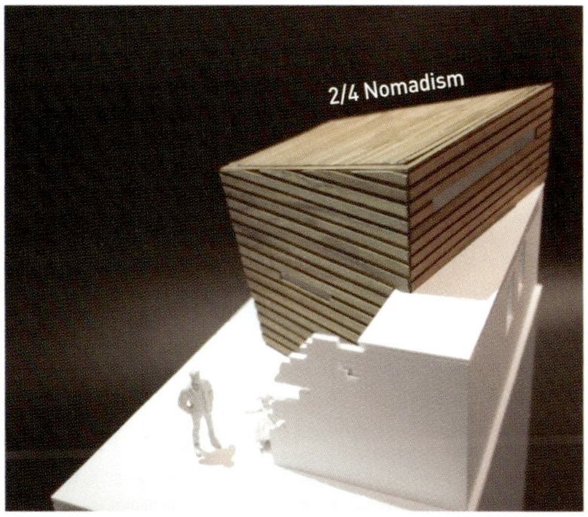

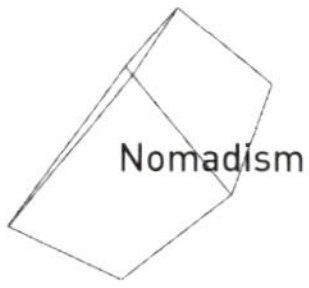

Rooftop program : Hamok & Maru

독립 된 옥상공간에서는 해먹 위에서 자유로운 휴식을 열린 옥상의 마루에 선 식사를 하거나 다양한 사람들과 어울릴 수 있다.

합정 카페거리에 위치한 이 곳 주변의 노천카페와 식당들을 이용하는 것을 추천한다. 또한 티켓라운지와 공연장이 가까워 공연정보를 확인하고 체험하는 것이 좋겠다. 보다 자유로운 분위기의 nomadism은 홍대문화와 닮아있는데, wood를 이용한 자연스럽고 자유로운 컨셉이다. 중심에 있는 오픈키친을 따라 침실은 2층에 떠 있는 구조이다. 또한 옥상 공간을 둘로 나눠 프라이빗한 휴식공간과 사람들과 교류할 수 있는 공간을 확보하여 다양한 이용을 가능하게 했다.

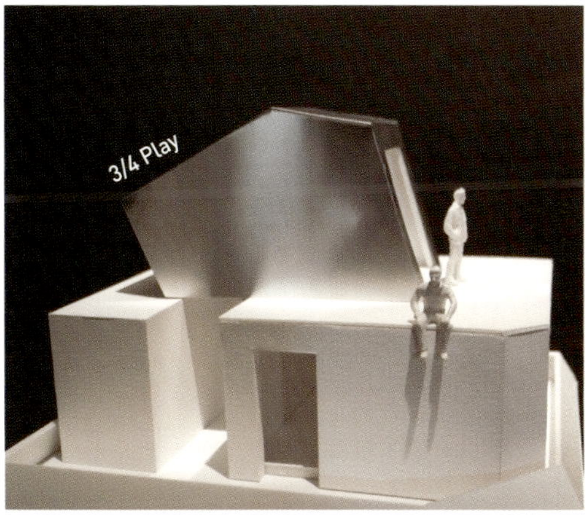

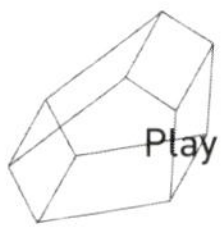

Rooftop program : 옥상위에 테라스

건물 2층을 통해 나갈 수 있는 문을 두어 옥상 위에 또 하나의 옥상을 만들었다. 이 곳에서는 낮에는 일광욕을 밤에는 야광펜으로 그래피티 를 체험 해 볼 수 있다.

홍대 놀이터 바로 앞 골목에 위치한 이 곳에는 다양한 문화가 공존한다. 주말이면 프리마켓이 열리고 밤낮으로 거리 공연이 밤에는 클럽문화로 시끌벅적 하다. 홍대의 놀이문화를 체험하고자 하는 여행객을 target으로한 장소이다. 실내가구는 업사이클링 가구들로 꾸며진 kitsch한 컨셉이며 1층의 생활공간과 2층의 놀이 공간으로 분리되어 있어 수용자의 선택에 따라 이용 될 수 있을 것이다.

Rooftop program : ART

흰색 시멘트 마감은 학생과 신진 작가를 위한 바탕으로 호텔을 찾을 때마다 달라지는 작품 속에서 하룻밤을 보낼 수있다. 또한 여행객을 위한 개인 옥상 또한 준비 되어있다.

근처에는 패션, 쇼핑, 창작과 같은 다양한 커뮤니티를 가지고 있으며 대체로 밝고 도화지 같은 화이트 톤의 마감재를 사용하였다. 그리고 수공예 가구로 인테리어 하였으며 계단을 활용한 수납장과 가구가 특징이다. 그리고 비교적 조용한 주택 위의 건물로 차분한 느낌의 호텔이다.

장한별 | Jang Han-Byeol , 한어진 | Han Eo-Jin

동양미래대학 후문길 공공디자인

OVERLAP ALLEY

골목은 우리 생활공간의 골격을 이루는 기본적인 요소이며 사람들의 일상적인 활동이 일어나는 장소이다. 우리에게 골목길은 단순한 이동통로의 역할 뿐만 아니라 만남의 장, 놀이의 장, 생활의 장으로 이용되어왔다. 사람들의 일상에 어우러져 공존해 온 골목길을 우리는 어떠한 의미로 생각하고 있을까. 사람들의 생활방식에 따라 변화를 준 골목길은 우리에게 다시 어떤 의미로 다가올 수 있을까.

Site analysis

서울특별시 구로구 안양천로 537가길
(동양미래대 후문 주택가)
길이 127m, 폭 8m

Problem

연속되는 어두운 골목

연속되는 외진 골목은 낮에도 어두운 곳이 많다. 가로등도 부족하여 밤에는 이웃들이 서로 경계하며 다니기도 한다.

사라진 이웃간의 소통

개인의 이익을 중요시여겨 주변에 신경을 쓸 여유조차 없는 삶을 살아가는 사람들. 이웃간의 소통과 교류도 찾아보기 힘들다.

구석진 상업공간

학교의 후문에서 바라보는 골목은 낡고 어두운 주택가이기에 학생들은 이 구역에 크게 관심을 갖지 않는다.

낡고 지저분한 외관

위치적으로 고립된 골목은 낡은 건물들의 외관과 함께 더욱 침체되고 어두운 분위기를 풍긴다.

멀리서 본 사이트는 대중교통이 편리하고 접근성이 좋다. 하지만 Main 대로를 중심으로 하는 선적인 발전은 대로와 접해있는 인근 블록만의 발전을 의미한다. 그 이면의 고립된 블록은 상대적으로 접근성이 떨어지기 때문에 발전 속도가 느리다. 이러한 작은 골목길은 도시의 화려한 모습 뒤 어두운 그림자가 되어가고 있다.

Residence

Commercial

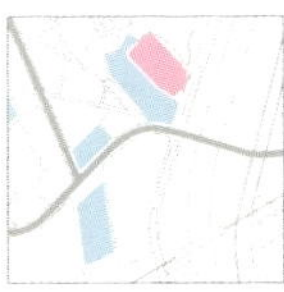

School

Survey & Problem analysis

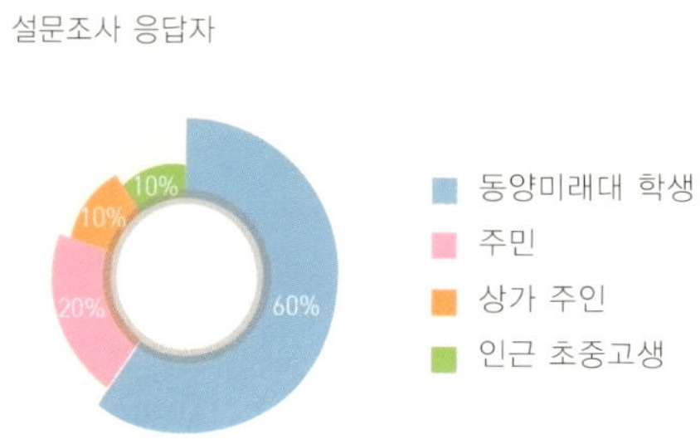

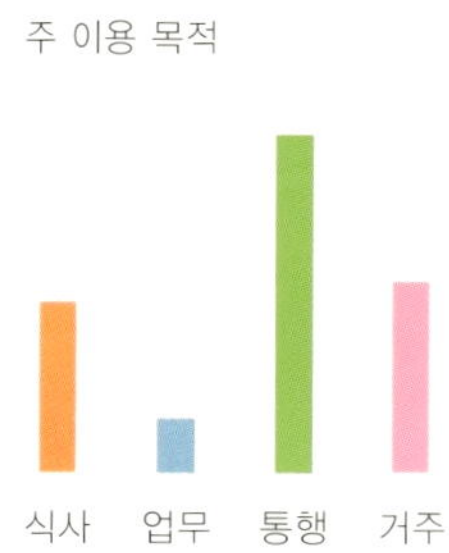

응답자의 대부분은 사이트를 어둡고 낡은 동네로 떠올렸다. 동양미래대학 정문쪽에 위치한 많은 상업공간과 시설에 가려져있기 때문이다. 낡은 후문 골목길보다는 오히려 주변의 학교, 야구장, 병원 등의 시설에 더 관심이 많았다. 시간이 지날수록 단점이 더욱 부각되며 사람들에게도 좋은 인상을 주기 힘들다는 의견도 있었다.

Needs

Used Needs

Process

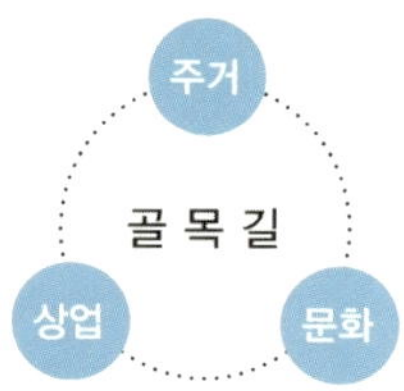

골목길은 주거, 상업, 문화 등의 성격이 다른 공간 사이의 매개체로 작용한다. 사람들은 골목을 통과하면서 시각적 · 청각적 접촉을 하게 되고 그로 인해 서로 간에 친밀감이 형성된다. 이러한 교류는 구성원간의 공동체 의식을 심어주고, 마을의 마이너스 요소들을 활성화시키는 촉매 역할을 한다. 결과적으로 모든 요소가 제 역할을 하며 어우러짐으로써 골목의 문제점을 보완한다.

Vertical Layer

골목 곳곳과 facade 그 위에 수직적인 layer 를 더한다. 4 가지의 기능을 하는 layer 를 설치함으로써 골목이 활성화 될 수 있도록 한다.

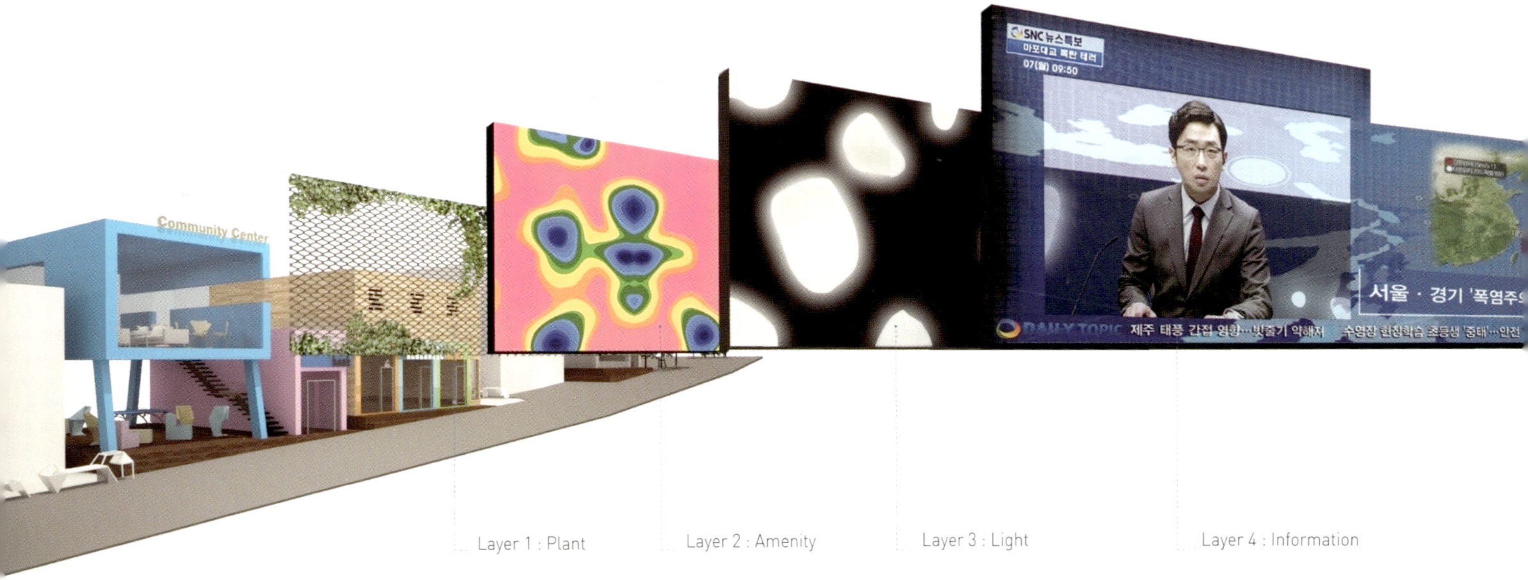

Plant

옥상 녹화와 더불어 벽면을 녹화하는 것으로 골목의 녹지공간을 더욱 적극적으로 형성한다.

Amenity

시각적 즐거움을 줄 수 있는 이미지 layer 를 설치하여 사람들의 시선과 동선을 이끈다.

Information

고립된 사이트에 조금 더 쉽고 빠르게 정보를 전달해 줄 수 있는 layer를 설치한다.

Light

움직임을 인식하는 LED조명은 기존의 가로등과는 다른 방식으로 어두운 골목길을 밝힐 수 있다.

Solution

Commercial space

기존 공간의 흔적을 바탕으로 용도와 파사드를 재구성하였다. 도로와 수직으로 만나는 픽쳐프레임 파사드는 내부공간을 적나라하게 외부로 투영시킴으로써 사람들이 자연스럽게 공간으로 유입하도록 한다.

Bicycle rental shop

자전거 대여소는 사람들이 쉽게 찾을 수 있는 공간이며, 골목의 입구를 향한 높은 계단은 주변 시설에 대한 조망권을 확보하게 된다. 이는 외부로부터 시선을 유도하는 역할을 한다.

Cafe

대학교 후문에 위치하는 카페는 주민 뿐만 아니라 옆 학교의 학생들, 사이트를 찾는 외부 사람들까지 다 함께 이용하고 즐길 수 있다. 자전거대여소와 함께 외부와 사이트의 교류를 활성화 시킬 수 있는 공간이다.

Public facility

노인이 많이 거주하는 사이트 특성상 대지의 경사는 주민들이 이동하는데에 불편함이 많다. 이를 보완하기 위해 주민들이 주로 이용하는 동선과, 골목 안의 또다른 골목에 벤치를 조성한다. 조명이나 녹지공간도 많이 부족하기 때문에 벤치에 경관조명과 화단 등을 함께 구성하였다.

Community center

누구나 이용 할 수 있는 작은 주민센터는 대화와 소통이 부족한 주민들에게 꼭 필요한 공간이다. 이곳은 주민들간의 소통과 교류를 위한, 서로를 연결해주는 공유의 공간이며 이곳을 중심으로 골목 전체는 주민들의 공동 마당이 된다.

Public facility Design

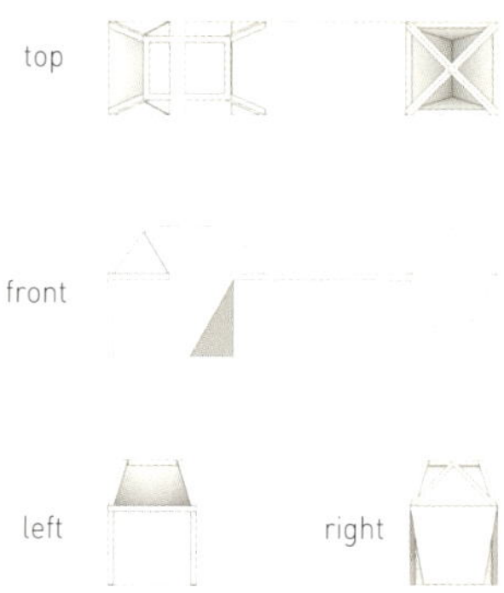

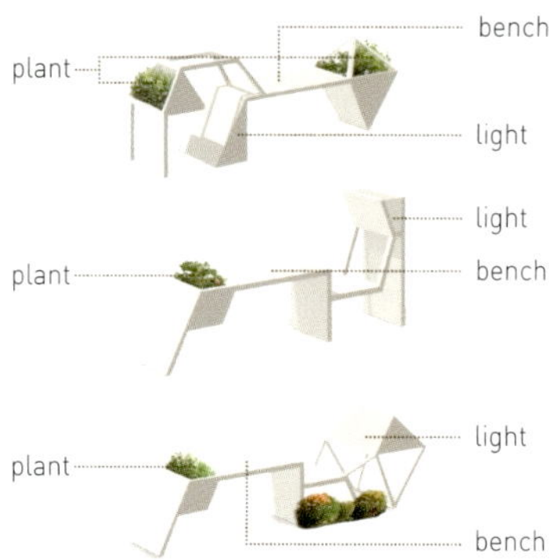

조명은 우범지대로 전락할 수 있는 어두운 골목을 밝혀주고, 작은 화단은 녹지가 부족한 사이트에 생기있는 분위기를 연출한다.

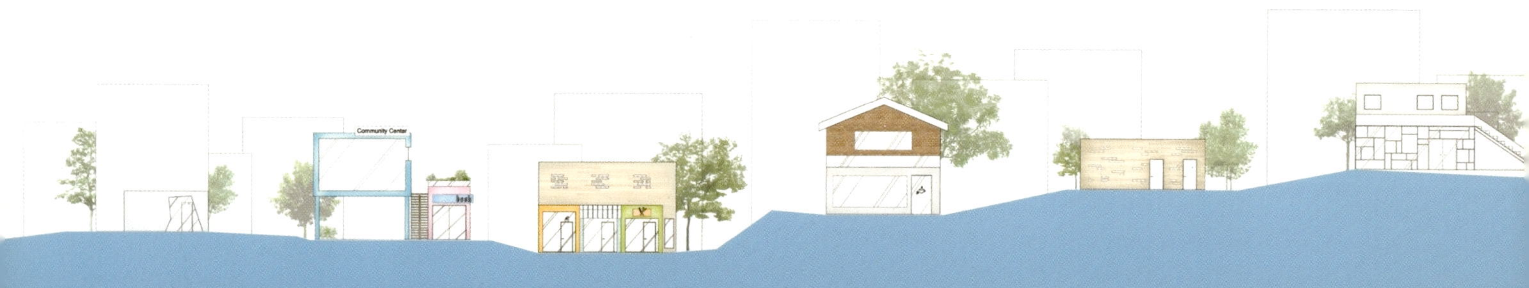

Floor Plan

Community Center

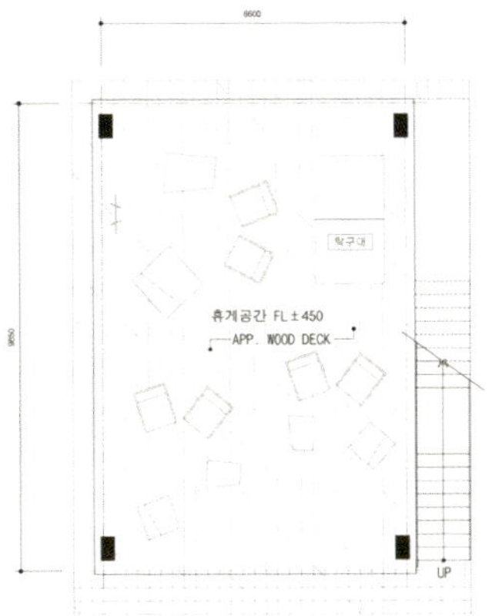

1st Floor

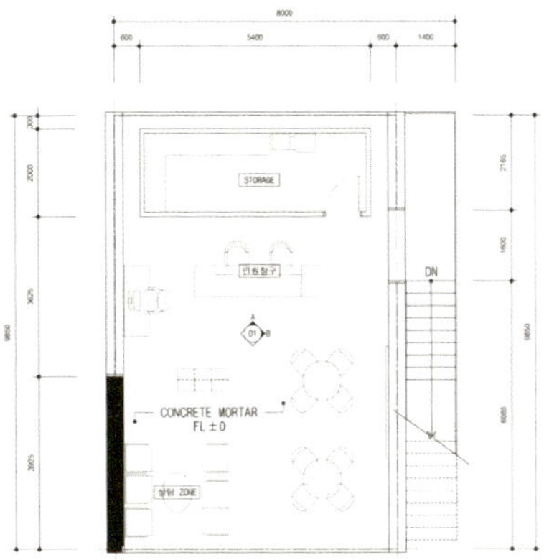

2nd Floor

Supermarket & Bicycle Rental shop

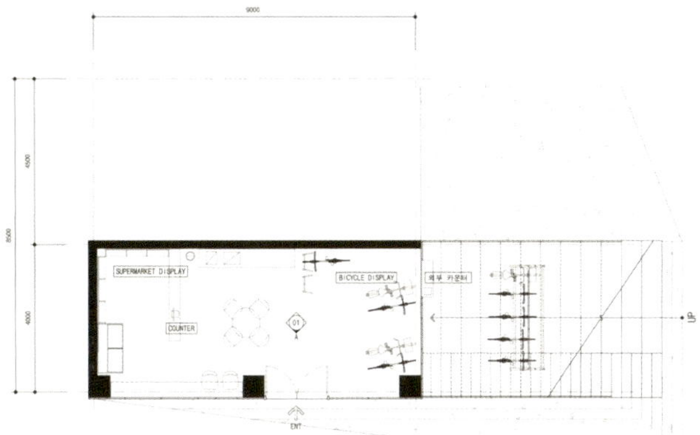

1st Floor

Layer 4 ; Information

LED 조명을 사용하여 밤에도 주민들에게 시각적인 즐거움을 주고, 어두운 골목을 밝혀주는 매개체가 된다.

청년: 작당소.

행복한 삶을 위한 작당을 시작하다.

Background

청년, 고학력 인플레이션의 중심 하지만 정작 사회의 중심이어야 할 이들은 사회가 시키는 대로 좋은 대학에 좋은 직장에 들어가기 위해서만 애쓰며 살고있다. 행복한 삶을 위한 방법을 배워가는 곳은 없을까? 경쟁사회 속에서 그리고 지금 우리가 속한 세계의 형성과정과 잉여를 낳을 수 밖에 없는 다양한 현실의 문제 (matter : real) 들 속에서 청년들을 위한 변화의 공간. 다음 세대의 청년들도 이어 나갈 수 있는 밴드(material : band)를 통한 지속가능한 공간을 제안하고자 한다.

양정은 | Yang Jeong-Eun

청년 사회에 기반한 소통의 지역,
새로움의 추구, 변화의 공간,
시간, 문화, 공간을 공유하는
흐름에 따라 변화 하는 공간
다음 세대도 손댈 수 있는 여백의 공간, 소통의 반응
사람들이 즐길 수 있는 건축

SOLUTION

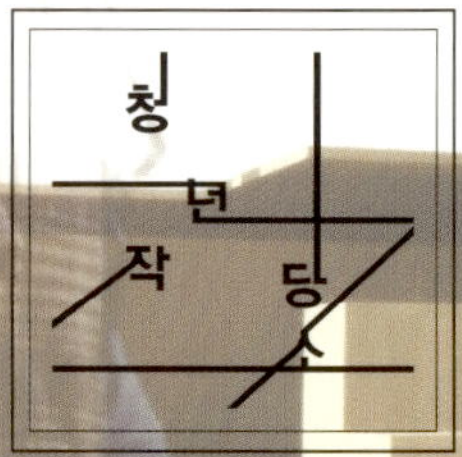

청년 행복한 삶을 위한 작당을 시작하다.

'청년 작당소'

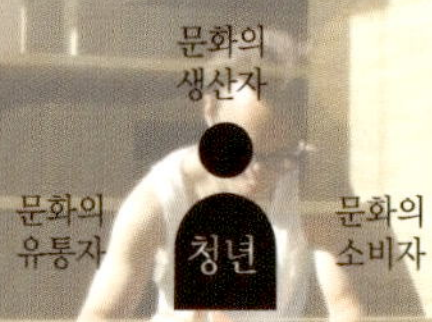

직접 문화를 생산하는 것 만이 아니라 청년 마을 연구 개발 기능을 담당하는, 삶 철학 연구소와 각종 지원 기능을 담당하는 청년 창업 프로젝트 컨설팅 등의 프로그램들을 한 곳에 모아 정보와 지식 공유를 통한 시너지 효과를 노릴 수 있다.

Keyword

청년 사회에 기반한 소통의 지역,
새로움의 추구, 변화의 공간,
시간, 문화, 공간을 공유하는 흐름에 따라 변화 하는 공간
다음 세대도 함께 할 수 있는 여백의 공간
인간 사회에 기반한 소통의 반응
사람들이 즐길 수 있는 건축

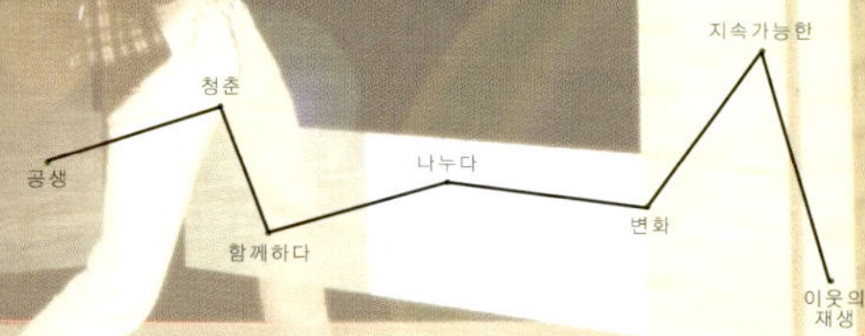

Story telling

"그런데 이제 나는 세상이 아주 흰색이라고 생각해.
너무너무 완벽해서 내가 더 보탤 것이 없는 흰색. 어떤 아이디어를 내더라도 이미 그보다 더 위대한 사상이 전에 나온 적이 있고, 어떤 문제점을 지적해도 그에 대한 답이 이미 있는, 그런 끝없이 흰 그림이야. 그런 세상에서 큰 틀의 획기적인 진보는 더 이상 없어. 그러니 우리도 세상의 획기적인 발전에 보탤 수 있는 게 없지. 누군가 밑그림을 그린 설계도를 따라 개선될 일은 많겠지만 그런건 행동 대장들이 할 일이지. 참 완벽하고 시시한 세상이지 않니?" — 장강명 〈표백〉

Where? 청년 인구 밀집이 높고, 청년 1인가구가 많은 지역

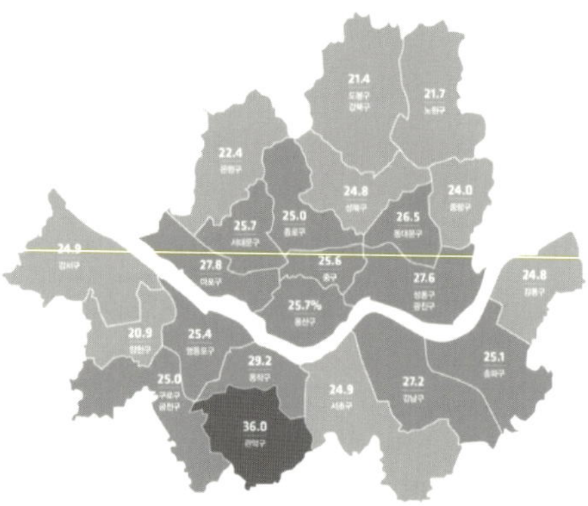

서울특별시 관악구의 청년 1인가구 밀집도가 가장 높다.

-자료 출처 : 청년 인포그라픽스

Site analysis

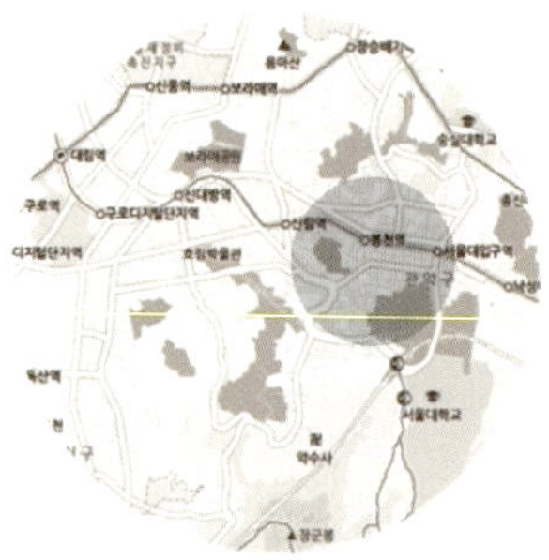

노후화 된 소소한 동네.
청년들이 새로 가꿔갈 수 있는 곳
: 5 · 60년대 판잣집의 시작, 기성 세대의 첫걸음, 처음 시작하다. 사이트 일대 공원, 봉천역과의 접근성, 청년들의 이동 동선 집결지.

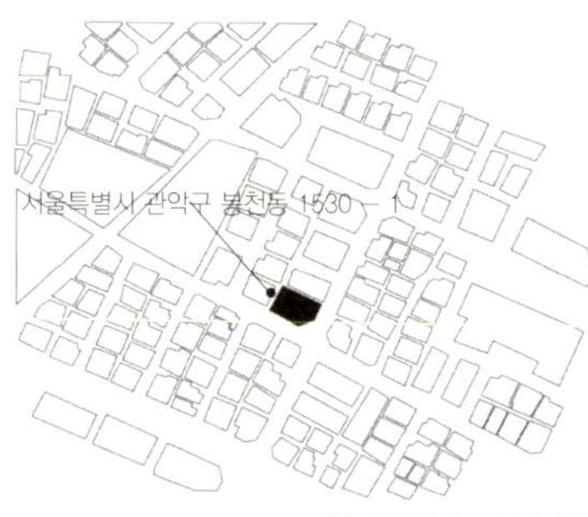

약 10여개의 버스노선과 2호선 봉천역이 위치

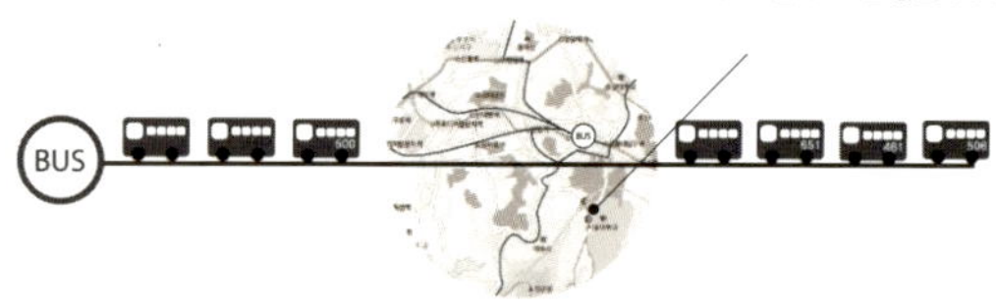

Proposal

청년의 행복한 삶을 위한 가치관 실현의 공간, 청년을 위한 공간 '청년 작당소'

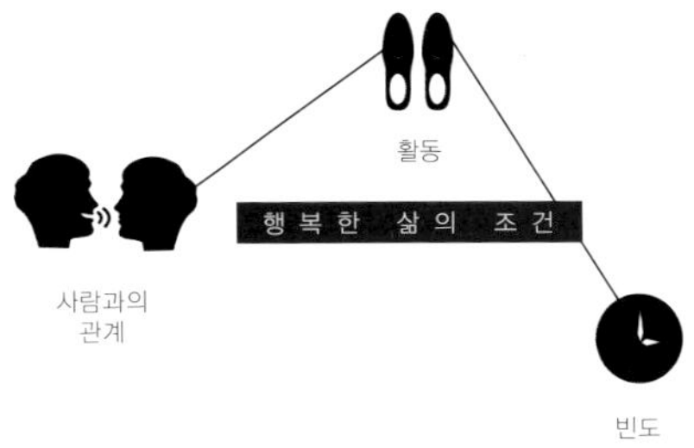

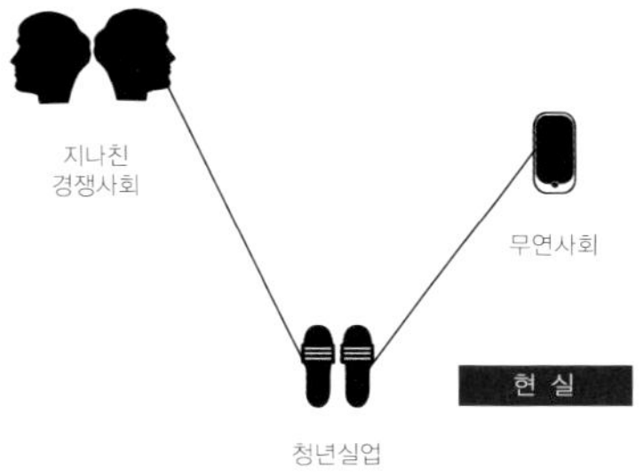

행복한 삶의 조건은 관계(companionship), 활동(activities) 그리고 이것들의 빈도(frequency)라고 한다.
이를 바탕으로 우리의 삶은 가까운 사람들과의 활동을 통해 이루어진다는 사실을 알 수 있다. 하지만 현재의 청년들은 실패한 자본주의, 경쟁 중심의 교육 시스템속에서 자라났다.
또한 SNS를 통한 연결의 과잉은 오히려 무연사회를 초래하고 있다. 기성세대가 만들어낸 주입식 가치관에 의한 소비적인 삶이 아닌, 우리의 행복한 삶의 가치관을 함께 키워갈 공간이 필요하다.

Design diagram 청년의 공간화 다이어그램

Solution for matter;real

Sustainable space by band 밴드를 통한 다양한 공간의 구성, 변화의 공간

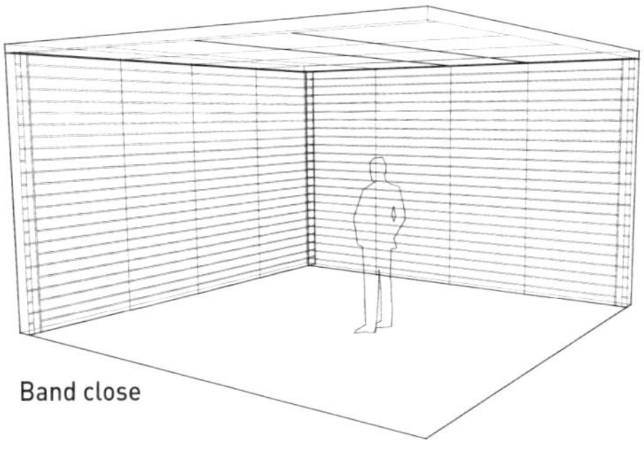

Band close

for full space

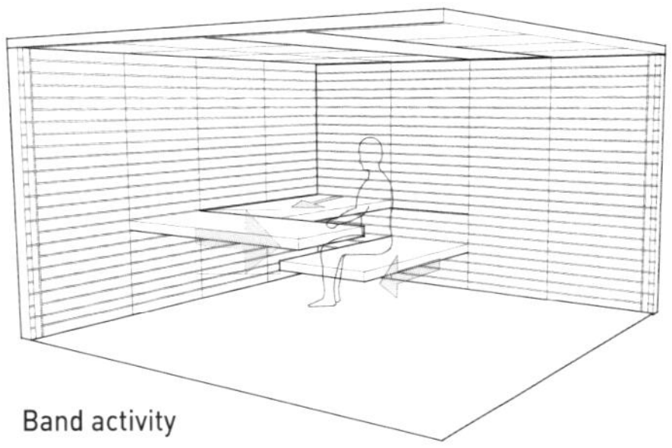

Band activity

Desk + Chair
for work or study

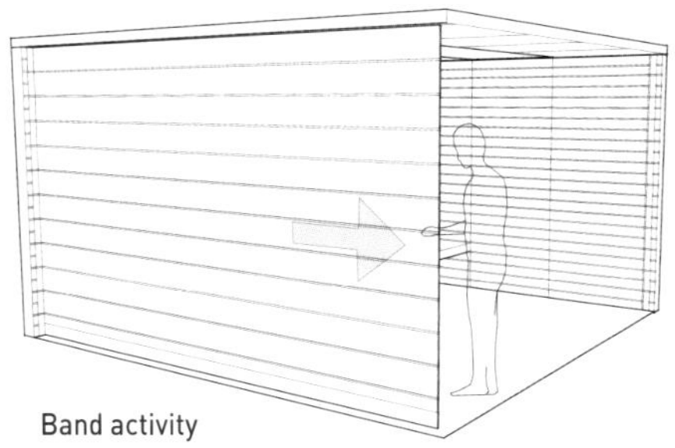

Band activity

Blind
for individual space

Band activity

Desk + Chair, Exhibition
for divide space

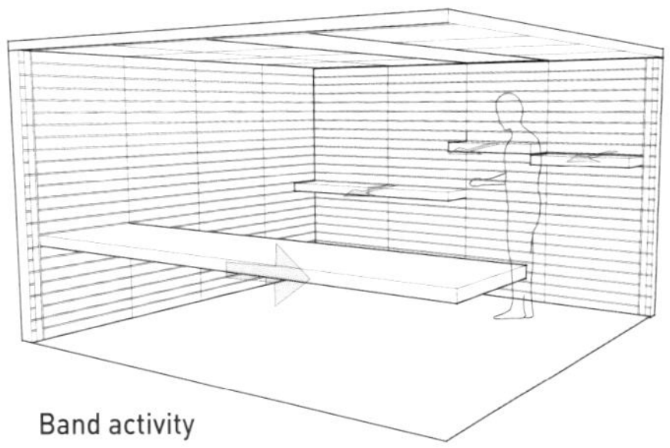

Band activity

Desk + Shelf
for flea market

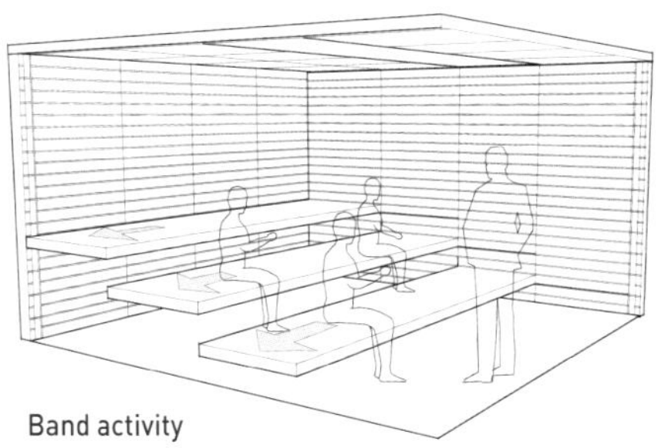

Band activity

Chair or stair
for lecture room

Example

마을 김장
project

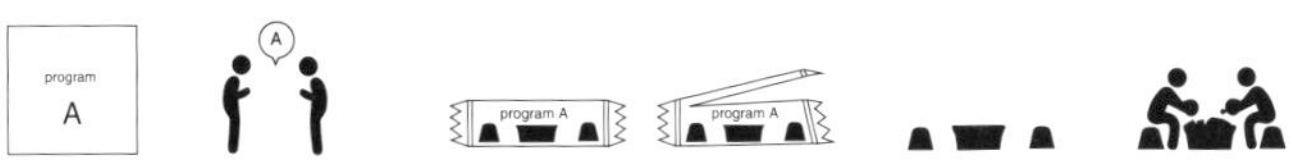

시간, 문화, 공간을 공유한다. 흐름에 따라 변화 하는 공간, 진행 프로젝트에 맞는 다양한 공간 구성이 가능한 변화의 공간이다.

Sustainable program

청년 작당소 지속가능한 연간 프로그램

1월
- 함께보자 해돋이!

2월
- 우리우리 설날은 오늘! :떡국먹기
- 텃밭시작 :씨씨씨를 뿌리고~

3월
- 새로운둥지 :프로젝트팀 모집
- 술을 담그자 :자급자족 project
- 풍문으로 들었소. :청년마을신문

4월
- 벚꽃좀비 :외롭지? 같이가자 꽃구경!
- & 3 :청년 백일장

5월
- 날날날 :어린이날 어버이날 스승의날..
- 묵은 이불 깨끗이빨아널자 :여름이온다
- 풍문으로 들었소. :청년마을신문

6월
- 마을 산책 :밤마실
- 그려서 맵핑 :마을지도그리기 project
- 포장마차 :반년돌아보기

7월
- 바로 그 순간 :하계 청년 사진전 /엽서판매
- 귀농의 꽃 :농활, 귀농체험
- 니별, 내별 :별자리 관찰하기
- 풍문으로 들었소. :청년마을신문

8월
- 비가오면 :빈대떡이나 부쳐먹지.
- 옥상태닝 :자급자족 project
- 더위를 :피하자! 공정여행

9월
- 추석이네 :송편빚자.
- 알록달록 이파리 :단풍놀이.
- 풍문으로 들었소. :청년마을신문

10월
- 마을 김장 :자급자족 project
- 가을은 독서의계절 :청년 독후감

11월
- 묵은 이불 깨끗이빨아널자 :겨울이온다
- 호호 함께먹자 :호떡, 군밤
- 풍문으로 들었소. :청년마을신문

12월
- 겨울 나기 :귤, 고구마.. 공동구매
- 크리스마스 :잔치를 열자
- 카운트다운 :한해마무리

Plan

지속가능한 연간 프로그램에 의한 청년 작당소

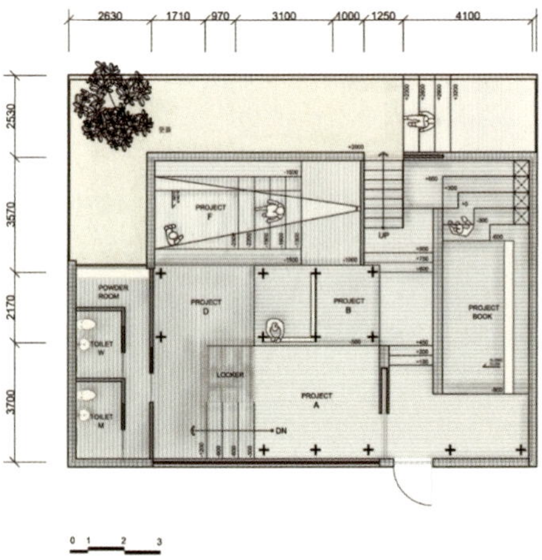

B1 / 같이 보자 : screening, library, coworking, toilet

지하 공간은 가장 안정적인 공간으로서 집중력을 필요로하는 프로그램 〈Project F〉와 〈Project Book〉이 위치하여 있다. 계단을 따라 내려가면 미닫이 밴드를 통해 파우더룸과 화장실로 진입 할 수 있고, 자유롭게 변하는 〈Project F〉를 이용할 수 있다. Screen + BAND를 통해 협업공간 또는 상영실로 이용 가능 하다.

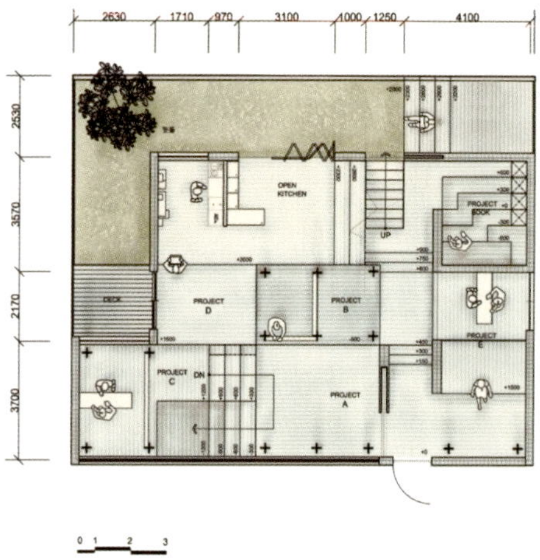

1F / 함께 하자 : coworking project, open kitcen

청년 작당소의 공간에서 활동이 이루어지면 메인 파사드는 활동에 의해 계속 변화한다. 모든 공간은 확장성을 가지며 사용자에 따라 변화하는 공간이다.

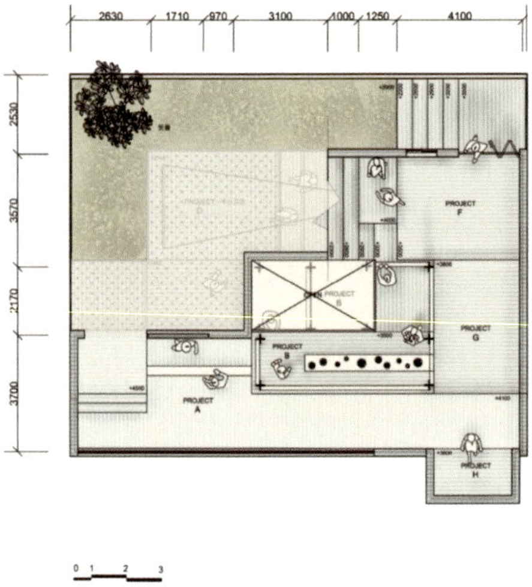

2F / 즐기자 : exhibition, party

문화와 예술 관련된 다양한 프로젝트가 이루어지는 곳이다. 청년 예술가의 전시 및 하계 청년 사진전 〈바로 그 순간〉과 청년 마을 지도를 그리는 〈그려서 맵핑〉 프로젝트가 진행 되는 공간이다.

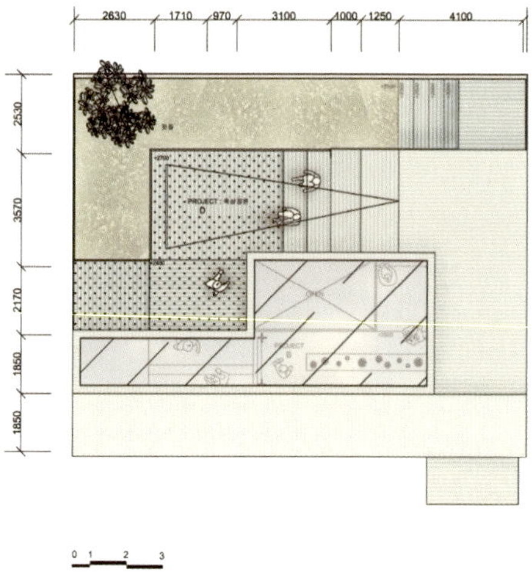

3F/ 쉬어가자 : roof gardening

귀농을 준비하는 청년들의 공간이다. 청년들은 스스로 텃밭을 가꾸며 자급자족한다. 여름 저녁엔 선선한 바람과 함께 영화가 상영되기도 하며 〈묵은 이불〉, 〈옥상태닝〉등의 프로젝트가 진행된다.

Isometric

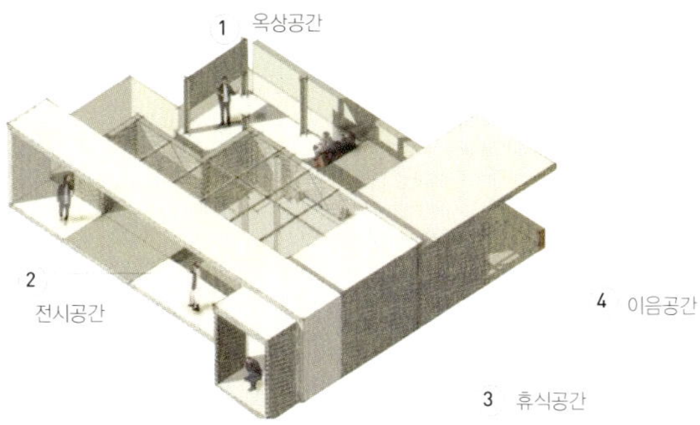

2F

Roof garden, Exhibition for divide space

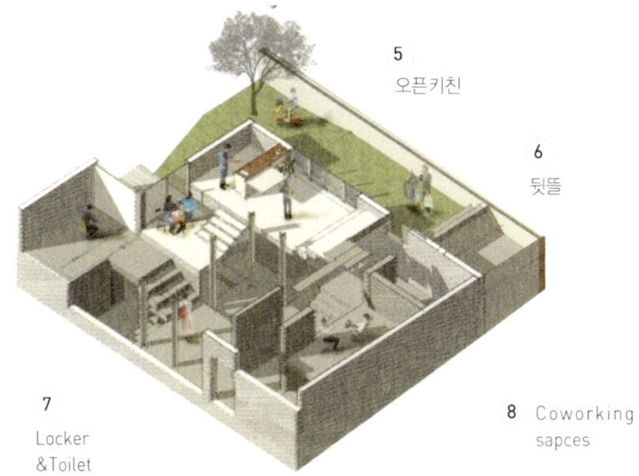

1F

Desk + Chair, Open Kitcheon, Coworking for divide space

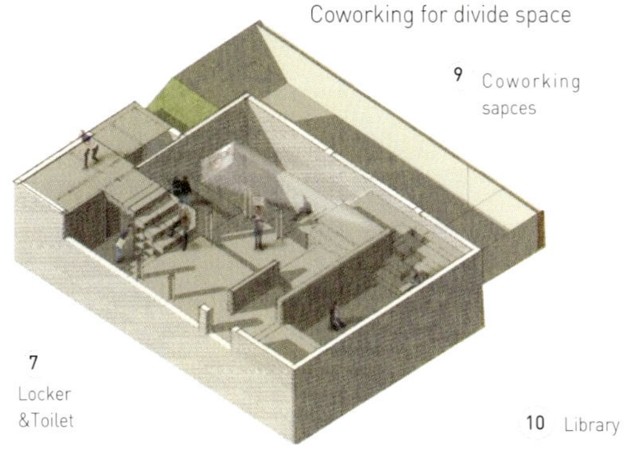

B1

Toilet, Locker, Library, Desk + Chair, Coworking for divide space

뒷뜰 / **Back yard**

청년 작당소의 모든 공간은 확장이 가능하며 오픈키친과 이어진 뒷뜰 또한 가능하다. 자급자족 프로젝트가 이루어진다.

Active band : Library Project

〈청년 마을 신문〉과 〈독서의 계절〉 프로그램이 진행되는 프로젝트 공간이다.

Active band : 묵은 이불 Project

다양한 밴드의 두께를 이용 묵은 이불 순간에 따라 다양한 공간을 구성.

Active band : 함께보자 독립영화 Project

BAND를 스크린 모드로 너비가 넓은 밴드를 이용하여 공간을 구성.

TENSION UP
; PULL A ROPE

노승희 | No Seung-Hee, 이은비 | Lee Eun-Bi

Brand

PAUL'S BOUTIQUE는 영국 브랜드로 군복에서 유래된 와펜들과 빈티지를 이용한 가방으로 명성을 얻었으며 강한 네온 그래픽과 빈티지를 믹스해서 유니크한 것을 만들었다. 충돌하는 컬러들과 유니크한 소재, 브랜드의 재치있는 로고등 새로움을 제안하는 브랜드이다.

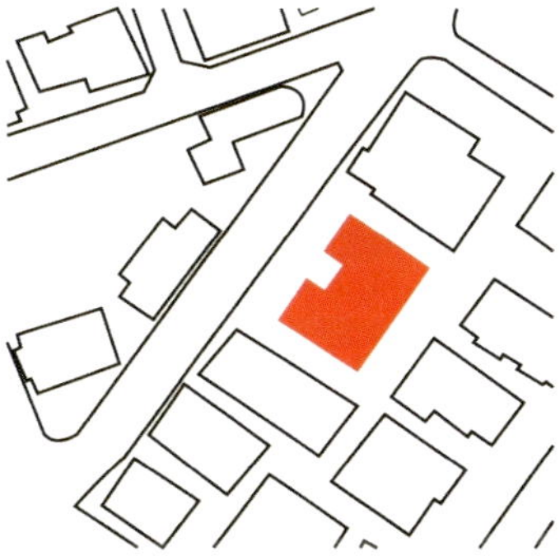

Site

강남역과 신논현역의 중간 지점에 위치하고 역삼동 언덕길이라 불리며 요즘 떠오르는 곳이다. 역세권에 위치하여 유동인구가 많지만 강남역 대로변에 비해 한적한 곳이다. PAUL'S BOUTIQUE를 이 곳에 설계하여 한적한 분위기를 색다르게 나타내고 판매 뿐만 아니라 쇼룸을 이용한 전시 등 다양한 복합적 요소를 더하여 사람들이 찾아올 수 있도록 하는 공간을 만들고자 한다.

Background

Kitch : 우스꽝스러운, 불규칙적인, 고급문화의 반발
PAUL'S BOUTIQUE + Kitch = ?
불규칙적인 패턴과 비비드 컬러, 네온컬러 등 팝 적인 요소를 담는 브랜드의 특성과 장난스럽고 부조화의 미를 추구하고, 화려한 색상을 이루는 Kitch를 결합했을 때 장점이 극대화된다고 생각하였다.

Kitch는 19세기 말 상위문화의 반발로 하위문화에서 기존의 가치문화에 대한 반항과 불일치, 전통의 미를 파괴하면서 시작하였다. 명품 브랜드가 아닌 Paul's boutique 와 상위문화의 반대선에 서 있는 kitch를 믹스하여 시너지 효과를 노리고 브랜드의 가치를 깎는 것이 아닌 대중적인 이미지를 심을 수 있는 방향으로 나아가려 한다.

Target

폴스부띠끄는 여성 잡화 브랜드로 화려한 색감과 팝적인 요소라는 무기로 10대 부터 30대까지 폭 넓은 타겟층 노린다. 강한 컨셉으로 다양한 세대의 여성들에게 사랑 받는 브랜드지만 주 고객층 10대 후반-20대 후반 사이로 이루어져 있다. TENSION UP 이라는 컨셉으로 키치와 밧줄을 접목시켜 폭 넓은 타겟층을 확보할 예정이다.

Material

Rope; 유기적인 곡선의 자유로움과 직선적이고 단단한 밧줄의 특징으로 다소 산만할 수 있는 kitch 문화와 접목시켜 단점을 보완시키고 솔리드한 벽과 밧줄을 이용한 디스플레이 공간을 설치하였다.

- 콘크리트 벽이 아닌 밧줄로 이루어진 벽체.
- 밧줄벽을 이용한 공간의 분리.
- 솔리드한 재질의 선반과 밧줄을 이용한 메인 Display
- 1,2층을 연결 Show window는 'TENSION UP' 이라는 컨셉을 나타낼 수 있는 대표적인 공간.

Plan

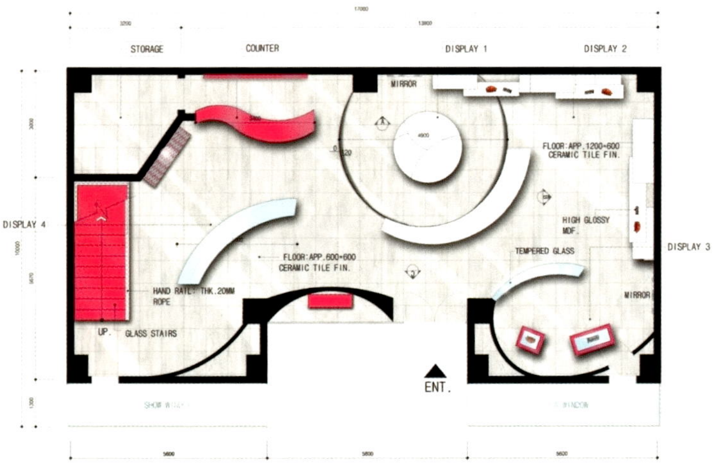

FLOOR PLAN 1F
SCALE : 1/60

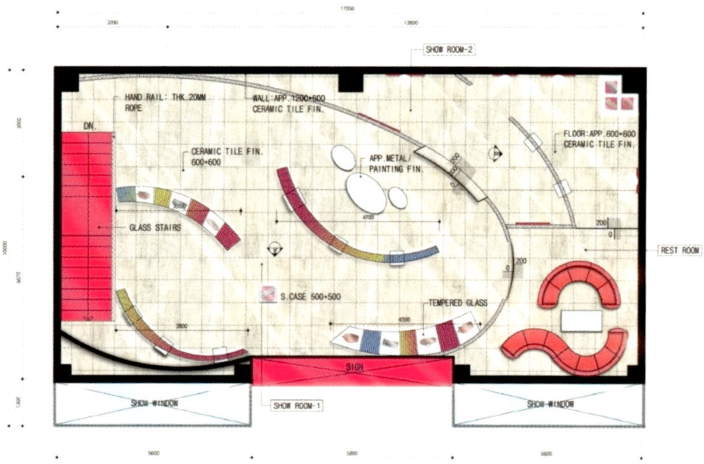

FLOOR PLAN 1F
SCALE : 1/60

Ceiling plan

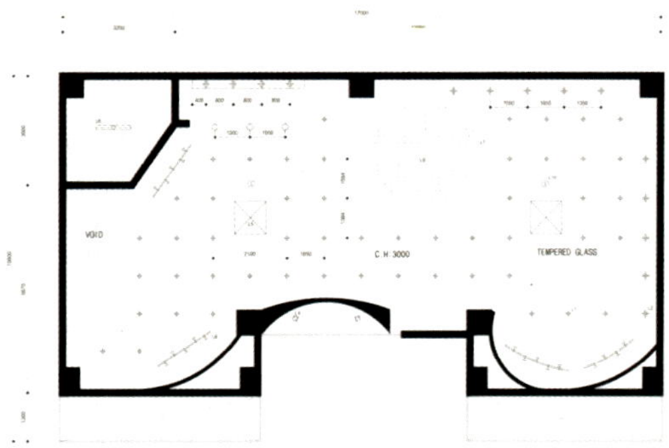

CELLING PLAN 1F
SCALE : 1/60

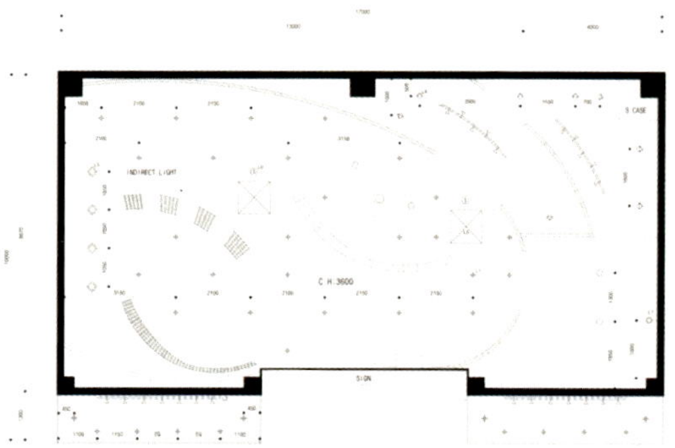

CELLING PLAN 2F
SCALE : 1/60

Concept

TENSION UP : 밧줄을 끌어당기다. 밧줄을 잡아당기다.밧줄을 이용한 공간과 파사드는 소비자들의 시선을 잡아 매장으로 유도한다. 내부 공간 또한 유기적인 공간감을 주는 곡선과 직선적인 밧줄로 지루하지 않고 사람들을 끌어들이며 궁금증을 유발하는 공간연출을 계획하였다.

Design process

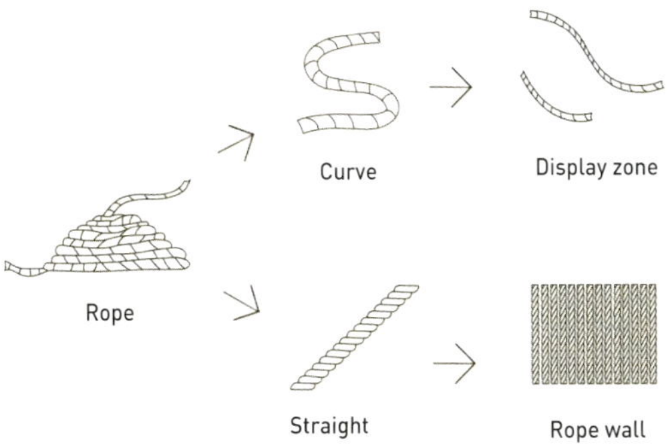

로프의 유연함에서 얻은 모티브로, 높낮이가 다른 커브를 이용한 디스플레이 공간을 설치하여 곡선으로된 디스플레이존을 따라 동선이 이루어진다.

커브와는 상반되는 로프의 직선적인 성질을 이용해 벽체에 로프를 팽팽하게 당겨 1층 디스플레이 공간과는 또다른 텐션을 보여주는 ROPE WALL을 설치했다.

Section

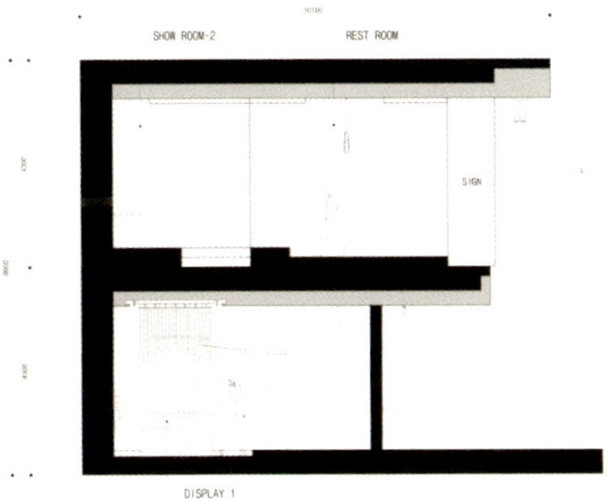

SECTION – A
SCALE : 1/50

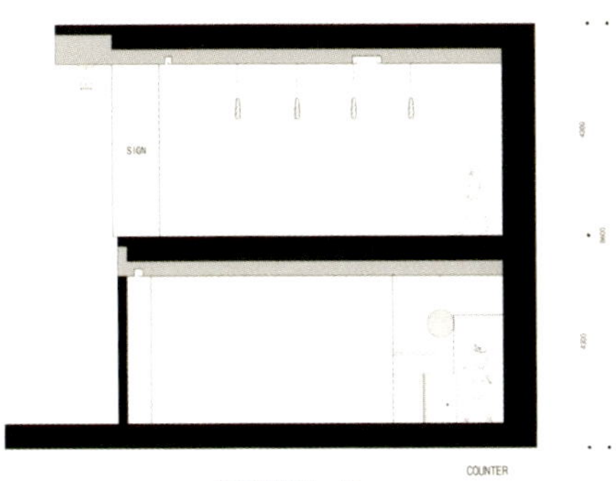

SECTION – B
SCALE : 1/50

Elevation

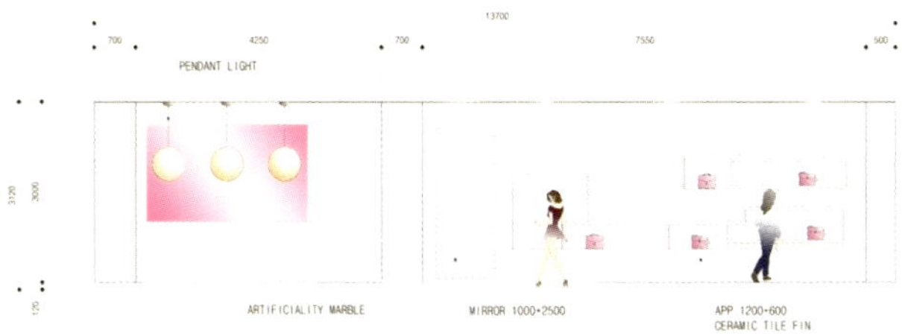

ELEVATION 1F –A
SCALE : 1/60

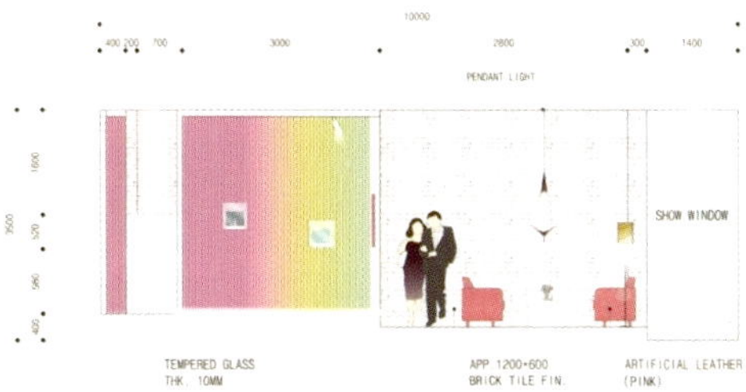

ELEVATION 2F –B
SCALE : 1/60

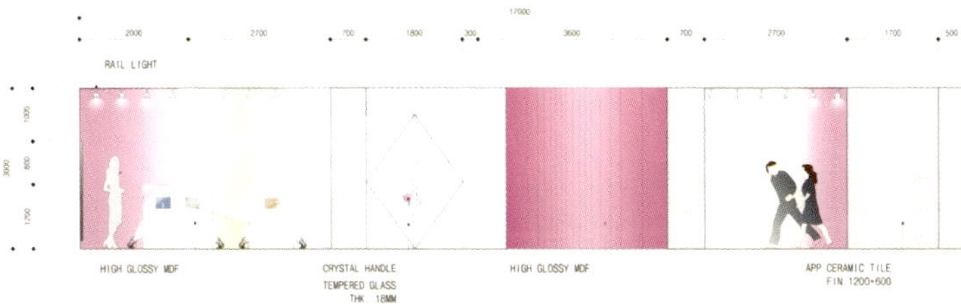

ELEVATION 1F –C
SCALE : 1/60

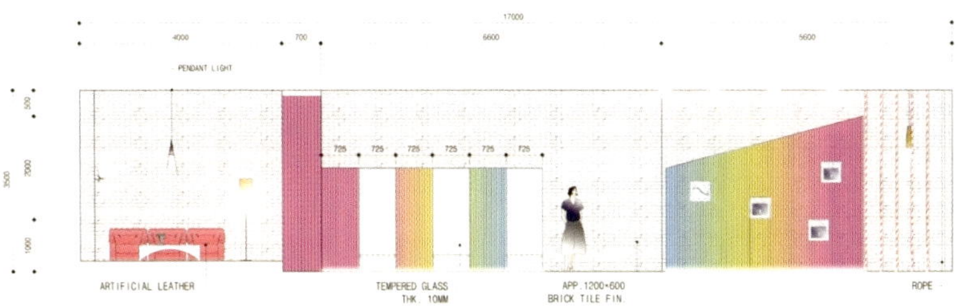

ELEVATION 2F –A
SCALE : 1/60

Isometric

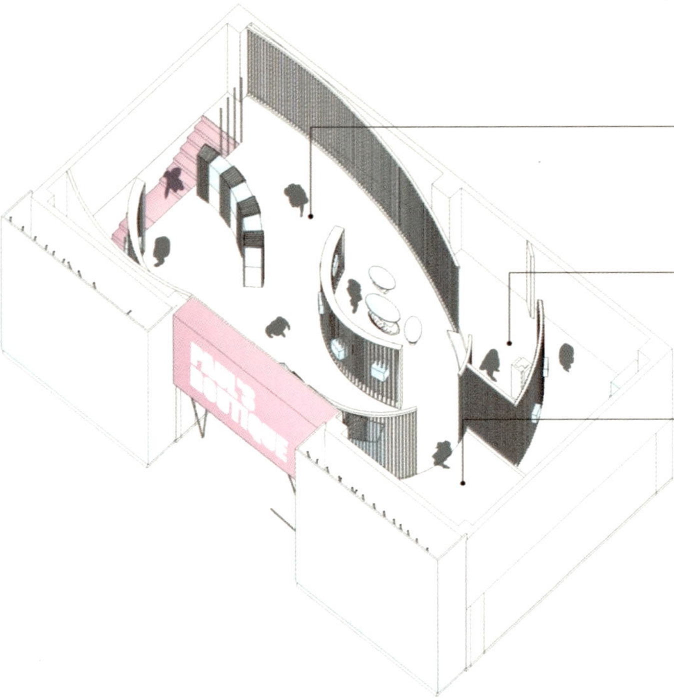

[1] **SHOW ROOM 1**

2층은 브랜드 한정판과 아티스트 콜라보레이션의 전시공간으로 밧줄의 유기적인 특징을 이용하여 곡선의 벽을 만들었으며, 공간 대부분을 이루는 밧줄벽은 단순한 벽이 아닌 전시 쇼케이스 역할을 하고 있다.

[2] **SHOW ROOM 2**

유명 아티스트와의 콜라보레이션 히스토리를 볼 수있는 전시공간이다.

[3] **REST ROOM**

고객들의 휴식 공간

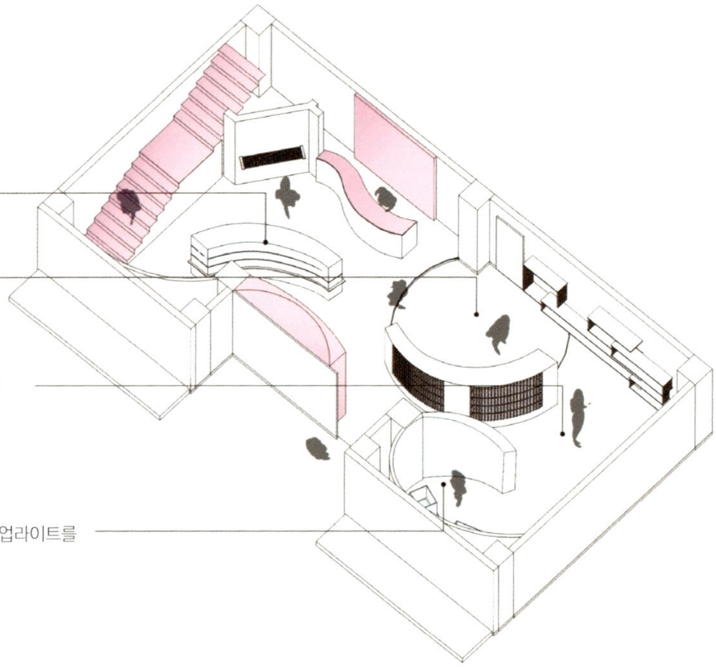

[4] **DISPLAY 4**

악세사리 전용 디스플레이 공간으로 시계와 쥬얼리를 전시한다.

[5] **DISPLAY 1**

베스트 인기상품을 진열하는 공간

[6] **DISPLAY 2**

솔리드한 선반과 밧줄을 이용한 디스플레이

[7] **DISPLAY 3**

천장에 설치된 유리벽은 밑 바닥이 사선으로 잘린벽으로 업라이트를 이용해 디스플레이 효과를 높인다.

2

3

4

메인디피를 하는 곳으로 그 공간만 레벨을 두어 주 메인 상품들을 차례대로 진열하고 천장에서 내려오는 아크릴 조명으로 공간이 생겨 이 곳만의 특별한 공간으로 볼 수 있다.

2

계단에서 본 일층의 모습으로 밧줄사이로 엿보는 듯한 느낌을 주어 진열대의 곡선과 카운터는 내부가 마치 하나의 선으로 이어져 있는 공간처럼 보이게 해주며 각각의 디스플레이 가구의 특징을 조화롭게 만든다.

3

솔리드와 밧줄을 이용한 공간으로 프린팅과 에나멜가죽을 분류별로 나누어 디피한 공간이다.

4

계단을 올라오면 밧줄벽에 디스플레이가 전시 되어있는 것을 볼 수 있고 그 앞에 오브제가 전시 되어있어 키치적인 공간을 나타낸다.

유영주 | Yu Young-Ju , 이지애 | Lee Ji-Ae

오르락 내리기

Site analysis

젊음과 패션의 거리로 다양한 연령층의 개별 외국인 관광객들도 발길이 잦은 문화거리이고 지하철 2,6호선이 통과하여 교통이 편리하다.

서울시 마포구 서교동 378-4
대지면적: 405㎡/약 122평

왼쪽에서 오른쪽으로 갈수록 지형이 높아지는 대지이다(→).따라서 자연스럽게 지하공간이 생기게 되고 이 부분을 인포메이션 공간으로 이용하였다.

전 세계적으로 개별 관광, 특히 단순 관람형 여행이 아닌 문화체험 및 교류를 목적으로 한 개별 여행객 수요가 젊은 세대를 중심으로 증대되고 있다. 이들은 여행관련 정보를 현지에서 획득하며, 이를 위해 현지인 혹은 타 여행자들과의 커뮤니케이션을 중시한다.

이러한 지속적인 커뮤니케이션과 여행 중 리스크의 최소화를 위해 일반 호텔이 아닌 상대적으로 개방적인 호스텔, 게스트 하우스 등 중저가 숙박을 선호한다. 하지만 우리나라는 모텔, 여관 같은 중저가 시설이 넘쳐나고 현재 우리나라 숙박 형태는 외국인들이 편안하게 문화교류 할 공간이 거의 없다고 할 수 있다. 이에 외국인 여행객이 이용할 수 있는 중저가 게스트 하우스와 여행자들 간의 여행정보 제공과 문화를 공유할 수 있는 소통 공간인 레스토랑을 계획하려 한다.

Need analysis

Guest house panel 접혀진 판들은 자연스럽게 레벨차가 생겨 침대가 놓일 수 있는 침실과 오르락 내리락하는 역동적인 입면을 보여준다.

Restaurant panel 각각 다른 크기의 판넬들로 구성된 공간이 모여 레스토랑의 입면 전체적인 모양을 이루게 된다.

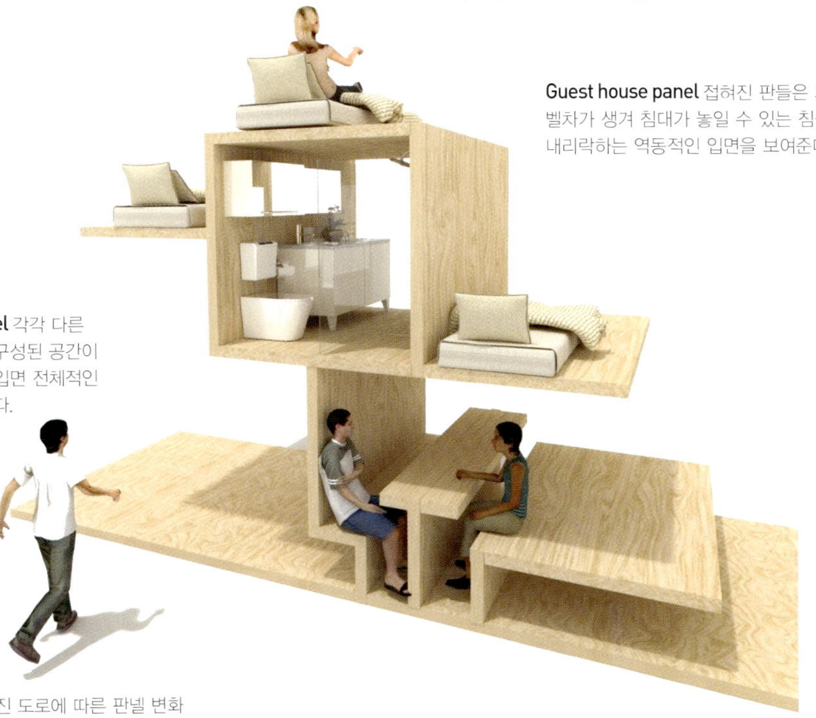

경사진 도로에 따른 판넬 변화

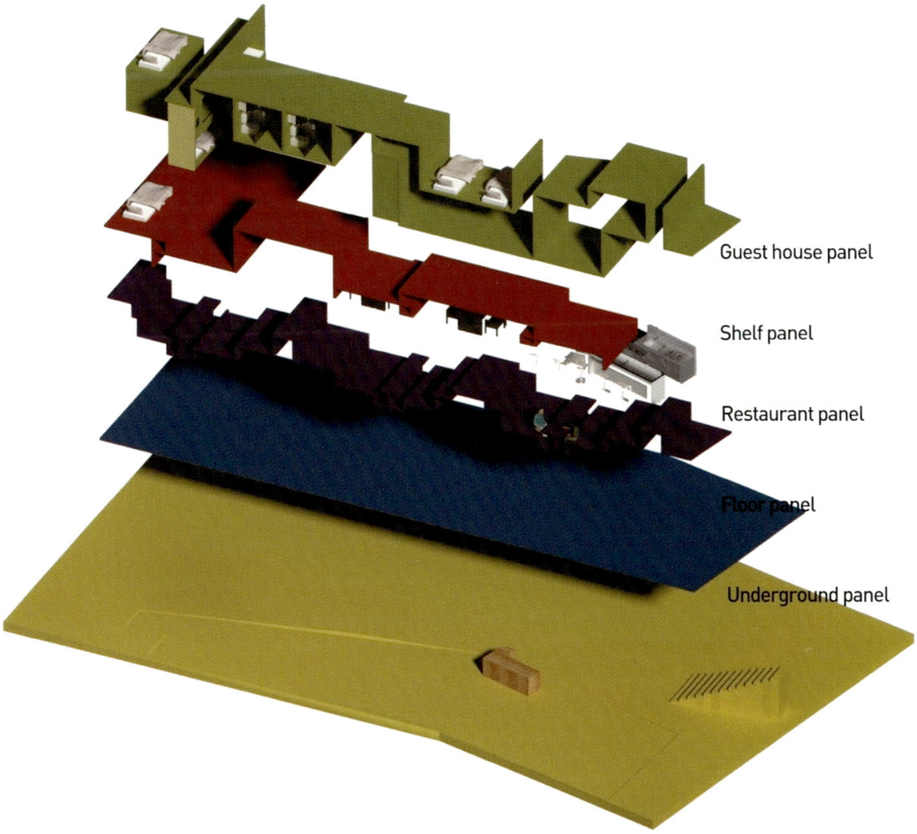

견고하게 쌓아 올려진 모양들은 축적된 지식과 정보를 공간에 반영하고 여행자들이 하나의 공간을 이루는 구성원이 되어 그 공간에 흔적과 추억, 정보를 쌓아올린다. 20~30대 중국인 · 일본인 배낭여행객을 타겟으로 한 이 공간은 커뮤니케이션이 이루어질 수 있는 자유로운 분위기의 공간을 가장 필요로 한다.

Program

1층 레스토랑(Restaurant)

판이 사람 스케일에 맞게 접혀져 사람들이 앉을 수 있는 의자와 식탁을 구성한다.

1층 주방(Kitchen), 바(Bar)

레스토랑을 방문한 외국인들이 셰프가 되어 음식을 대접할 수도 있도록 개방적으로 설계하였다.

2층 침실(Bedroom)

작은 공간에서 높낮이가 다른 판넬이 공간을 구성해 다락방 같은 느낌이 들게 한다.

Plan zoom in

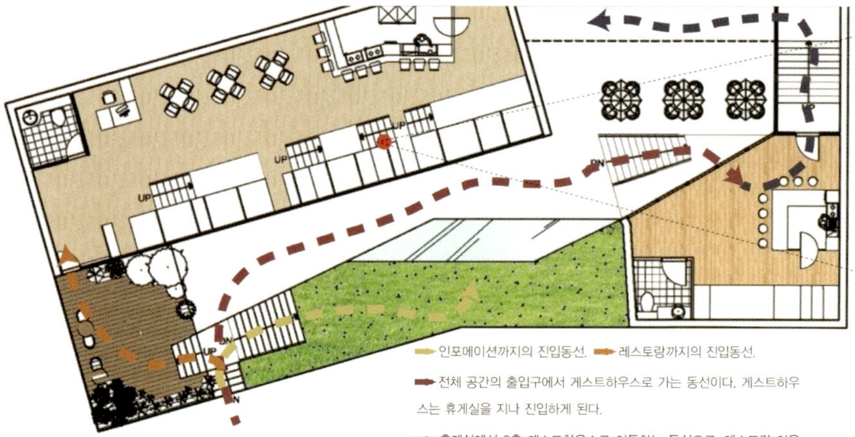

Restaurant

1F은 레스토랑으로, 식탁, 의자만 놓여 있는 보통의 평범한 레스토랑이 아니라 자유로운 분위기를 위해 이어지는 라인들이 의자가 될 수도, 계단이 될 수도 있도록 하였고 바닥에도 앉을 수 있는 휴게실 같은 분위기를 연출하였다.

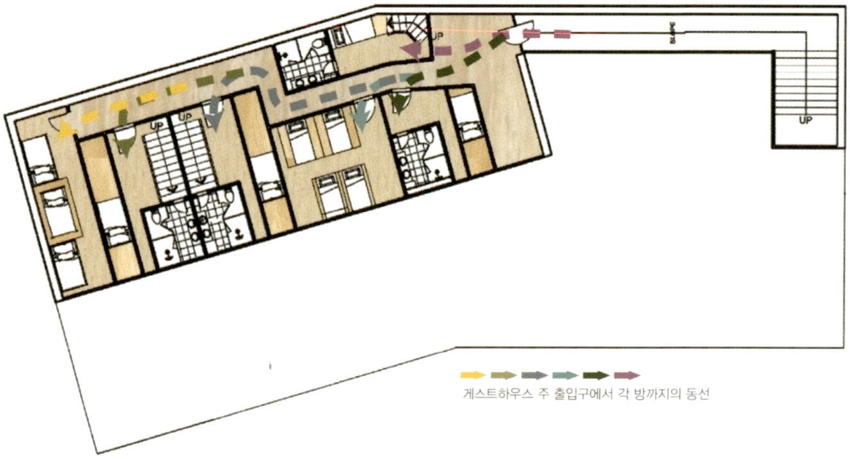

Guest house

2F은 게스트하우스로, 화장실이나 침실이 떠있어서 올라가야 하기도 하고 화장실 천정이 침대의 바닥이 되기도 한 공간이다. 좁은 통로에는 자칫 진로에 방해가 될 수 있는 계단을 없애고 사다리를 이용하였다.

3d render

A. 휴게실

B. 레스토랑

C. 2층 침실

D. 인포메이션

A. 휴게실

게스트하우스 방문객들이 자유롭게 이용하는 공간이다. 컴퓨터로 정보검색을 하거나 TV시청, 영화감상 등을 할 수 있다. 간단한 음식 또한 만들어 먹을 수 있는 만능 휴게공간이다.

D. 인포메이션

객실안내, 여행 정보 제공 등 고객의 편의를 제공하는 기타 서비스 공간.

B. 레스토랑

레스토랑을 방문한 외국인들이 셰프가 되어 자국 음식도 직접 만들어 제공할 수 있고 여행 정보도 얻어가는 공간.

C. 2층 침실

여행객들 간 새로운 사람과 좀 더 친밀하게 소통할 수 있는 곳. 각 방마다 침대와 화장실이 같이 배치되어 있다.

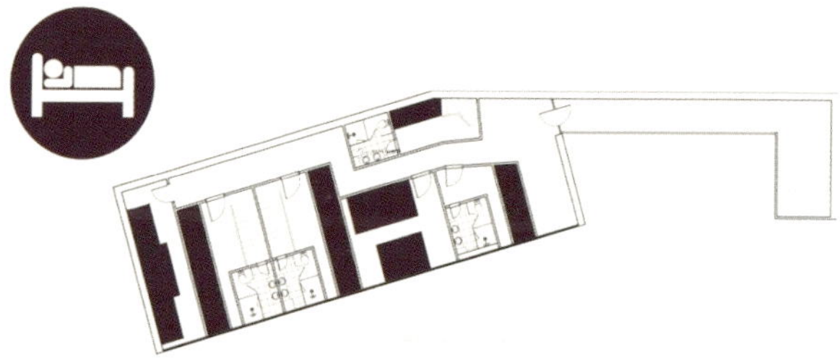

living
(guest house)

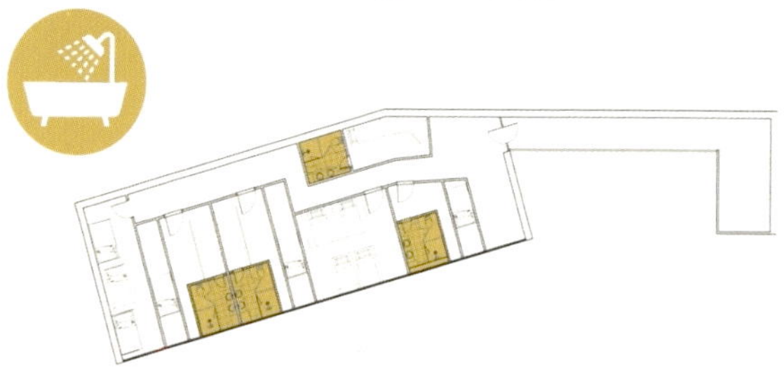

shower
(toilet, bathroom)

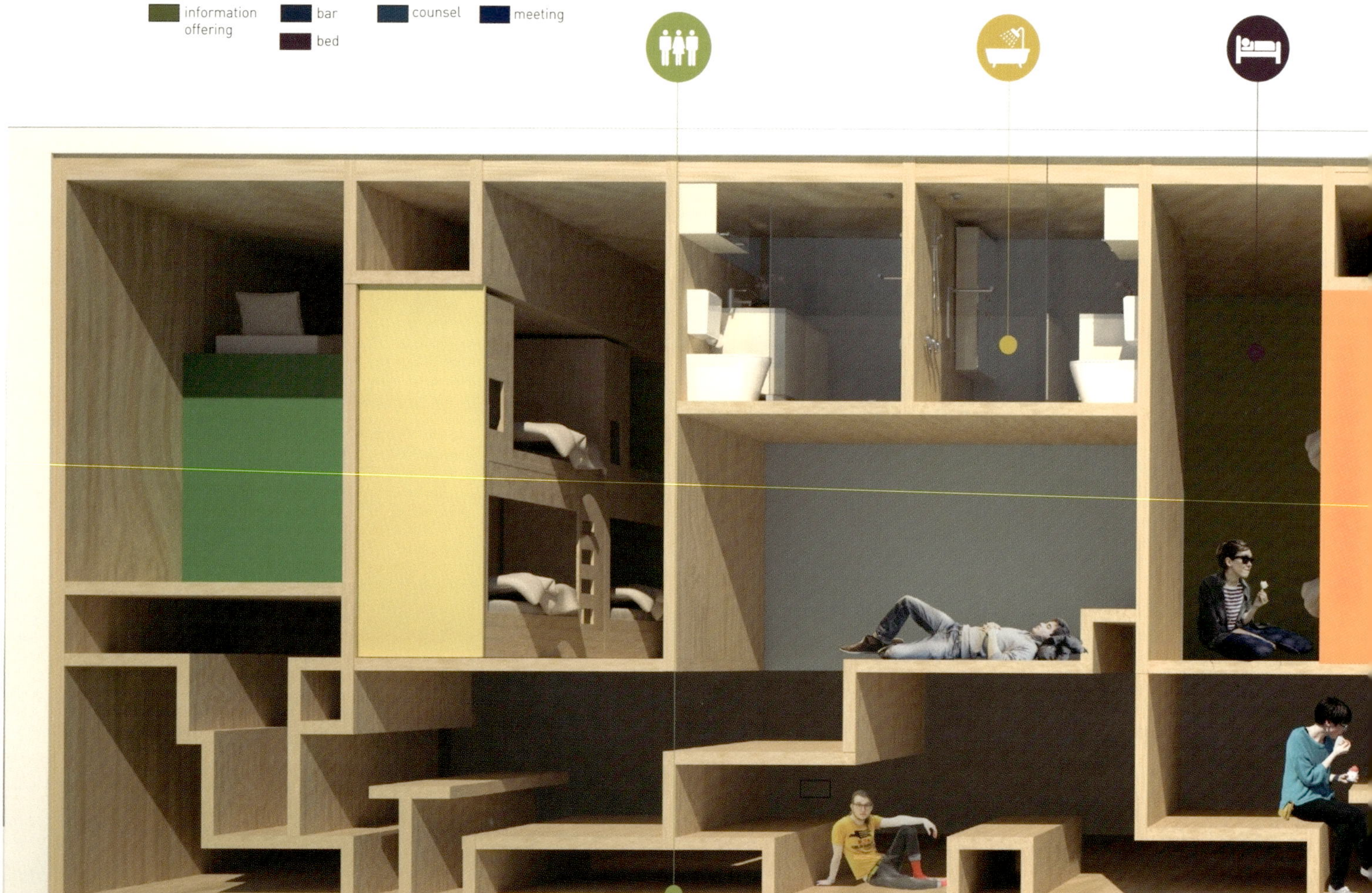

eating & drinking
(restaurant, cafe, bar)

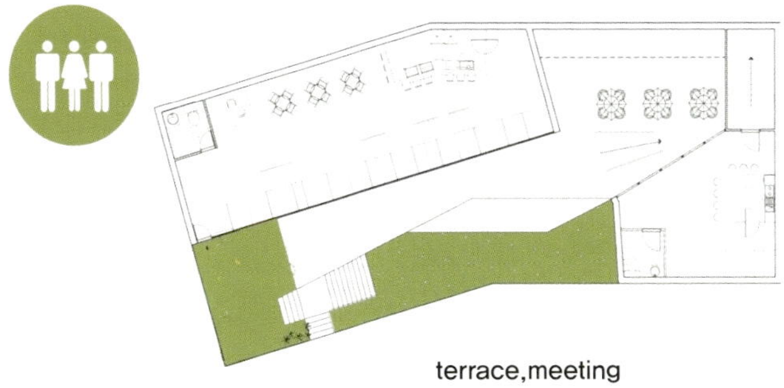

terrace,meeting
(public space)

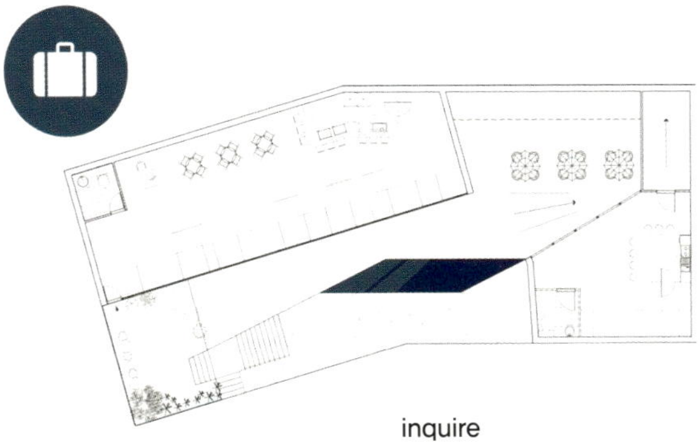

inquire
(information)

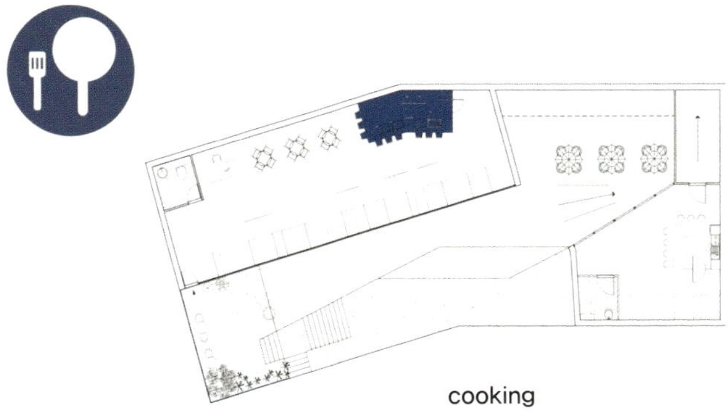

cooking
(kitchen)

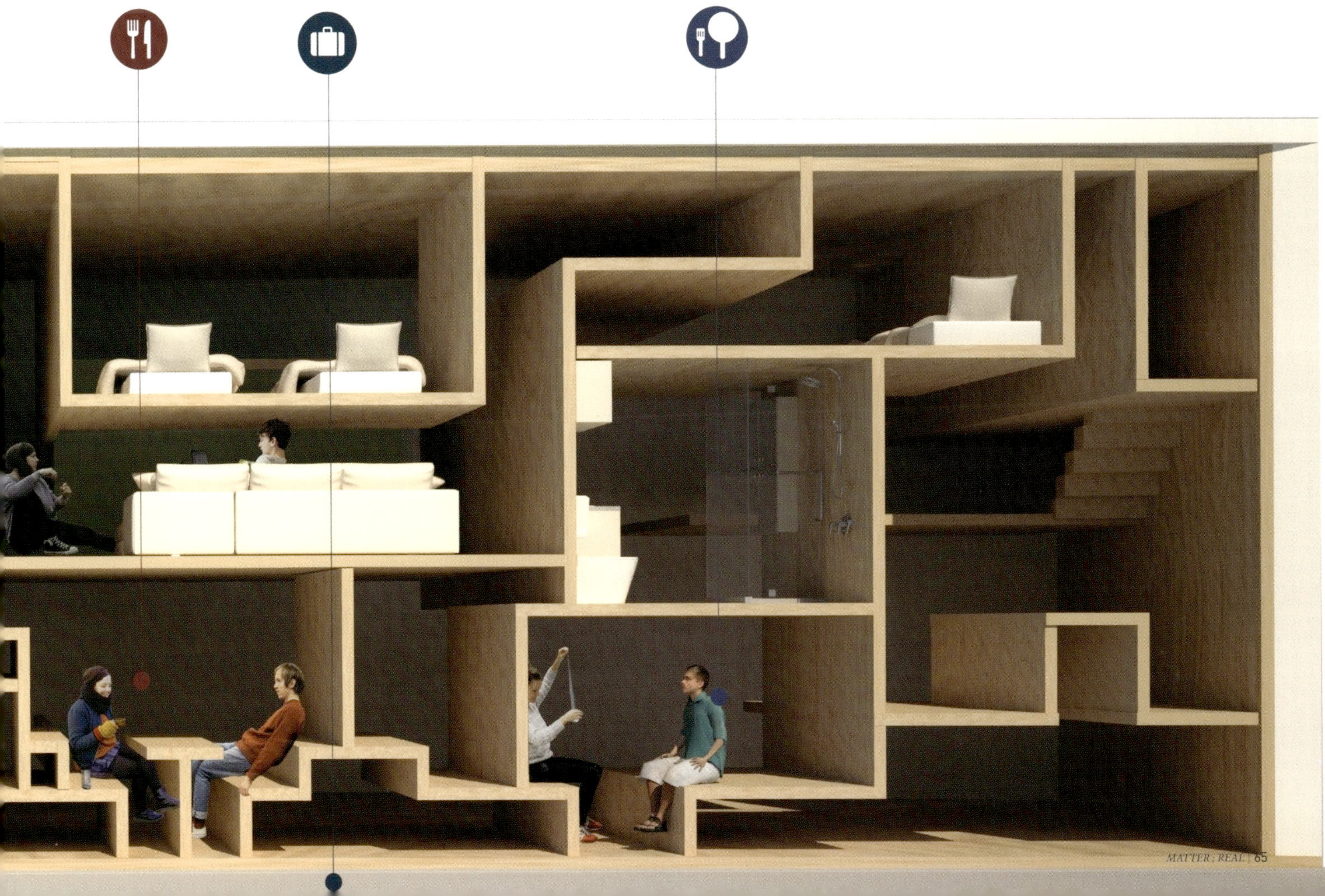

여운비 | Yeo Woon-Bi, 심지윤 | Sim Ji-Yoon

STAR ARTIFACT

별의 궤적 , 새로운 공간을 형성하다 .

나라 경제가 성장하면서 삶의 여유를 찾은 현대인들로 인해 와인의 수요가 급격히 늘고 있다 . 이처럼 와인시장은
고 점점 대중화 되고 있는 데 비해 , 아직까지 와인은 고급문화라는 편견과 '특별한 날에 찾는 주류' 라는 사회인
이 강하다 . 우리는 이러한 와인에 대한 편견을 버리고 , 일상 속에서 와인을 즐길 수 있는 와인공간을 설계하고자 한다 .

Problem

와인에 대한 사회적 인식과 편견

Solution

일상와인

새로운 와인문화

복합문화공간

와인에 대한 관심

Target

Wine

Star View

Culture

Program

밤에만 와인을 마신다는 편견을 버리고 낮에도 와인을 즐길 수 있도록 와인 디저트 카페 형성

와인을 마시는 것 만이 아닌 가상의 플라네타륨을 구축하여 새로운 문화공간을 형성

와인에 대한 지식을 공유하고 배우는 모임 장소를 형성

Seoul, Korea
14,Itaewon-ro 55-gil, Yongsan-gu
Area; 661㎡

문화예술공간과 상업공간의 중간지점
Multi-Cultural Art Space

서울시 용산구 한남동은 이태원로를 중심으로 번성해 있으며 이태원역과 한강진역의 중간지로써, 두 지역의 특성이 잘 어우러져 있다. 가장 큰 특징으로 문화예술공간과 상업공간의 중간지점이며 다양한 문화가 공존해 있다.

Site analysis

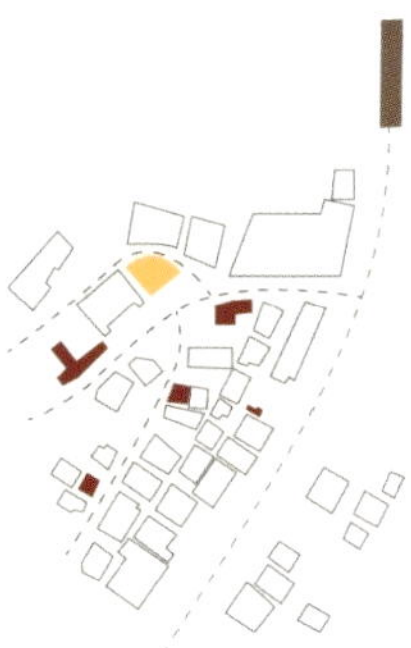
Surrounding Area

Green Area

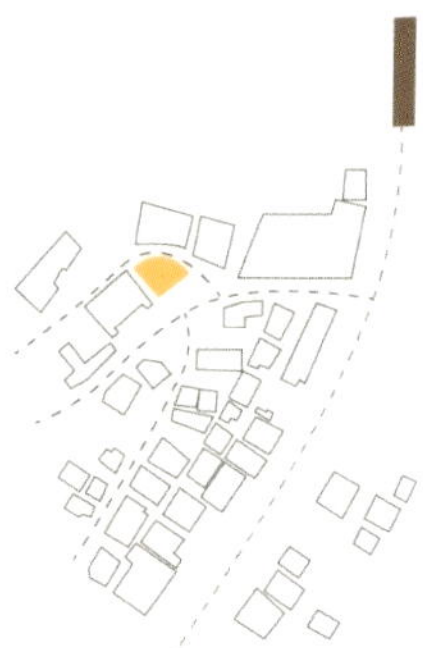
Traffic Axis

다시점 공간의 형성

사이트를 중심으로 뻗은 도로축과 사이트의 지리적 특성인 높은 경사도를 활용하여 보이는 여러 시점에 따라 다양한 형태의 모습을 보이는 다시점 공간을 형성한다.

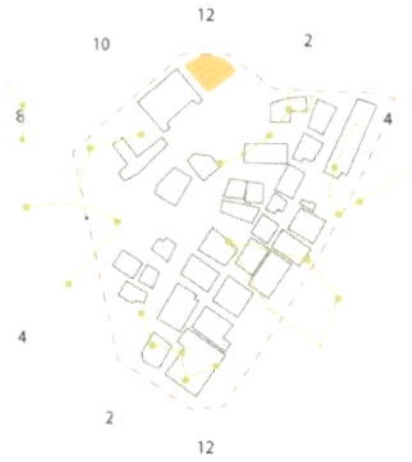
Spring

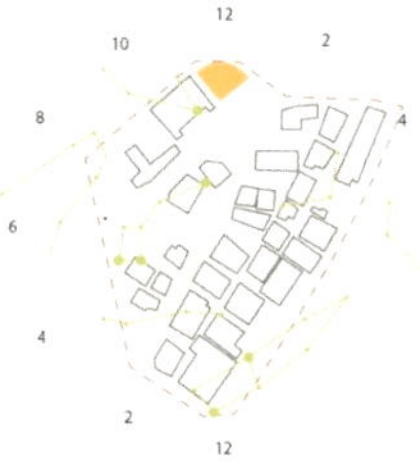
Summer

Fall

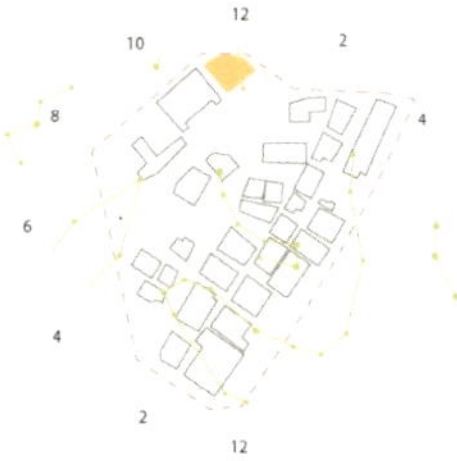
Winter

사이트 영향권 내 별의 궤도의 이동을 공간에 적용시켜 여러 공간에서 시간에 따라 다양한 별자리를 관측할 수 있다.

KEYWORD

Orbit
Trajectory
Axis
Rotation

CONCEPT

STAR ARTIFACT

별의 궤도가 회전과 결집하는 과정에서 형성된 새로운 공간을 말하며 작고 불필요한 객체들이 모여 형성된 공간에 새로운 기능을 불어넣음으로써 그 빛을 발휘한다.

MOTIVE

_별의 궤적

와인은 인간과 자연이 만들어낸 산물이다. 그 대표적인 예로 '옛부터 포도는 별의 위치에 따라 재배되었다.' 별의 밝기를 통해 그 날의 기후를 예측했을 뿐만 아니라, 천체의 별이 이동하는 위치를 보고 파종, 정식, 경운, 수확등의 농사 시기를 결정지었다.

Design story

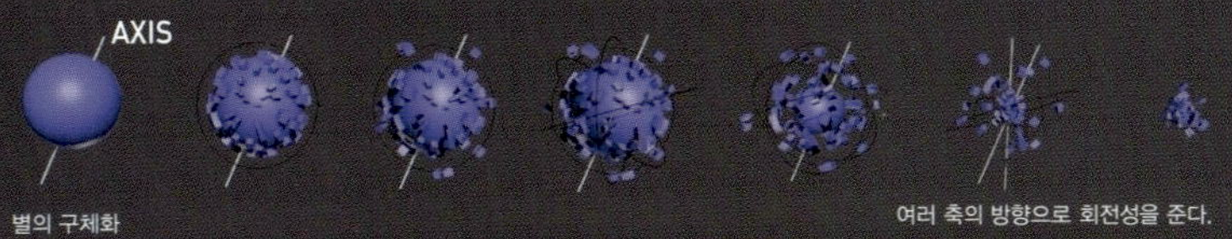

STEP1 우주적 관점_ 메인축(북극성)을 중심으로 회전하는 별객체에 다양한 회전을 주어 별들이 궤도를 따라 만나면서 새로운 매스를 형성한다.

Mass process

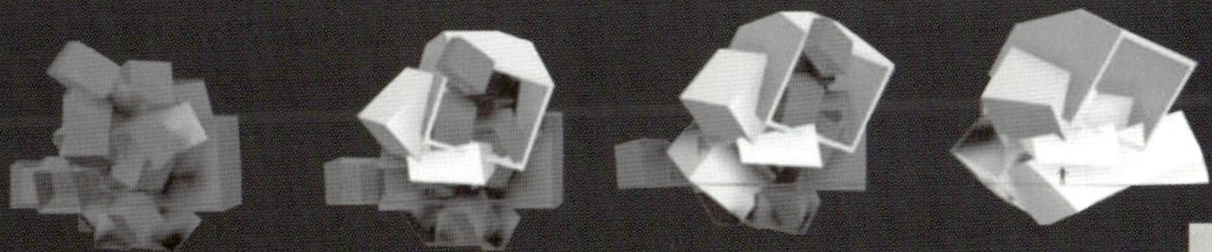

STEP2 사이트적 관점_ 별의 궤적을 따라 새롭게 형성된 매스를 사이트적 관점에서 본 형태, 각각의 매스는 다양한 각도에서의 별자리들을 보여준다.

Design process

별의 궤도로 형성된 새로운 공간에 궤도를 중심으로 생긴 축에 따라 공간을 분할한다. 매스를 수직적 수평적으로 절단하였을때 절단면은 운석의 조직단면의 구조를 보여준다.

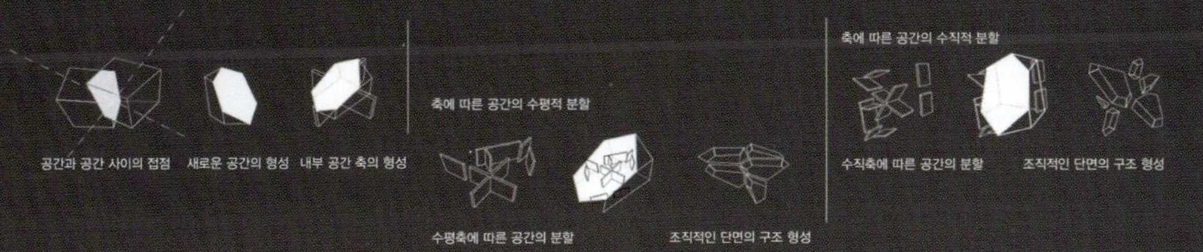

Light

메인 북극성을 중심으로 경사로를 이용한 다각적 시선을 이용하여 보는 위치에 따라 조명의 라인이 각기 다른 별자리의 형태를 보여준다.

LEFT VIEW_**큰곰자리**

RIGHT VIEW_**백조자리**

BACK VIEW_**화살자리**

Meterial

운석의 조직단면의 특성

운석의 조직단면의 특성을 건물의 외피에 적용하여 운석의 느낌을 살리다.

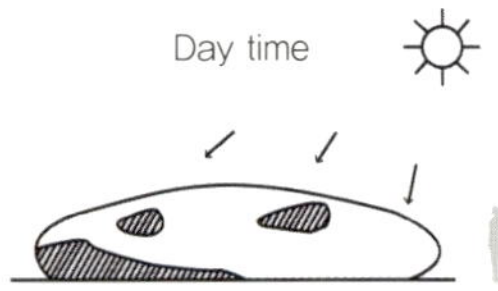

자연광에 의해 boid soild 내부에 투영되는 빛의 정도가 다르다.

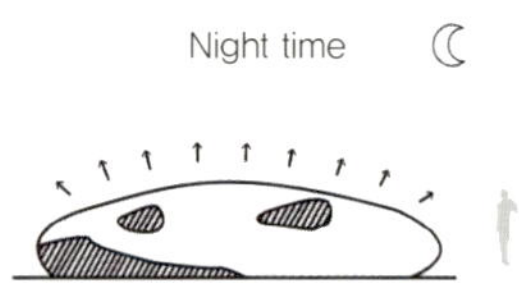

내부의 조명이 boid soild부분에 따라 비춰지는 정도가 다르며 건물자체가 별처럼 빛나는 효과를 낸다.

Furniture

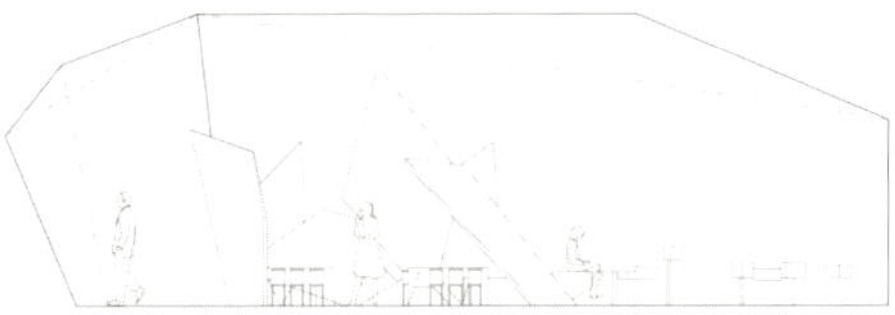

공간을 구성하는 파티션들이 운석의 조직 단면처럼 세밀정도에 따라 불투명 반투명 투명한 성질을 가지게 된다.
이러한 특징으로 인하여 폐쇄적인 공간이 형성되기도 하며 개방적 공간이 형성되기도 한다

Plan

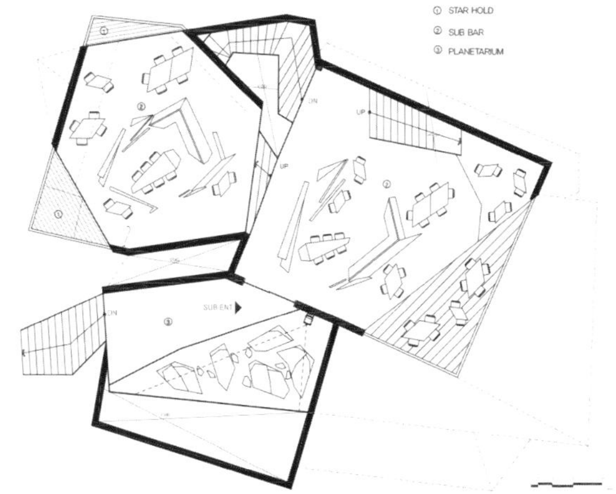

HALL / MAIN WINE BAR

1층은 홀과 메인 와인바 공간으로 구성되어 있으며 매스들의 겹침으로 형성된 공간을 최대한 살려 화장실과 카운터 공간으로 활용하였다. 아트리움을 거쳐 외부 테라스로 이어진다.

PLANETARIUM / STAR HOLD/ SUB BAR

2층은 가상의 별을 볼 수 있는 플라네타륨 공간과 서브 와인바로 구성되어있으며, 프로세스 과정에서 형성된 스타 홀 공간에 설치된 접인렌즈를 통해 각기 다른 구멍으로 다른 별자리들을 관측할 수 있다.

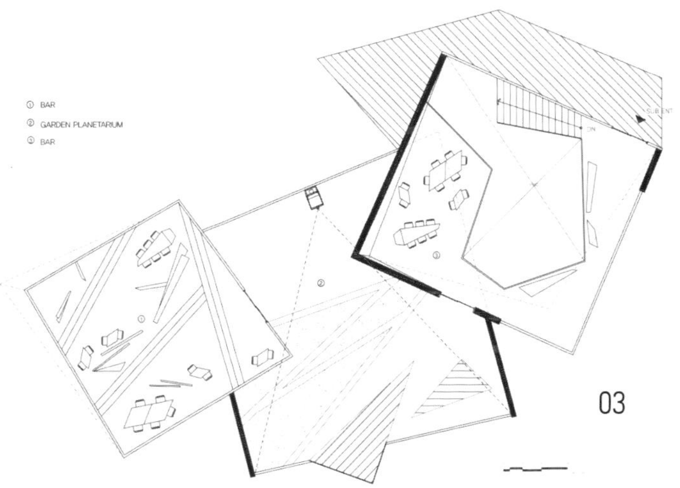

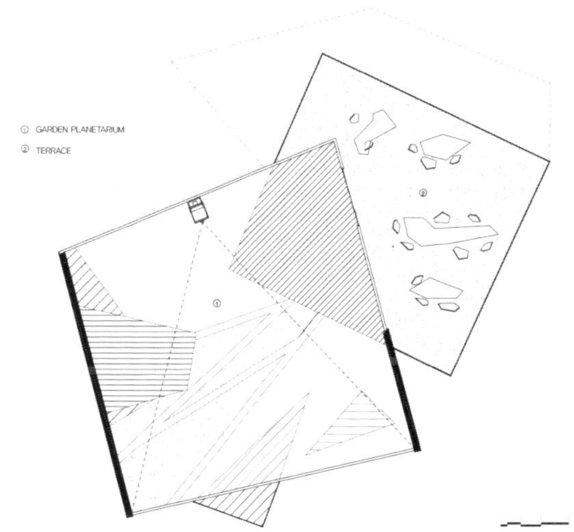

BAR / GARDEN PLANETARIUM

공간과 공간이 단을 형성하여 계단이 되고, 사람들이 휴식을 취할 수 있는 가든 테라스 공간으로 구성되어 있다. 내부에 잔디와 자연으로 디자인 되어 외부인 듯한 실내 공간을 연출한다.

TERACE / GARDEN PLANETARIUM

밤이 되면 천장의 유리에 빔을 쏘아 가상의 별을 보여주는 플라네타륨 공간은 와인을 편하게 마실 수 있도록 조성되었으며 외부 테라스와 연결되어있다.

SECTIONAL VIEW

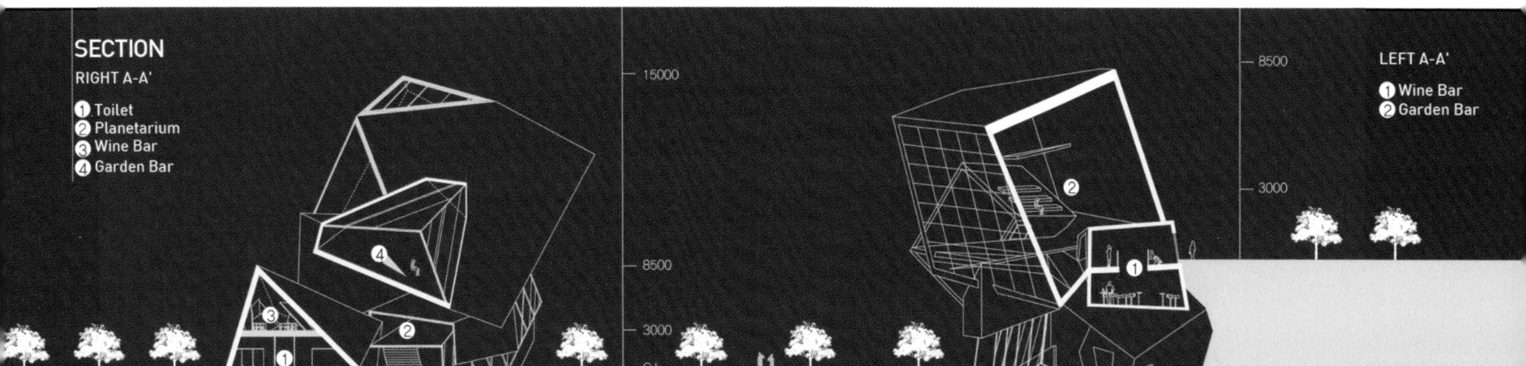

윤정인 | Yun Jeong-In, 한아름 | Han Ah-Reum

새로 보다

새로운 곳의 낯설음을 전해주다

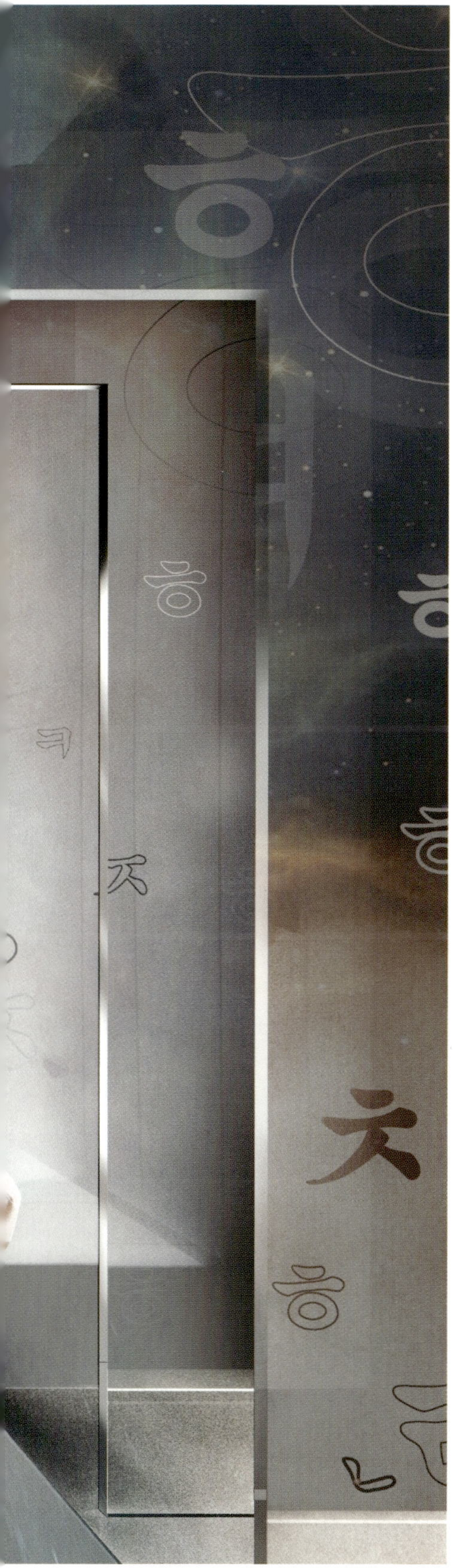

Background

하루에도 수십만명이 오고가는 공항. 한국에 여행을 와 외국인이 가장 먼저 접하게 되는 공항은 우리는 모르고 있었지만 다양한 방식으로 한국을 홍보하고, 한국에 대한 좋은 인상을 위해 애쓰고 있다. 그러나 시행되는 이벤트나 많은 시도들에 대한 효율적인 부분을 점검하고 한국을 홍보하고 알릴 수 있는 실질적인 컨텐츠의 필요성을 가지고 접근하게 되었다.

Site

인천국제공항 : 인천광역시 중구 운서동 2851
설립연도 : 1992년 착공 2001년 개항
소재지 : 인천 중구 공항로 272(운서동)
부지면적 : 5619만 8600㎡(1,700만 평)
터미널규모 여객 터미널 : 연면적 51만 4910㎡(15만 평)

대한민국에 위치하고 있는 공항 중 가장 큰 규모의 공항으로 연간 공항 이용객이 출국과 입국인원을 합쳐 4000만여명 이상이고, 공항 서비스평가 9년 연속 1위이다.

Site analysis

현재 인천국제공항 내 한국홍보시설

면세구역 내 한국 홍보시설

한국전통문화센터, 입국장문화거리,
한국문화박물관, 전통공예전시관

한국문화거리를 제외한 모든 한국홍보에 관련된 컨텐츠들은 면세구역에서 이루어지고 있으며, 인천국제공항에 도착한 관광객들보다는 주로 관광을 마치고 다시 돌아가는 관광객이나 인천국제공항을 경유, 환승을 기다리는 관광객들을 타겟으로 하고 있는 것으로 보여진다.

여객터미널 내 한국 홍보시설

한국문화거리
기와집, 정자 등 전통조형물, 디지털체험시설, 전망누각을 전시

-1층에 도착한 관광객들이 굳이 4층까지 올라가지 않을 것
(주로 다시 돌아가기 전에 4층에 방문할 가능성이 더 높다.)
-도착한 관광객들을 위한 한국에 대한 홍보시설 또한 필요할 것

인천국제공항 내 지하 1층 현 (FOOD ON AIR 스낵) 부분

1층과 VOID로 연결된 부분이 존재하고, 또 에스컬레이터와 엘리베이터로 1층과의 왕래가 비교적 쉬운 점, 그리고 공항철도와도 이어져 있다. FOOD ON AIR가 세 지점으로 운영되고 있기 때문에, 충분히 스낵지점을 다른 지점에 포함시키고, 공간을 확보할 수 있다.

Target

인천국제공항을 이용하는 이용객들 중에서 한국을 여행한 후 돌아가는 외국인관광객이나 한국에 여행을 하기 위해 도착한 외국인 관광객을 주 타겟으로 하고, 외국인 외에도 인천국제공항을 이용하는 모든 이용객들이 관람할 수 있도록 한다.

Contents

현대사회에서 우리는 한글이 얼마나 위대한 문자인지를 알고 있다. 이미 여러가지 형태로 한글은 세계적으로 인정받았으며, 우리들도 한글에 대해 자부심과 애정을 가지고 있다.
한국을 방문한 외국인 여행객 뿐 아니라 자국민들도 흥미를 가지고 관람할 수 있는 주제로써 한글을 선정하였다.

여러가지 방식으로 전시될 수 있는 한글의 다양한 모습들을 공간안에 담아, 한글의 우수성과 함께 한글의 아름다움을 널리 알릴 수 있는 공간이 될 것이다.

Section 1

수동적인 한글 체험으로 기존 작가들의 한글 관련 캘리그라피 작품이나 조형작품들을 전시하여 관람객들에게 한글에 대한 시각적인 모습들을 전달

전시물 A

강병인 작가 캘리그라피 작품

전시물 B

한글 전개체계 조형물
서울여대
한재준 교수 作

전시물 C

강병인 작가작품

전시물 D

민병걸 교수 作
3X3 Wooden Type

전시물 E

강병인 작가
이근세 작가 합동작품
꽃,봄 조형물 +캘리그라피 작품

Section 2

관람객 참여에 의한 미디어 아트 위주의 interaction 작품들로 한글을 직접 경험하고 시각을 비롯한 청각, 촉각 등의 감각으로 체험하는 Section

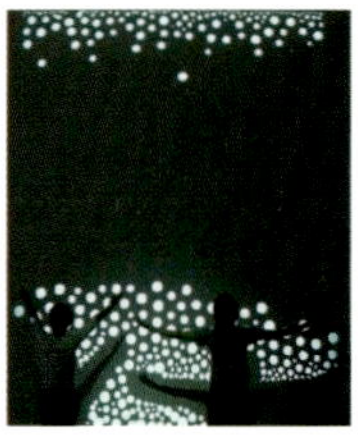

Interaction 작품

대형 멀티터치스크린
6400X3500(mm) 양쪽 2EA

입력장치(터치 스크린)

스크린 2800X1500(mm)

바닥, 벽체 미라클 글라스

여러작가 한글관련 미디어 아트작품 상영

전시물 F

에메랄드 팩토리-감각의 흐름 작품 인용
<윤디자인연구소 한글전치>

Plan

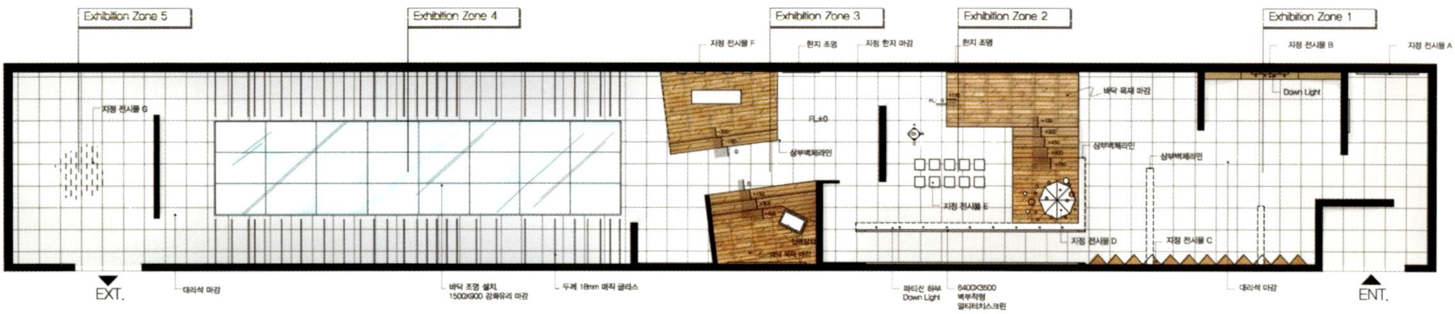

FLOOR PLAN

Concept

새로운 시각

여행이라는 활동은 내가 속해있던 곳과는 또 다른 낯선 곳에서 새로운 경험을 하고 새로운 시각과 관점을 깨닫는 계기가 된다. 따라서 한글이라는 전시컨텐츠가 낯설 수도 있는 관광객들에게 전시의 내용적인 측면뿐 아니라 공간적으로도 새로운 시각을 제공할 수 있도록 하는 방향으로 컨셉을 잡았다.

벽과 벽 사이로 보다

공간의 형태적 특성으로 여러가지 형태로 튀어나와 있는 벽들 사이 사이로 좁고 긴 공간의 다음 장면을 바라보는 perspective를 제공한다.

Design process

공간 안에 또다른 공간이 생겨난다는 개념인 space in space의 생성 과정안에서 보여지는 공간의 형태들 그 자체로 공간을 구획하여 사용자에게 새로운 perspective를 제시한다.

Space in Space 생성 과정

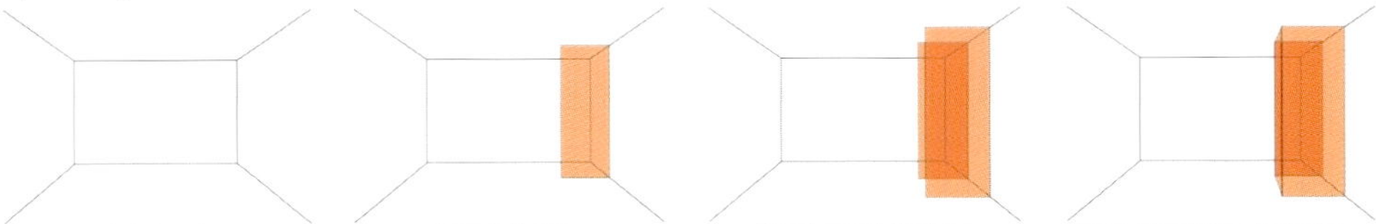

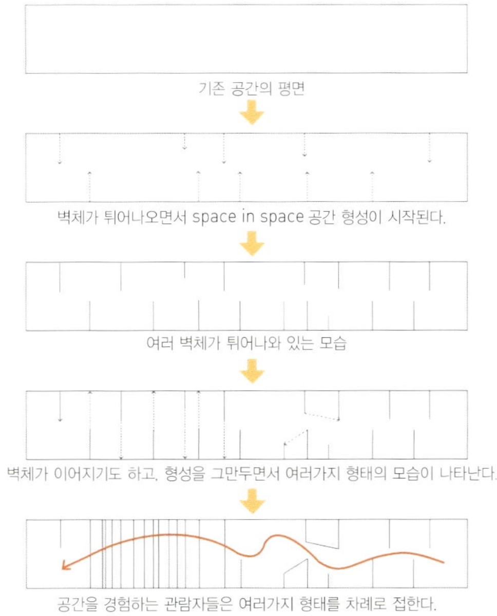

생성 도중 생기는 공간의 여러가지 형태

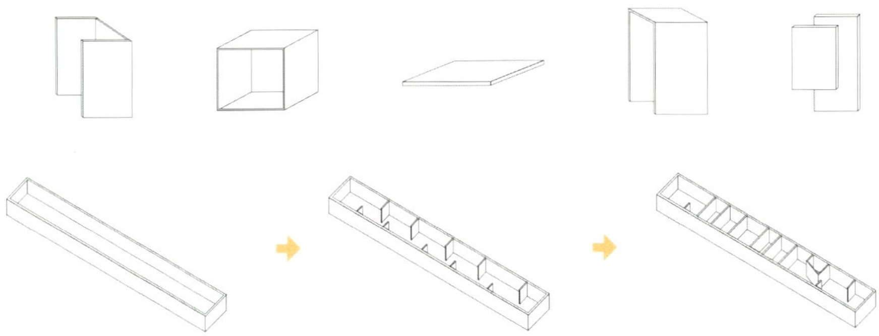

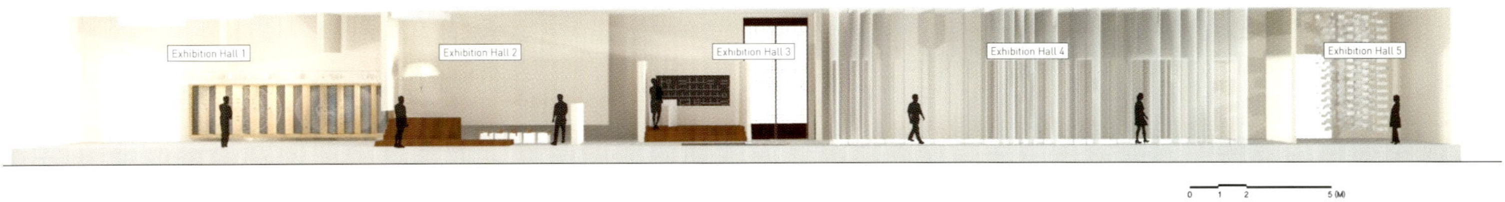

Exploded view

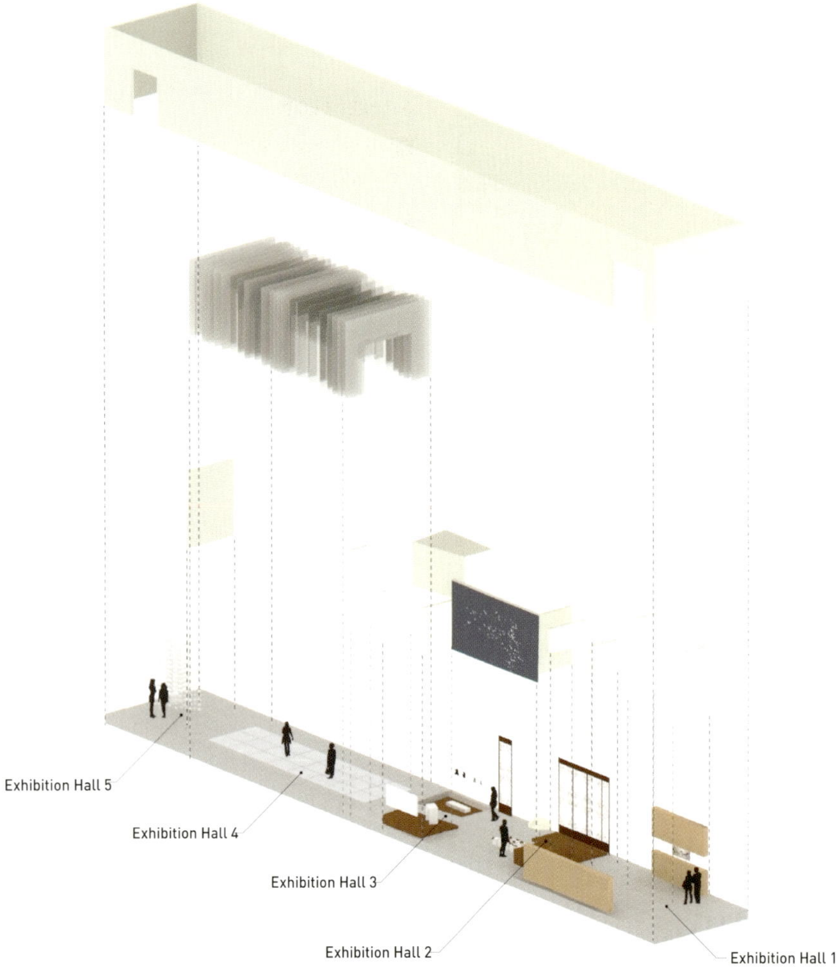

Space view

Exhibition Hall 1

한글 고유의 조형적 아름다움을 보여주는 캘리그라피 작품들을 전시. 그와 동시에 한글 창제원리를 설명하는 조형물을 감상한다.

1 강병인 작가의 캘리그라피 작품들이 전시
2 한글창제원리가 담긴 조형물. 〈한글전개체계 조형물〉 –한재준 교수

Exhibition Hall 2

한글의 모습을 조형적으로 표현한 작품들을 소개한다.

1 강병인작가 작품 〈3X3 Wooden Type〉 민병걸 교수 作
2 관람객이 지나가는 모습을 따라 한글의 자모들이 함께 움직이면서 단어를 만들어내는 interaction 전시물

Exhibition Hall 3

1 강병인 작가의 캘리그라피와 함께 이근세 작가가 함께 한 〈꽃〉과 〈봄〉 조형물 전시

2 직접 단어를 입력하고 앞에 설치된 스크린을 통해 자신이 입력한 단어를 스크린에 띄워 볼 수 있고 그에 따라 그 자체가 미디어 아트로 계속해서 보여지게 되는 참여형 전시

Exhibition Hall 4

현재 한글을 주제로 하여 많은 작품활동을 펼치고 있는 미디어 아트 작가들의 작품을 스크린에 상영되고 관람객들은 10m가 넘는 통로를 지나며 한글을 시각적, 청각적으로 경험할 수 있다.

Exhibition Hall 5

전시 관람의 마지막 부분인 이 곳에서는 천정에 매달려 있는 여러가지 한글 단어들을 읽어보기도 하고 마음에 드는 단어들을 기념품처럼 가지고 돌아갈 수도 있다. 또한 관람객들이 자신이 직접 한글을 적어 매달아 볼 수도 있게 하는 참여형 전시이다.

정세양 | Jeong Se-Yang , 김홍미 | Kim Hong-Mee

PULL & PUSH

미숙한 부모들에게 주어진 협소한 공간 : 이들에게 밀어내고 당기는 공간을 제안함으로써 확장된 공간을 제공하고 서로 상호작용하는 법을 배우게 한다. 부모로서의 자질과 경제활동을 할 수 있도록 도와준다.

" 주변 사람들과 소외되어 있었는데 이 곳에 와서 사람들과 소통하고 그들과 공감할 수 있어 좋아요. "

Background

청소년 미혼 남녀들이 겪는 사회적 인식과 그에 따른 사회적 고립에 대해 이를 해결할 수 있는 대안을 조사해 보고 현실적인 청소년 미혼 남녀들의 문제를 해결하는 데 도움이 되고자 한다. 청소년 미혼 남녀들이 겪는 가장 큰 사회적 고립이 경제적 고립과 무관심, 편견인 것으로 보아 경제적으로 자립할 수 있도록 직업훈련과 취업 알선이 우선시 되어야 한다고 생각하였다. 십대의 원하지 않는 임신으로 미혼모와 미혼부가 된 청소년들을 무관심과 괄시가 아닌 따뜻한 위로와 함께 앞으로 살아가는 데 있어 격려와 배려를 해주어야 한다. 경제적으로나 정서적으로 자립할 수 있도록 원조해 줌으로써 청소년 미혼모, 미혼부들이 사회의 한 구성원으로써 성숙된 부모의 역할을 수행할 수 있도록 도와주는 센터를 계획한다.

" 엄마 아빠와 함께라서 좋아요. "

" 저희가 만든 가구를 옮기고 있어요. 이 곳에서 목공기술을 배워 직업을 구해야 하거든요. 직접 내 손으로 무엇을 해서 돈을 벌어 가족과 함께 있다는 것이 행복합니다. "

" 비록 지금 부모님으로 부터 인정을 받지 못하고 있지만 이곳에서 자리 잡아 나가는 법을 배워서 떳떳하고 당당한 모습을 보여 드릴거에요. "

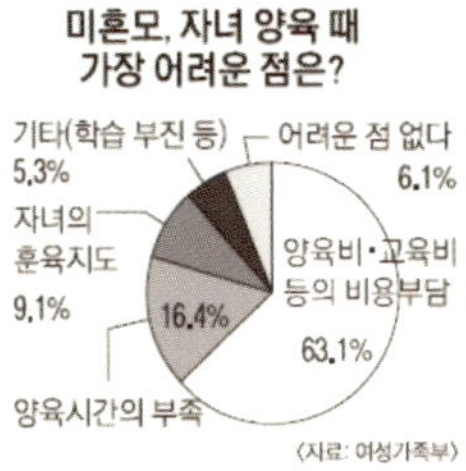

Propasal

공공성을 바탕으로 사유성을 고려하며 디자인의 경계를 조율하여 대상, 공간의 경계를 허물어 유연화된 program을 계획한다. 모듈화된 형태는 내재된 비가시적 program을 더욱 활성화하며 서로 다른 객체와의 소통을 유도한다.

Target

10대 미혼 부부

13~18세의 청소년 시기 임신을 하여 아이를 낳아 키우는 10

대 미혼 부부가 타겟이다. 매년 10대 미혼모 및 10대에 가정을 이루는 가구수가 증가하고 있는 추세이다. 하지만 이들은 아이를 키우기 위해 양육, 가사, 경제적인 이유로 학업을 중단하는 사례들이 늘고 있어 사회로부터 소외받고 점점 멀어지는 실정이다. 또한 양육비를 벌기 위해 경제활동을 하지만 정규직의 안정적인 일자리보다는 아르바이트, 비정규직등을 전전하면서 자녀 양육은 커녕 최소한의 의식주 해결도 곤란한 가정이 많다. 그들은 심지어 부모에게 조차 외면을 받고 한 아이의 부모가 되는 것을 인정 받지 못하고 있다. 이런 그들이 정신적 치유와 교육을 받을 수 있도록 도와주는 기관을 만들고자 한다.

Site analysis

서울특별시 동작구 신대방동 632-21

중학교 고등학교가 밀집 되어 있는 보라매공원 일대는 청소년 활동지원센터와 청소년 수련관이 위치해 있어 청소년에게 좋은 환경을 조성해주고 있다. 또 각종 청소년 복지관이나 명상 센터들이 밀집되어 있어 청소년 미혼부부가 상담도 받고 다시 자리잡을 수 있도록 도움을 받을 수 있을것으로 보인다.

Concept

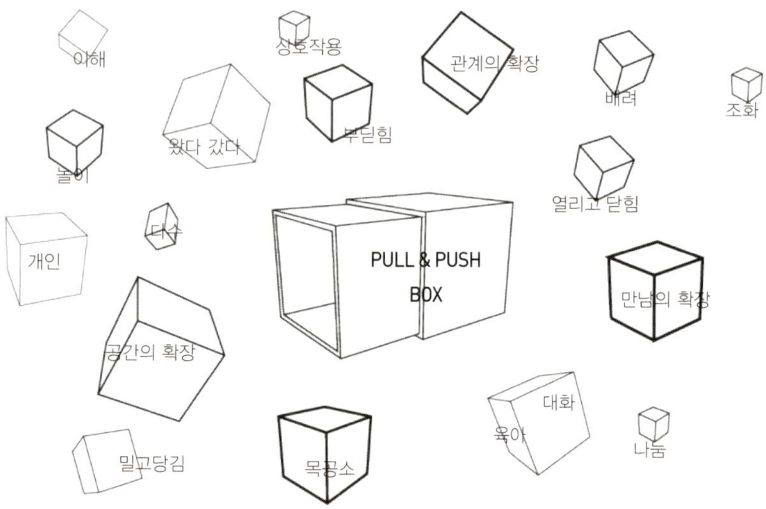

분석된 site 정보를 바탕으로 미혼부부들이 가장 원하는 도움은 경제활동과 다음으로는 아이의 육아 문제이다. 또한 마치지 못한 학업에 대한 학교생활이다. 이 필요사항들을 모두 충족시킬수 있는 공간은 그들에게 전문적인 목공 기술을 가르쳐 주고 더불어 경제활동도 함께 할 수 있도록 판매공간을 더한 목공소를 주된 목적으로 아이의 육아도 함께 할 수 있도록 2층 3층에는 그들만의 주거공간을 계획해야 할 것이다. 그러나 site가 한정적이라는 문제점이 있다. 이 점을 보완할 수 있는 방법으로는 변동가능한 벽체로 공간확장이 가능한 건축형태이다.

Design process

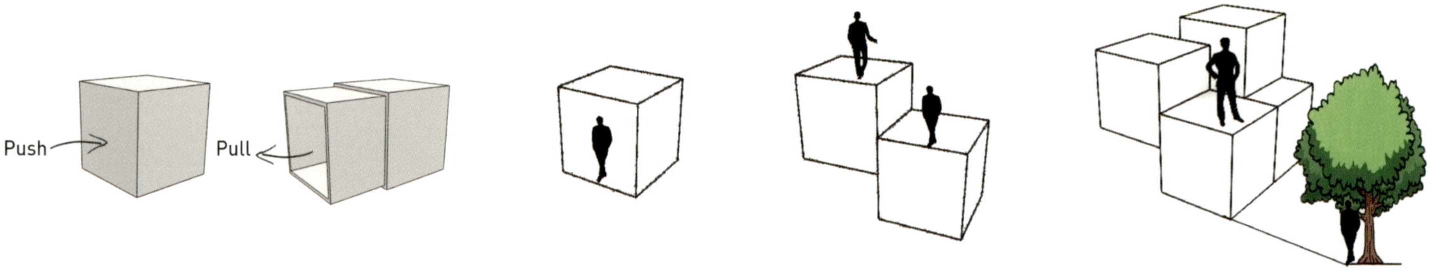

pull & push box = open communication

큐브 하나하나를 소통의 장소로 두어 밀고 당겨 생기는 공간들을 미혼 부부 개인자아와의 소통, 그들끼리의 소통, 그리고 사회와의 소통이 이루어질 수 있도록 한다. 하나 하나의 큐브들을 밀어내고 당겨 소통을 이루고 다양한 용도로 사용한다.

Pull & Push Box

1. 작업 공간

미혼부부들이 자유롭게 나와서 작업할 수 있는 보이드 공간으로 외부 사람들과의 접촉이 용이하다. 미혼부부들끼리 작업을 공유하여 훨씬 수월하게 작업을 가능하게 한다.

2. 육아 공간

아이들의 육아가 가능한 공간으로 미혼부부들이 작업을 하면서 아이들을 돌볼 수 있는 공간이다.

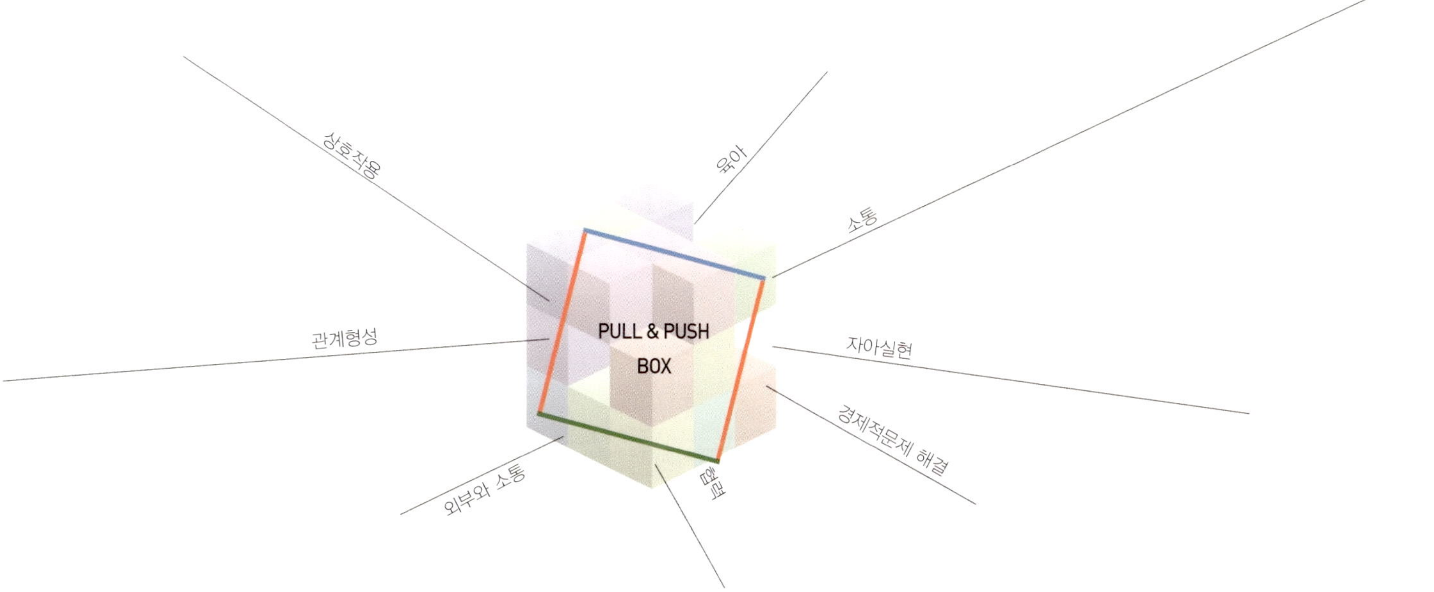

3. 휴식 공간

편안 휴식처가 되어 주는 휴식공간으로 들어와 자유로운 만남과 대화 소통의 감정을 통해 힐링을 하는 공간이다. 여기서 또한 미혼부부들끼리 대화를 통해 공감을 형성할 수 있다.

4. 판매 공간

직접 모든 작업을 스스로 끝내 만들어진 가구들을 미혼부부들이 직접 판매까지 가능하게 하는 공간이다.

Floor plan

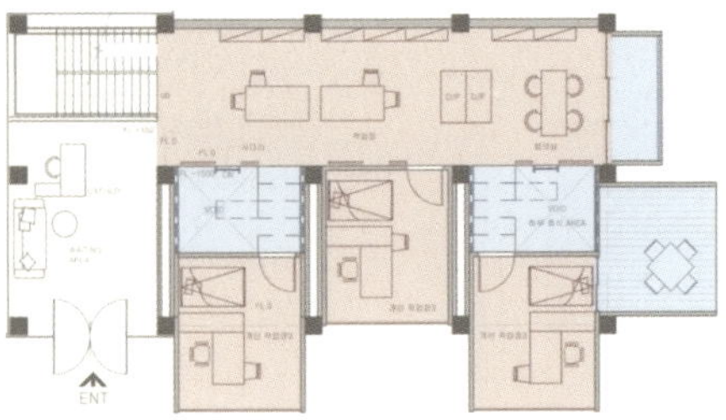

작업공간 휴식 및 수납공간 1F

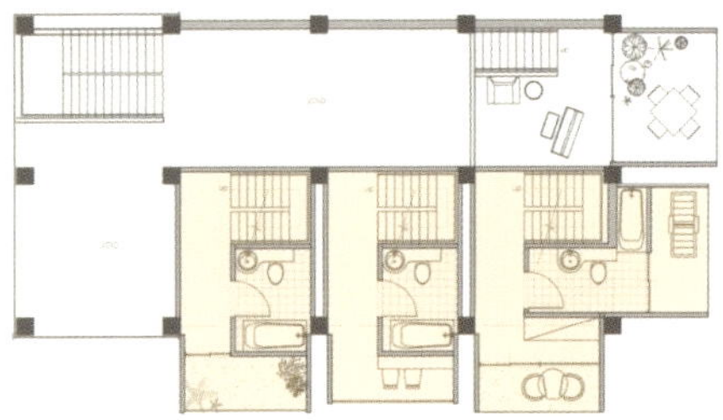

화장실 및 개인공간 Mezzanine

공용 휴식공간 및 식당 2F

Section plan

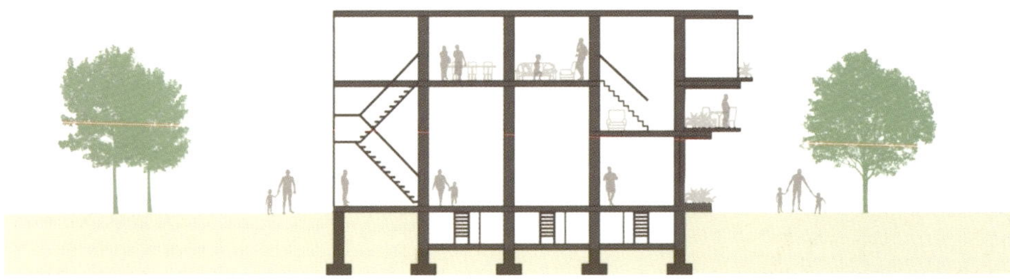

1층 개인작업실이다. 개인 작업실은 자유롭게 움직일 수 있는 UNIT이다. 이 UNIT 바닥하부에 레일이 설치되어 있어서 건물 밖으로까지 자유롭게 빠져나갈 수 있어 유동적이다. 전면이 보이드이기 때문에 미혼부부들이 외부와의 소통할 수 있는 장소이기도 하다. 이 UNIT을 PULL하여 마당으로 빼 자유롭게 작업하는 작업실, 만들어진 가구를 진열매대를 설치하여 판매하는 공간, 미혼부부들끼리 소통하는 공간, 아이들이 자유롭게 놀수 있는 공간, 쉬는공간 등 다양한 공간으로 변화가 가능하다.

Space view

건물 외관마다 테라스를 두어 개인공간의 확장과 공용공간의 확장을 가능하게 하였다. 2층 보다 넓은 1층 면적을 통해 확보된 테라스를 통해 테라스에서 외부 사람들과의 관계가 형성되고 각 테라스에서 미혼 부부들끼리도 소통의 장을 이룰 수 있게 한다. 아이들의 육아를 한곳에서 도맡아 할 수있게끔 하였다. 이를 통해 미혼부부들은 육아문제와 주거문제, 경제문제를 동시에 해결 할 수있게 되었다.

큐브의 공간들이 움직이는 것처럼 사람의 행동 공간에도 능동적인 움직임이 형성된다. 개개인마다 장을 구성하고 있으며 서로가 교류함으로써 더 넓은 공동의 장을 공유하게 된다. 또 공통의 목적 의식이나 작업공간에 들어섰을 때에도 서로가 소통하고 공유함으로써 공동의 심리적 장을 형성하게 된다.

실내를 보이드 공간으로 설계하여 메자닌층의 공용공간과의 상호작용도 가능하다. 움직이는 개인 작업실 말고는 벽을 두지 않아 동선을 자유롭게 확보 하였다. 이 공간에서 미혼 부부들은 목공소를 운영하며 DIY가구를 만들고 판매를 한다. 작업하는 공간을 바깥에서도 볼 수 있도록 후면을 모두 유리벽으로 하였다.

What was wrong, but is different.

“발도르프 대안학교”

Space.Children.Nature /공원을 사이트로 주민과 학생이 마주칠 기회제공 . 편견개선을 위한 버퍼존 제안

ORGANIC TRUSS

Waldorf Alternativeschool

이소라 | Lee So-Ra, 정윤경 | Jung Yoon-Kyung

Background

학교는 새로운 말과 글, 문화를 배우는 곳이며, 선생님과 친구들을 만나며 인간관계를 형성하고 사회 속 구성원으로서의 역할을 준비하는 장이었다. 그러나 최근 TV나 신문의 기사들을 보면 우리의 눈을 찌푸리게 만드는 일들을 심심치 않게 찾아볼 수 있다. 학부모들의 높은 사교육 의존도, 입시 위주의 주입식 교육으로 인한 학생들의 스트레스 등. 현재 우리나라 교육은 하나의 기준으로 시시비비를 가려 각기 다른 아이들의 즐거움과 섬세한 감성을 교육이라는 이름으로 억누르고 있다. 이러한 공교육의 문제점을 보완하여 자유롭고 개인을 존중하는 새로운 교육을 시도하려 한다.

Matter—proposal

대안학교는 공교육의 문제점을 보완하고자 만들어진 종래의 학교 교육과는 다른 학교이다. 그러나 현재 대안학교에 대한 인식이 변질되어 틀에 박힌 교육에 적응하지 못하는 아이들을 향해 소위 '문제아' 라고 부르는 안타까운 현실이 되었다. 지역 이기주의적인 님비현상으로 대안학교 설립이 무산되는 경우도 있다. 이번 프로젝트는 하늘공원을 사이트로하고 그 특징을 모티브로 뫼비우스의 건축형태로 만들었다. 건물의 슬로프를 이용하여 기존 공원으로 사용되는 동시에 그 밑 공간은 학교로 사용할 수 있다. 우연한 만남, 시각적 조우를 통하여 주민들과 학생사이의 교류와 인식개선을 돕는다. 목공소를 함께 건축하여 주민과 학생의 교류를 극대화 한다.

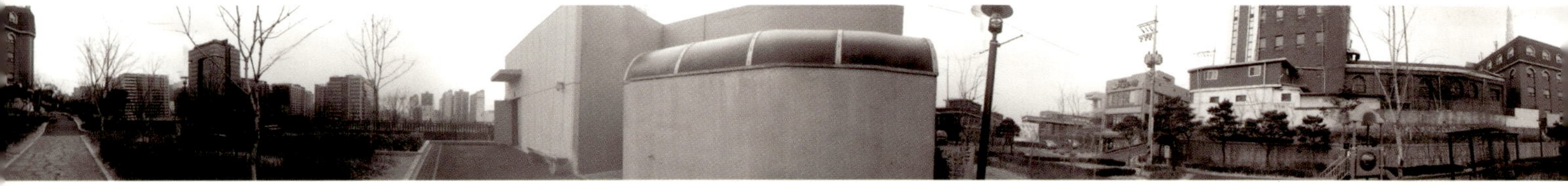

Site analysis

Site select ; 폐교된 학교

구) 은일정보산업고(폐교)
현) 구로동 하늘공원5,753㎡ 약1740평

구로동 하늘공원은 은일정보산업고가 폐교가 된 후, 공원소외지역인 구로동에 시민 삶의 질 향상과 마을공동체 회복을 목적으로 만들어졌다. 지하에는 주차장, 지상에는 공원과 도서관으로 복합문화공원이 주민들에게 문화 공간을 제공한다. 구로동 주민들이 자주 이용하는 공원에 학교를 지어 자연스럽게 지역 주민들과의 교류를 원활히 하여, 대안학교에 대한 인식을 개선하고 새로운 지역사회를 형성한다.

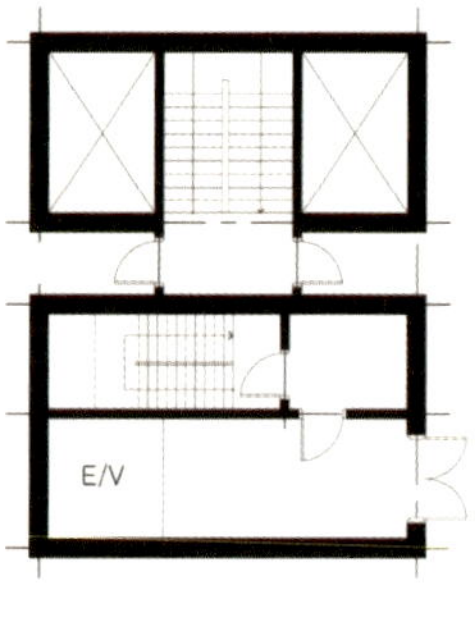

유일하게 남아있는 은일정보산업고 일부로 지하 주차장에서 공원으로 올라오는 통로로 이용되고있다. 이건물을 기점으로 발도르프학교를 설계 하였다.

Waldorf keyword

1. ART

발도르프 교육에서 예술 교육을 하는 이유는 학생들이
예술을 통해 자신의 내면을 들여다보고,
내적 자유를 획득한 인간으로 만들기 위해서다.

2. Handamde

수공예에서 얻는 스토리텔링은
다른 것에 비할 수 없을 정도로 크다.
무엇을 할 수 있다는 심리적 위안을 얻기 위한 것이거나
무엇을 할 수 없다는 불안감을 해소하기 위해서 수공예를 찾는다.

3. Nature

성장하는 모든 것은 발달이며,
변형을 통해 자연의 법칙이 그 자체로부터 발생하는 것이다.

"Organic Truss"

자연 형태의 힘

power of shape / sensing and responding

Mass process-power of shape

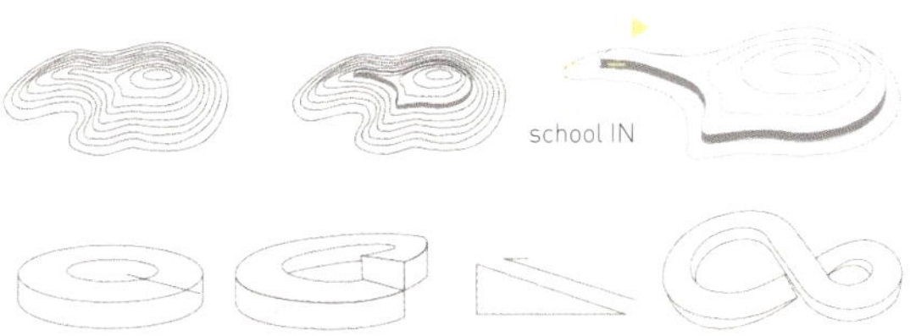

자연에는 직각이 없다는 관점 하에 원형을 기본으로 등고선의 건축적 재해석 과정을 통해 유기적인 램프가 형성 〉 저층부터 2%의 기울기로 램프를 올라가며 연속된 공간으로 연출

Matterial—sensing and responding

투명과 불투명의 획기적 전환

"감지하고 반응하다."

pattern of nature form/

학교와 공원, 학교와 버퍼존 사이에 설치된 스마트 유리는 여름철 뜨거운 직사광선으로부터 학교 내부를 보호하고, 필터링된 간접광을 내부로 유입시킴으로써 일정한 조도를 확보하였다. 유리와 나무를 주재료로 하고, 자연형태를 모티브로 패턴화 한 카펫, 타일 등, 자연과 조화되는 인테리어 적용. 또한 사용된 재료 전부 친환경 재료로 선별하여, 아이들의 공간이니 만큼 교육에 이로우면서, 가장 자연적인 재료 선택 하였다.

“공원과 건축의 조화”

공원에 학교를 지음으로써 주민과 학생 마주칠 기회를 자연스럽게 주며, 편견 개선

Space program

Class room

시선의 마주침

학년당 1개의 반/ 5명씩 배정

교실공간은 수업 이외에도 다양한 일들이 벌어지는 ‘인간적인 곳’으로 규율에 얽매이고, 기계적인 학습이 일어나는 장소가 아니라 적극적이고 활동적인 학습이 일어나는 장소이다. 그렇기 때문에 흥미나 관심에 따라 가변적으로 구성되어야 한다. 교실 안에는 시선의 마주침을 기준으로 레벨을 두어 위에서는 토론형식에 수업을 하고 아래쪽에서는 개인 작업에 집중할 수 있게 한다. 모든 자료들이 교실 안에 있고, 교구들이 교실 안에 갖춰져 있어서 집중적인 수업이 가능하다.

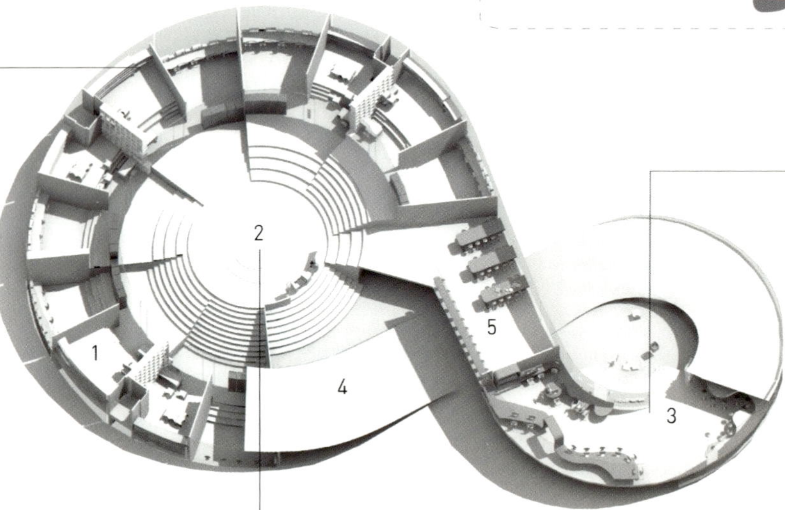

Woodworking

목공소

전학년 + 주민들 사용/28평

목공소는 선생님의 도움을 받아 사용해야하기 때문에 교무실과 가까운 곳에 배치한다. 생활에 밀접한 도구들을 목공소에서 직접 만든다. 그중 Different box는 학생의 개성을 살린 박스로 개인의 사물함이 되기도 하고, 책상이 되기도 한다.

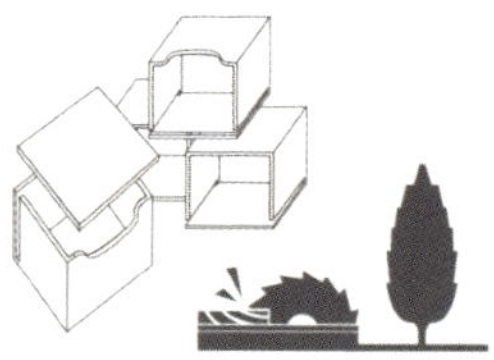

Buffer zone

다목적 광장

모든학년 사용/95평

모든 반과 연결되고 교실과 교실사이 중간에 위치하여 통로가 되기도 하고 교실이 되기도 한다. 주로 체육과 농사수업이 진행되며 수업이 없을 동안은 주민들과의 식사 등 여러가지의 용도로 사용된다.

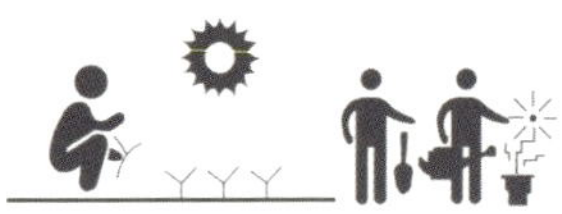

Front view

Floor plan

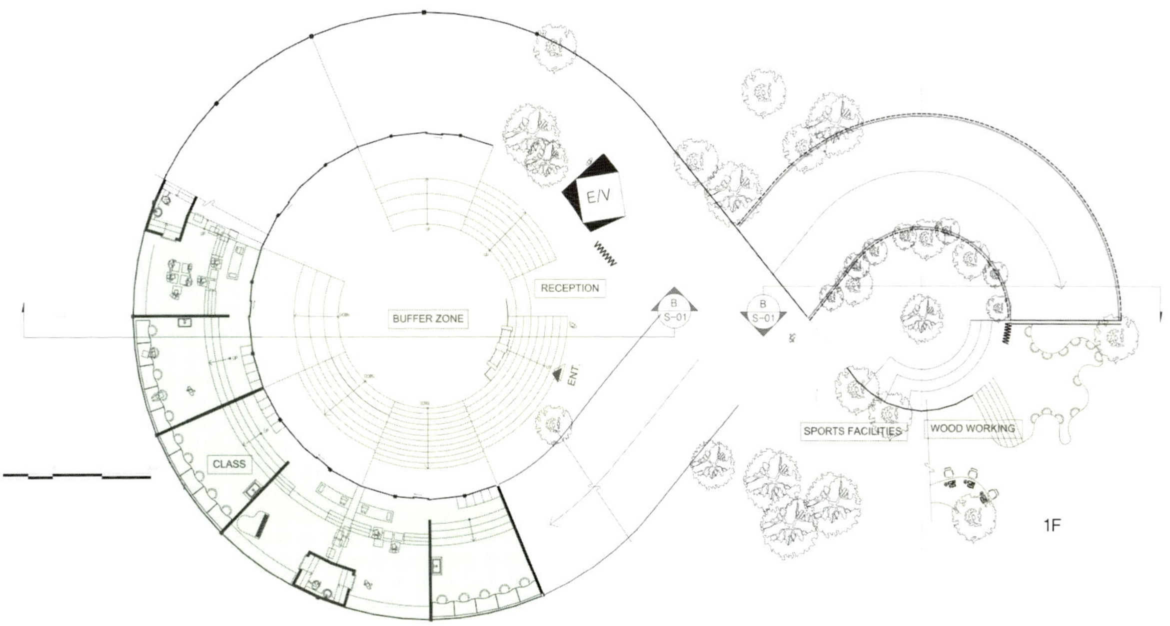

1 class room
2 buffer zone
3 woodworking
4 park
5 kitchen

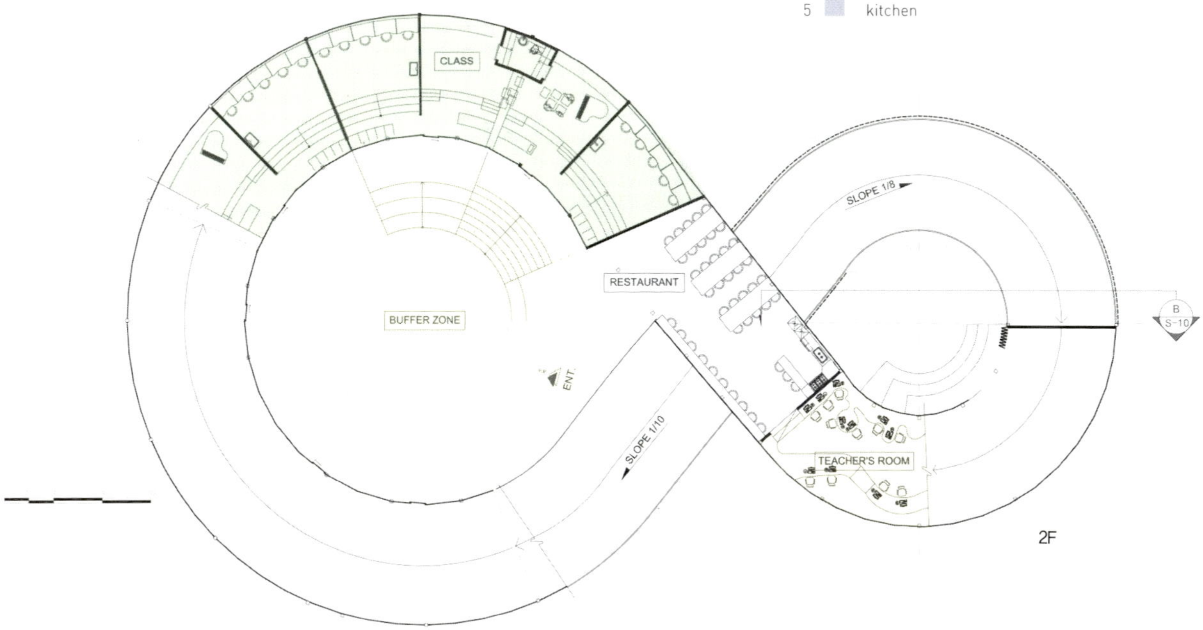

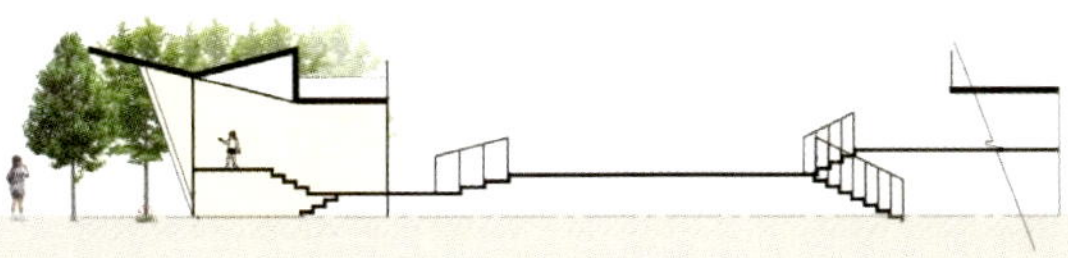

SECTION_class room

SECTION_woodworking

윤설영 | Yoon Seol-Young , 송지은 | Song Ji-Eun

숨 쉴 틈을 주다

Background

고층 빌딩이 가득한 도시에서 밤낮없이 바쁘게 일하며 커피 한 잔 즐길 여유조차 허락되지 않은 일상이지만 서울의 시민들은 이미 이러한 생활에 익숙해져 있는 듯 하다. 하지만 한편으론 여전히 휴식과 치유를 갈망하는 시민에게 북촌에 위치한 친환경 브랜드 L'OCCITANE은 시간이 멈춘듯한 여유를 느낄 수 있는 안식처가 되어 줄 것이다.

Brand

L'OCCITANE은 프랑스의 천연주의 화장품 브랜드로 전세계 2000여개의 매장을 보유하고 있으며, 엄격한 원료 배합을 통해 최상의 품질과 효과, 그리고 제품 사용의 즐거움을 선사하기 위해 노력하고 있다. 또한 사람과 자연에 대한 존중 또한 잊지 않는 친환경 브랜드이다.

Site

서울특별시 종로구 북촌로 5길 76

현 코코브루니 매장(3F) / 총면적 88평으로 한국의 전통을 대표할 수 있는 북촌에 위치해있다.

Concept

숨 쉴 틈 없이 바쁜 사람들에게 숨 쉴 공간을 제공하고자 한다. 매장에 들어서면서부터 꽉 찬 건물의 느낌이 아니라 숨 쉬는 공간을 느낄 수 있게 하고자 한다. 재료 또한 모두 숨쉬는 재료, 친환경재료들을 사용해 이 매장에서의 틈, 삶의 여유를 느낄 수 있게 하고자 한다.

Design process

공간에서 틈을 느낄 수 있게 하기 위해서 벽체에 틈을 준다. 다양한 너비의 긴 막대형태의 나무를 사용해서 벽체를 디자인한다. 틈을 느낄 수 있게 나무벽체 사이사이 일정한 간격으로 세운다. 벽체 사이의 공간에서 빛이 새어나오는 느낌을 주기위해 LED를 설치해서 공간에서의 틈이 더 잘 느껴질 수 있게한다. 틈이 벌어지는 것 같이 1층보다 2층의 벽체간격이 더 넓고 3층 벽체의 간격을 더 넓혀서 디자인한다. 가구들도 벽체와 연결하여 같은느낌으로 디자인하여 전체적으로 공간이 꽉차있는 매스덩어리가 아닌 틈, 여유를 느낄 수 있는 공간이 될 수 있게 한다.

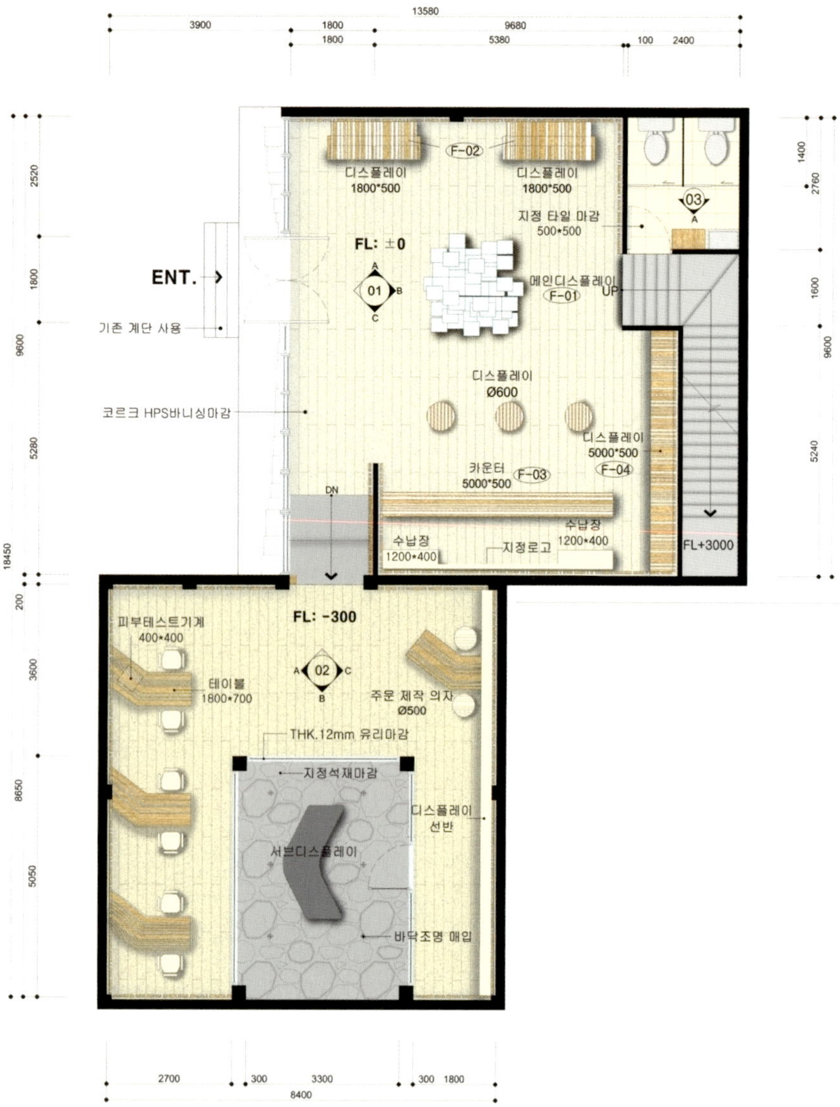

1st Floor plan

Display

입구를 들어서면 메인 상품을 진열해 제품에 관심있는 사람들이 자유롭게 둘러보고 제품을 구매할 수 있는 공간이다.

Skin test

입구의 오른쪽에 위치한 공간은 한옥 구조로 이루어져있다. 이 공간에서는 스킨 테스트가 이루어지는데 피부 관리에 관심이 있거나 자신의 피부상태가 궁금한 사람들이 이용하는 곳이다. 1:1 상담을 통해 제품 추천 또한 받을 수 있으며 커다란 선반과 중정은 이 공간을 지루하지 않게 연출하면서 제품의 홍보 또한 돕는다.

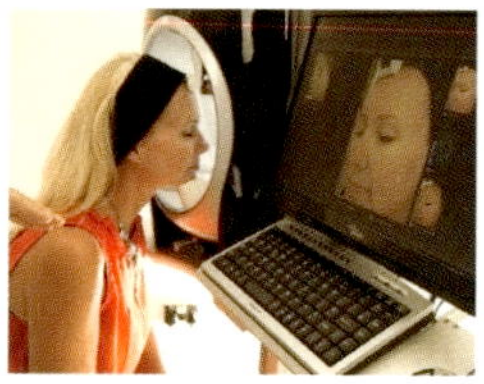

Ceiling plan

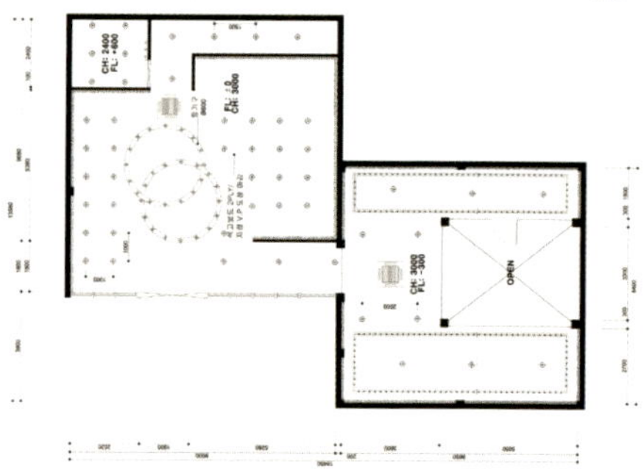

1F Counter 입구를 들어서면 메인 상품을 진열해 제품에 관심있는 사람들이 자유롭게 둘러보고 제품을 구매 할 수 있는 공간이다.

2F Display 1층과 통일 된 느낌의 벽체를 사용하여 공간 속에서 틈을 느낄 수 있으며 제품을 볼 수 있는 공간이다.

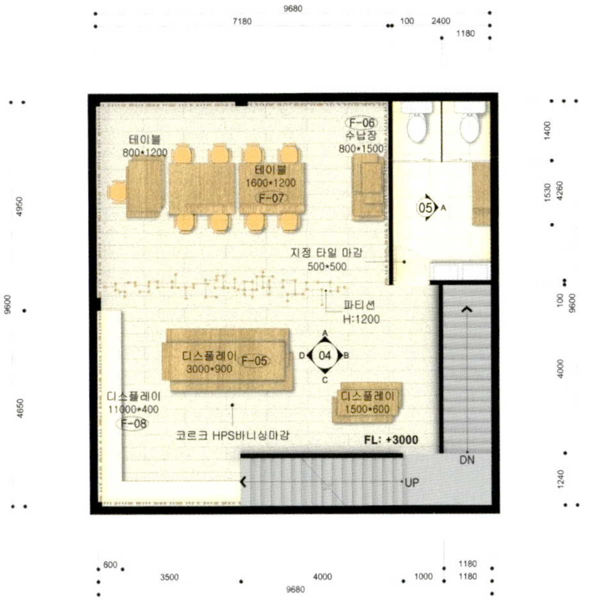

2nd Floor plan

Experience area

록시땅의 친환경 원료를 사용해 제품을 직접 만들어보고 체험할 수 있는 공간이다. 1층에서 스킨 테스트를 받았던 사람들과 친환경 화장품에 관심있는 사람들이 자신에게 맞는 제품을 직접 만들어볼 수 있다.

Sub display

제품의 판매 또한 이루어지는데 만들어본 제품을 따로 구매할 수도 있고 1층에서 구매하지 못한 제품을 2층에서도 구매할 수 있다.

Ceiling plan

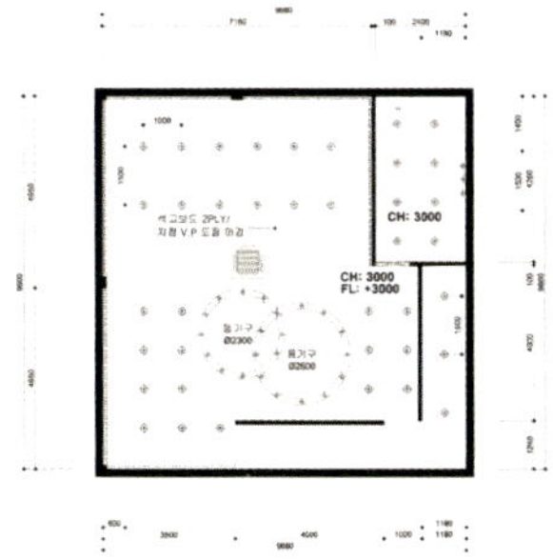

3rd Floor plan

Cafe

3층에 위치한 카페는 록시땅을 방문한 고객들이 자유롭게 드나들며 즐길 수 있는 공간이다. 카페 테라스에서 전망을 보며 여유를 느끼기도 하고 창가에 앉아 책을 볼 수도 있다.

Ceiling plan

3F Cafe 록시땅을 방문한 사람들이 화장품에 관한 이야기를 공유하며 차를 마실 수 있는 공간이다.

Elevation

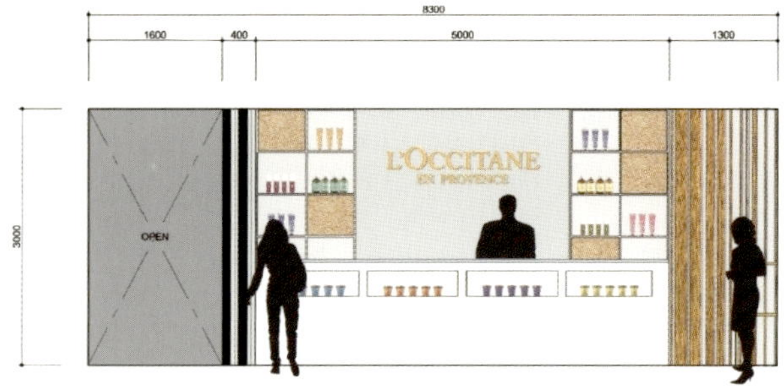

1F Counter

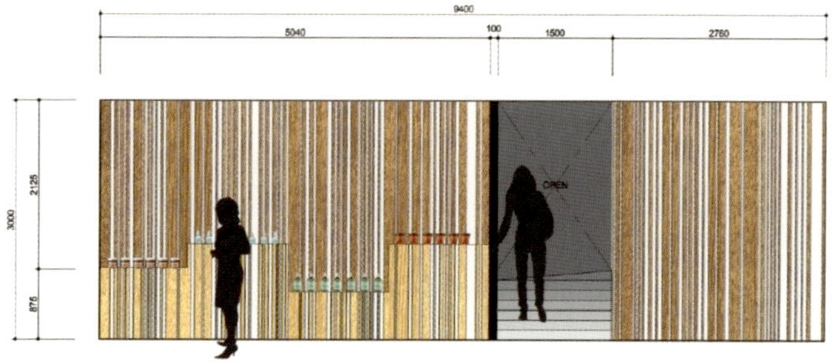

1F Display

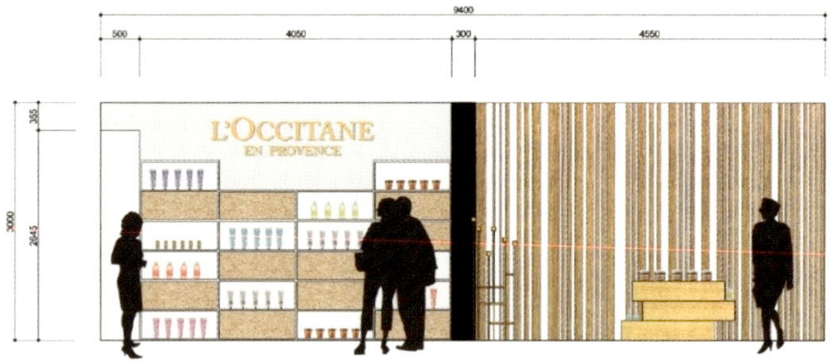

2F Display

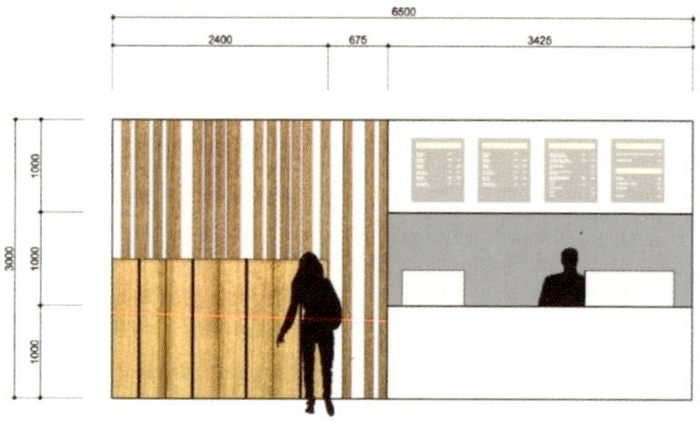

3F Cafe

Facade

내부 벽체의 느낌을 확장시켜 파사드에 적용해 컨셉을 강조한다. 겹겹이 쌓여있는 판넬의 틈을 통해 빛이 새어 나와 외부와 내부 인테리어에서 통일감을 느낄 수 있다. 화려함보다는 평범함을 강조해 기본에 충실하면서도 눈에 띌 수 있도록 디자인한다.

Color concept

록시땅을 대표하는 색인 진노랑을 포인트 색상으로 사용한다. 매장에 아이보리와 같은 밝은 색상의 나무를 주로 사용해 전체적으로 따뜻한 느낌을 준다.

Material

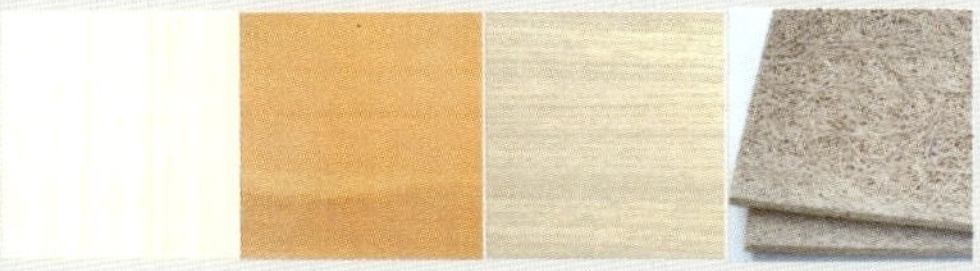

White oak

매장을 이루는 주재료인 나무를 벽체에 배열하는데 1층에서 윗층으로 올라갈수록 틈을 느슨하게 해 같은 벽체에서 다른 느낌을 받을 수 있도록 한다. 매장의 가구 또한 나무를 사용해 매장에 전체적으로 따뜻한 느낌을 준다.

목모 시멘트판

일부 가구에 목모시멘트판을 부착해 벽체에서 가구까지 이어지는 느낌을 준다.

LED

전체적으로 친환경적인 느낌이 강한 매장을 LED등을 사용해 돋보이게 한다.

Facade

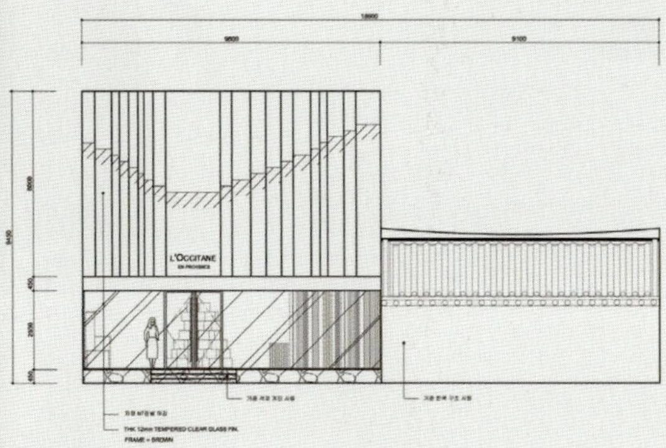

Isometric

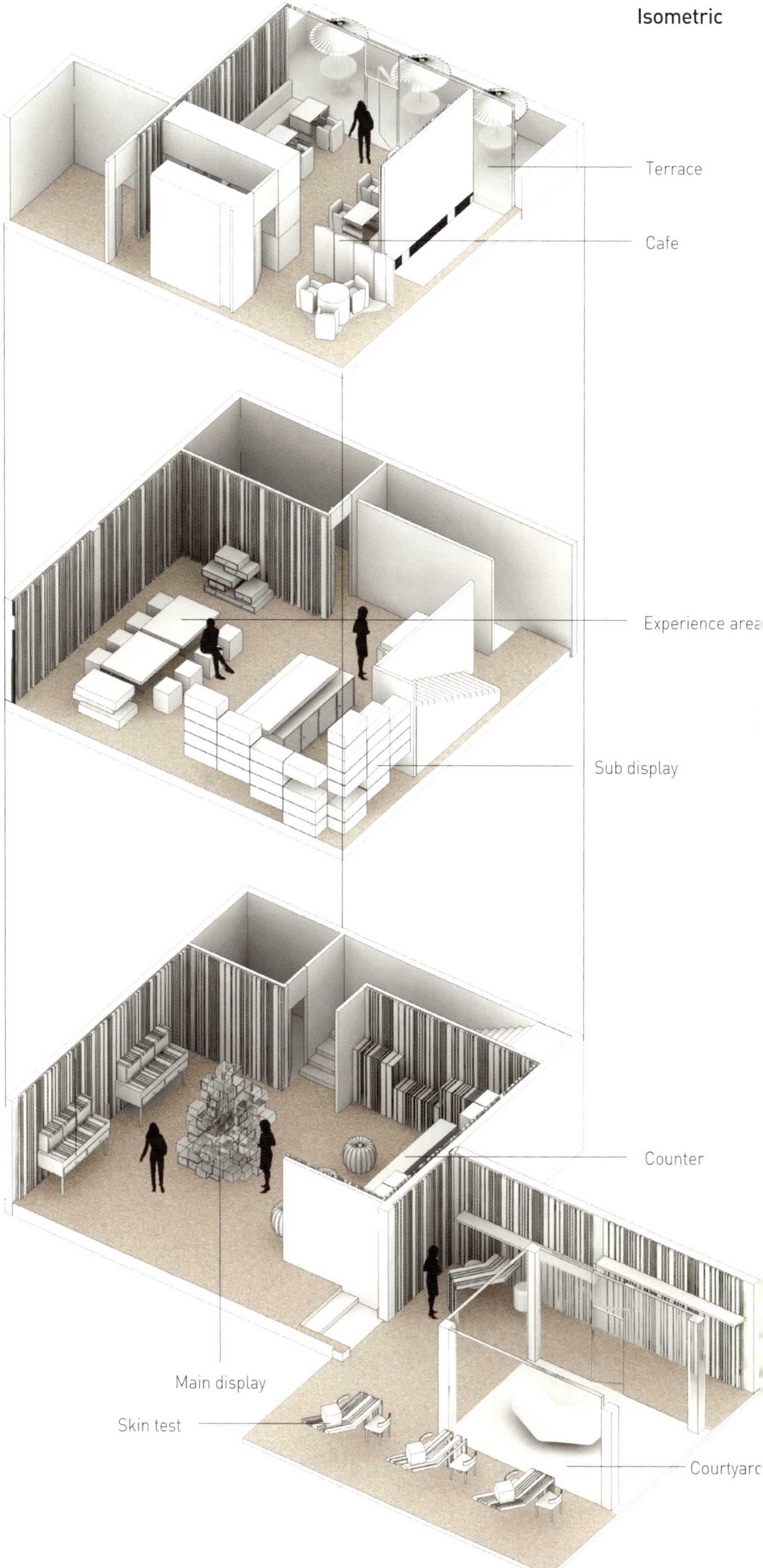

주민희 | Joo Min-Hee

Butterfly House

나비를 은유시킨 지붕 디자인이 강조된 꽃집

요즘 사회에서 "꽃"이라는 단어는 단지 기념일의 선물로만 인식되고 있다. 하지만 기념일은 한정적이며 길어봤자 2~3일 이기 때문에 꽃에 대한 인식은 금방 사라지고 만다. 이런한 현상으로 꽃집의 상황은 수요보다 공급이 많아지며 꽃가게를 하는 장사꾼들은 생계가 숨가쁘게 돌아간다. 그래서 요즘 사회사람들에게 꽃에 대한 인식을 바꿔주기 위해 사람들이 가장 많이 찾아가는 " 카페 " 를 접목시켜 꽃에 대한 인식을 바꿀 수 있는 공간을 디자인 하려고 한다.

Concept

나비는 꽃의 좋은 향기를 맡아 날아든다. 눈이나 비가 올 땐 꽃잎 밑에서 쉬기도 하고, 꽃에서 꿀을 얻어 가기도 한다. 이처럼 사람들이 이 공간에서 꽃 향기와 커피 향을 맡으며 이 공간에 와서 쉴 수 있는 공간을 만들고자 하였다. 그래서 많은 사람들이 나비가 꽃을 찾아가 듯이 이 공간을 찾아오라는 의미이다.

나비의 4개의 날개에 하나씩의 기능을 넣는다. 큰 날개는 그늘이 되는 차양과 비와 바람을 막아줄수 있는 지붕 되게 하고 작은 날개는 빛을 조절 할 수있게 천창과 조명으로 만들었다.

Design process

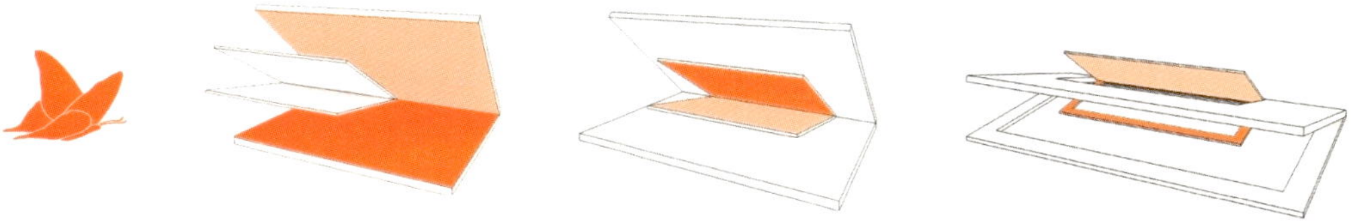

나비의 모양을 단순화 나비 날개 두쌍을 중첩 용도에 따라 변형

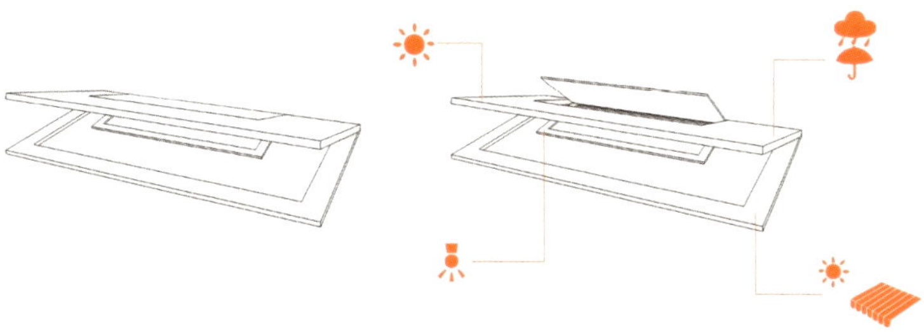

큰 날개는 작은 날개와 한 세트로 작은 날개가 움직여 열리면 빛이 들어오고 닫히면 큰 날개와 하나가 되어 완벽한 지붕이 되어 비와 바람을 막아준다. 아래의 작은날개는 조명이 되었고 아래의 큰 날개는 쉴 수 있는 그늘이 되었다.

Site analysis

서울특별시 종로구 인사동길 44 쌈지길

꽃집을 찾는 손님들의 대부분은 선물을 하기위한 꽃을 사러 오는 사람이 가장 많고 꽃카페를 하기위해서 연령층에 상관없이 사람이 많은 곳이 좋다. 인사동은 다양한 연령대의 유동인구가 많고 전시를 많이 하고 연인들이 많이 온다. 특히 쌈지길 앞은 많은 사람들이 다니기에 사람들에게 인식을 시키기에 좋다.

Roof design

Void

투명한 유리지붕

Water

비가오면 지붕이 투명하게 바뀌어 비를 느낄 수 있는 지붕

Star

밤이되면 별이 빛나는 밤의 공간으로 만드는 지붕.

Close

작은 날개가 닫히면 큰 날개와 만나 하나의 천장이 된다.

Solid

기본 지붕으로 햇빛을 막아주는 불투명한 지붕

Open

작은 날개가 열리면 햇빛과 바람이 들어온다.

Glass

미라클 글라스로 지붕을 만들어 환경 변화에 따른 공간 변화를 느끼게 해준다.

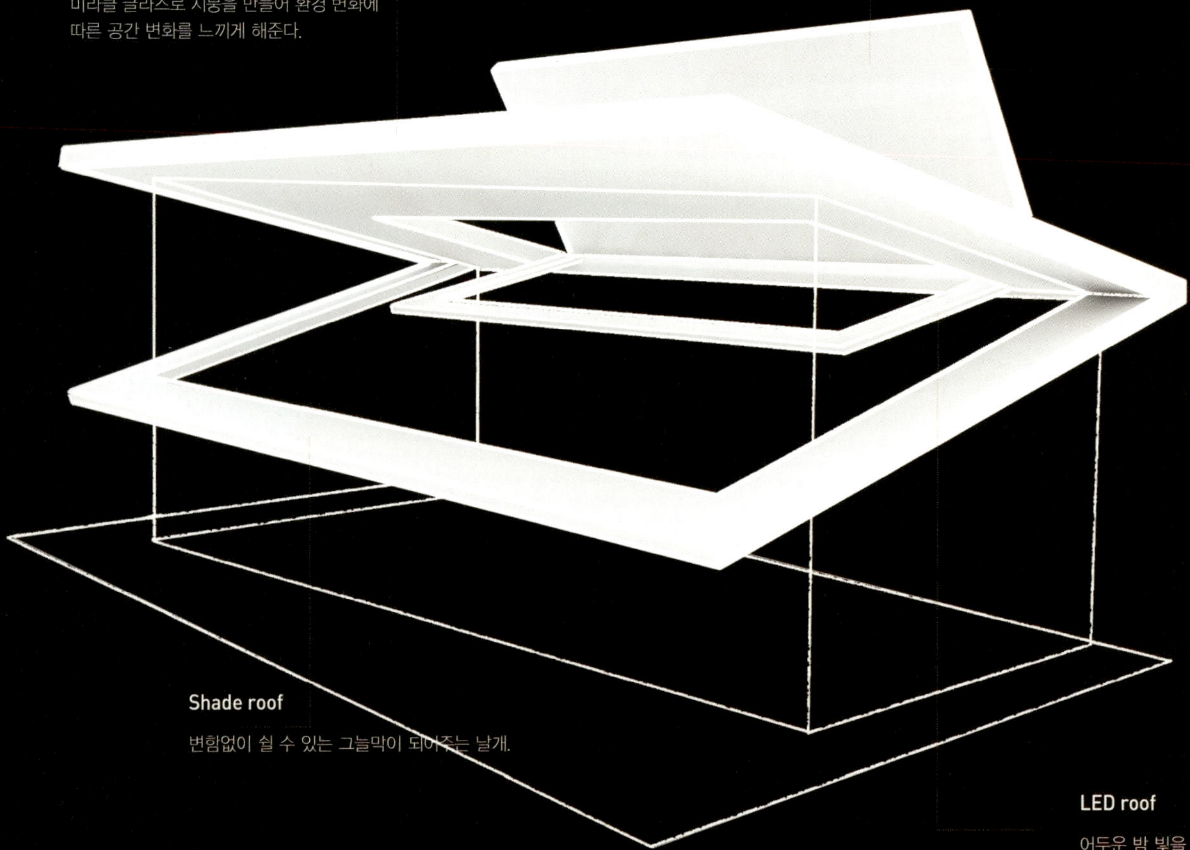

Shade roof

변함없이 쉴 수 있는 그늘막이 되어주는 날개.

LED roof

어두운 밤 빛을 밝혀주는 조명 날개.

Nature roof

도시화된 사회속에서 식물을 찾아보기란 쉽지않다. 식물을 키우고 파는 꽃집이라는 공간에서 꽃을 사고 파는 것 만이 아니라 자연과 더 밀접 할 수 있는 공간을 만들고자 하였다. 식물뿐만 아니라 다양한 자연과 함께하기 위해 지붕의 재료를 Miracle glass를 이용하여 시간과 자연환경의 변화에 따라 변화하는 지붕을 만들었다. 자연 변화에 따라 지붕이 투명하게 변화하거나 불투명한 지붕이 된다.

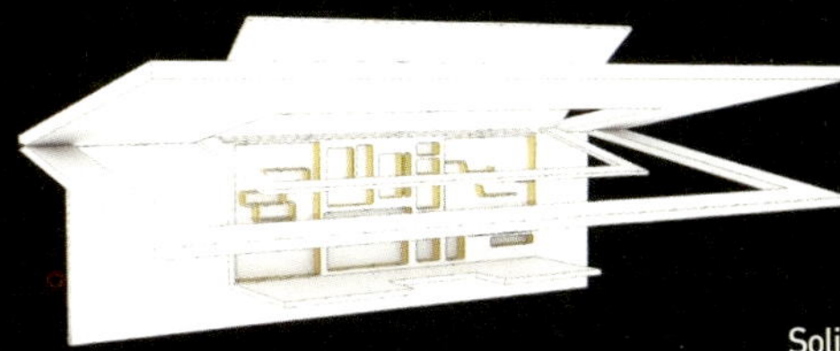

Solid

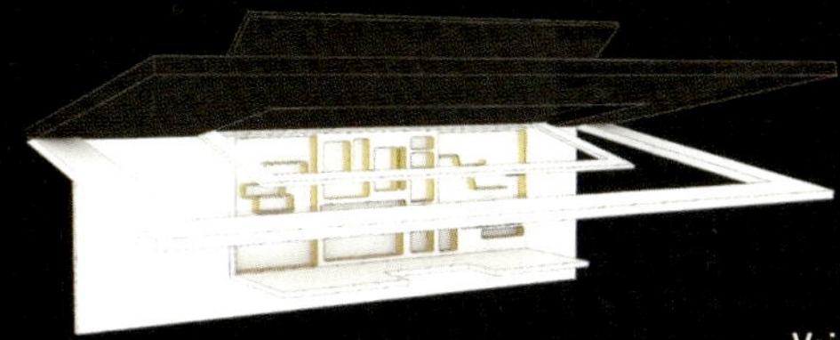

Void

비가오는 날에

맑은 하늘의 쉼터

별이 빛나는 밤에

비가오는 날의 투시도

별이 빛나는 밤의 투시도

Elevation

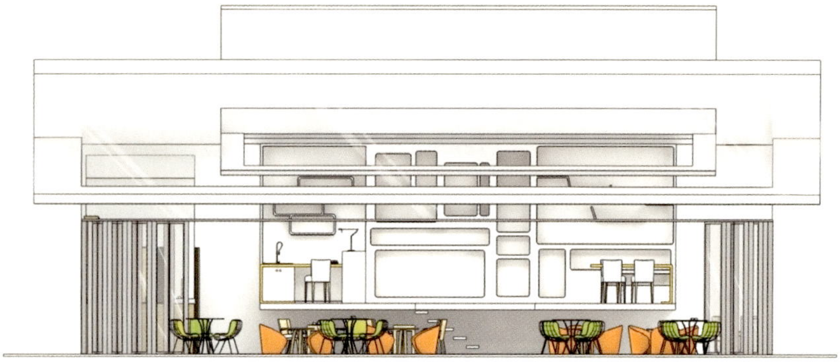

Plan

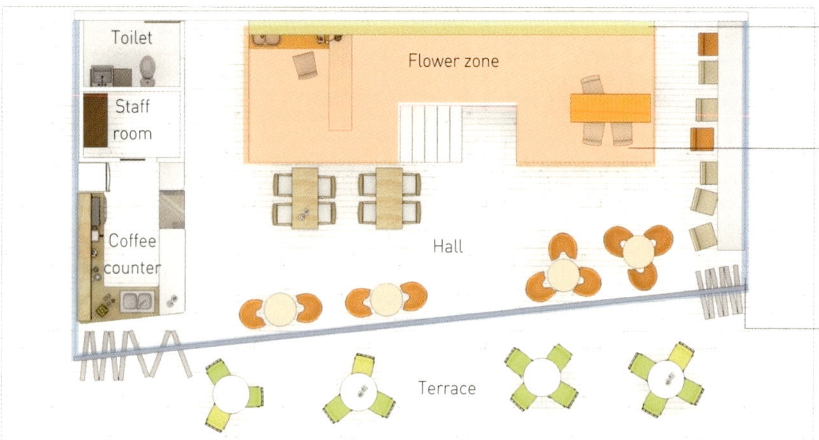

Flower zone 벽면 전체를 Display shelf로 사용하여 디스플레이 된 꽃들이 하나의 공간의 요소가 되어 자연적인 공간이 될 수 있게 하였다.

Flower zone은 나비의 가벼움을 키워드로 해서 가볍게 떠있는 느낌을 주기 위해 Flower zone을 낮은 층으로 분리하였다. 또 층을 분리하여 사람들에 의해 시선이 차단 되지 않게하여 항상 보일 수 있게 하였다.

3면을 창을 사용하여 지붕이 나비처럼 떠보이게 하고 전체적인 건물이 가벼워 보이게 하였다.

Furniture

LED + Butterfly punch + Display shelf

Display shelf 뒤쪽 벽에 LED 스크린과 나비 모양의 타공판을 두어 나비모양 사이로 날씨 시간 계절 등 자연변화에 맞추어 변화는 LED 스크린이 비춰진다. 삼면이 창인 이 공간에서 창밖 풍경과 스크린이 하나 되면 안이 아닌 바깥으로 나와 자연을 느끼는 공간이 되게 한다.

김윤애 | Kim Yoon-Ae, 박수진 | Park Su-Jin

벽이 움직이면 공간은 변화한다

Turning Point

Background

현재 우리나라에는 매 년 수 많은 인재들이 쏟아져 나온다. 하지만 그 능력을 펼칠 환경이 되지 못하는 이들도 존재한다. 그래서 유망한 신진작가들을 발굴해 창작의욕을 고취시키고 안정적 예술 활동을 위해 다양한 프로그램과 전시 등 전반적인 지원을 해주는 공간을 제공하고자 한다. 09년도부터 젊은 예술가들은 상업적인 화랑을 피해 자유롭고 새로운 시도를 하위한 대안공간들을 만들어 왔는데 그곳의 중심지는 통의동이라 할 수 있다. 이러한 대안공간의 중심지였던 통의동은 2014년 현재 재정난을 이유로 점점 문을 닫아갔다. 그러한 신진 예술가, 디자이너를 위해 그리고 통의동을 다시 대안공간의 메카로 만들려고 한다.

Concept

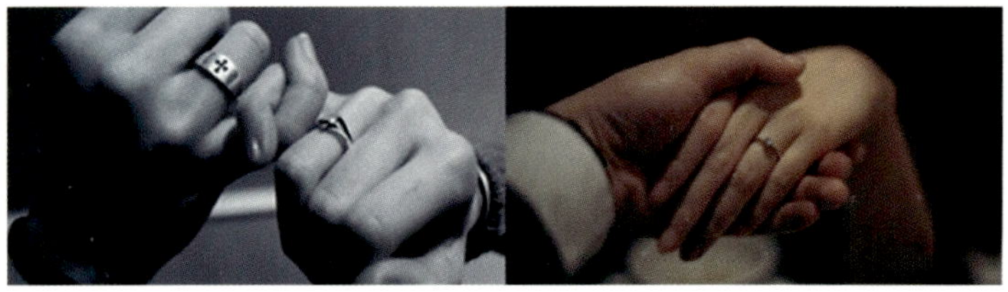

금속공예의 대표적인 예는 주얼리이다. 주얼리중에서도 링이 가장 대표적이라고 할 수 있다.링에서난 다른 금속공예에서 찾아볼 수 있는 금속의 성질은 연성과 전성이다. 우리는 이 성질에서 금속은 변화와 변형과 자유로운 물질이라는 사실을 유추할 수 있다. 우리가 설계하는 공간에서 디자이너들은 자유로운 작업활동을 할 수 있고 다른 사용자들은 다른 주얼리점들과는 달리 자유롭게 전시를 구경하며 착용할 수 있다. 여기서 공통분모 '자유' 를 뽑아낼 수 있다. 우리의 공간은 자유롭고 변화한다는 것을 내세워 컨셉을 잡았다.쥬얼리의 대표적인 악세사리인 반지를 통해 유기적인 라인을 공간안에 접목시키고자 했다.

Design process

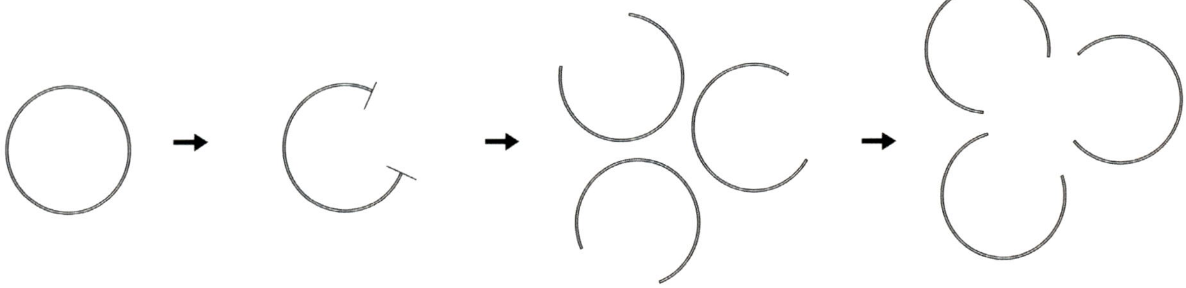

아트주얼리를 다루는 디자이너들을 위한 공간이기 때문에 주얼리중 가장 대중적이며 가장 명확한 형태를 지니고 있는 원모양의 링을 가져왔다.

링의 기본적인 형태인 원에서 문의 역할을 위해 잘라내었다.

뚫린 원들은 서로 뭉쳐 서로 다른 하나의 실을 만들게 된다.이 객실들은 가까우면서 벽으로 인해 닫혀있는 개인적인 공간이 된다.

가까우면서 떨어져있는 공간들은 벽을 움직여 뚫린 문을 가운데로 모으면 소통가능한 공간으로 변한다.

벽 이 움 직 이 면 공 간 은 변 화 한 다.

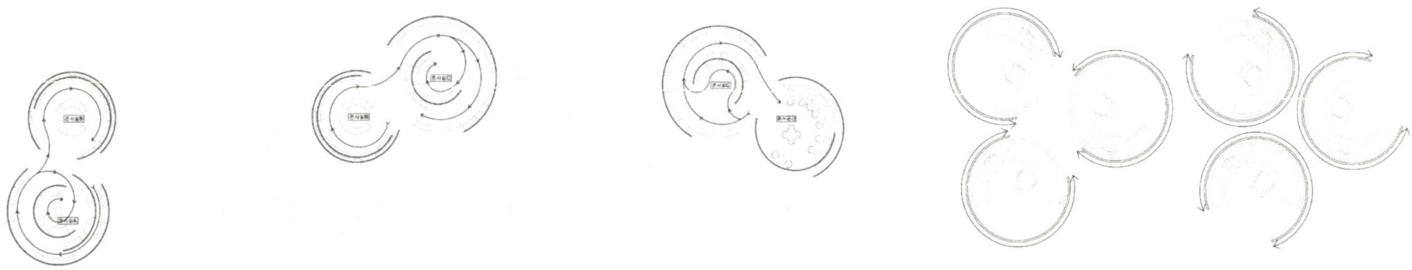

전시공간의 벽은 가볍고 얇은 금속판들로 되어있다. 이 금속판들은 공간을 나누는 역할을 하면서 공간이 서로 소통가능하게 한다.
전시장을 찾은 이용자들은 벽을 원하는대로 움직일 수 있다. 다른 전시실로 가고 싶지만 벽으로 막혀있다면 그 벽을 움직여 새로운 공간을 만들 수 있다. 전시또한 다른 주얼리점들과는 달리 직접 착용해보며 느낄 수 있는 편안하고 자유로운 느낌의 전시이다.
벽이 움직이며 공간이 변화하기 때문에 이용자들은 새롭고 신선하면서 편안한 느낌을 받을 수 있다.
주얼리전시 하면 느껴지는 압박감과 강박감을 없애 색다른 경험이 되며, 그 경험들은 시간이 지나도 이용자들을 이곳으로 이끌게 한다.

디자이너들의 개인적인 작업실 공간또한 움직이는 벽으로 이루어져 있다. 본인이 개인적인 공간을 원한다면 개인적인 닫혀있는 공간으로 사용가능하다. 작업하다 다른 디자이너의 의견이궁금하다면 벽을 움직여 소통 가능한 공간이 만들어 진다. 서로의 공간을 오픈 하여 생각을 공유하고 얘기를 나눌 수 있다. 벽을돌려 개인적인 공간을 만들어 놓으면 혼자만의 작업에 열중할 수있다.

Site analysis

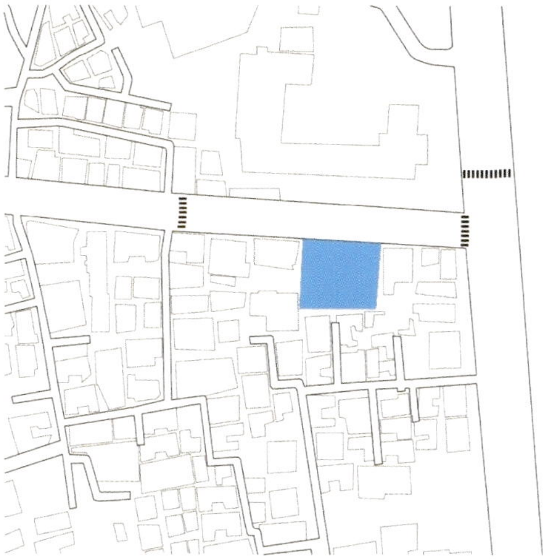

서울특별시 종로구 자하문로 10 길 30

통의동은 대안공간의 메카이다.09 년도를 근처로 젊은 예술가들이 상업화랑을 피해 자유롭고 새로운 시도로 예술활동을 벌이기 위해 우후죽순으로 대안공간이 생겨났다.2014 년 현재 재정난으로 많은 대안공간들이 문을 닫게되었다. 그래도 여전히 끈기있게 살아남아주고 있는 대안공간들과 예술공간들이 있어 통의동은 예술가들에게 애정이 각별한 동네이다. 사람들로 북적이는 소란스러워진 동네를 피해 조용한 동네를 찾는 사람들의 발길이 이어져왔다. 또한 경복궁 옆에 위치하여 관광객의 연령이 다양하며 젊고 생기가 넘치지만 여유로운 느린동네 이다.

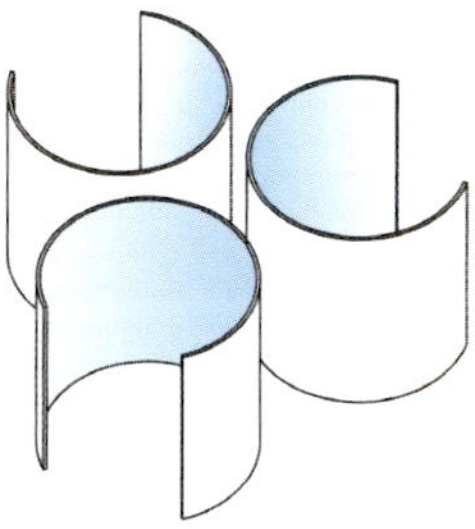

서로 개인적인 작업을 할 경우에는 벽을 돌려서 닫힌공간을 연출한다. 벽의 높이는 많이 높지 않기 때문에 답답하지 않은 개인공간을 제공한다.

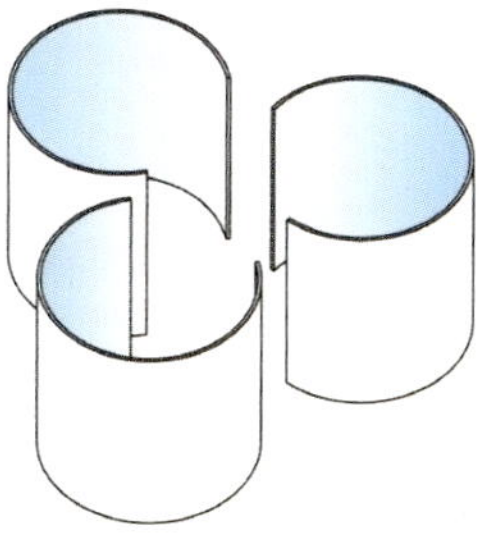

개인작업을 하다가 대화가 필요한 경우 벽을 열어서 소통이 가능하게 된다.서로의 의견을 공유하고 작업할 수 있다.

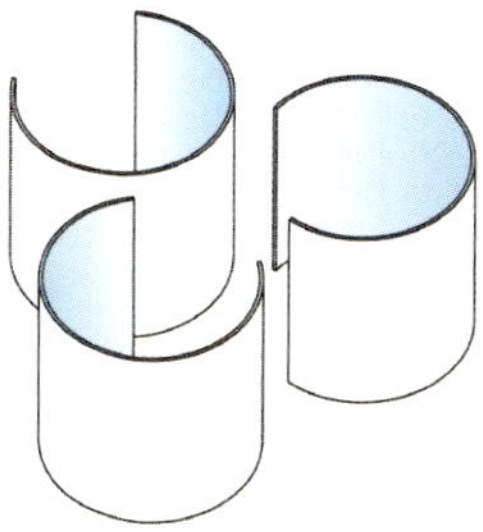

벽은 얇은 금속으로 되어 있어 사용자가 원하면 닫힌공간이 되고 열린공간이 될 수도 있다.

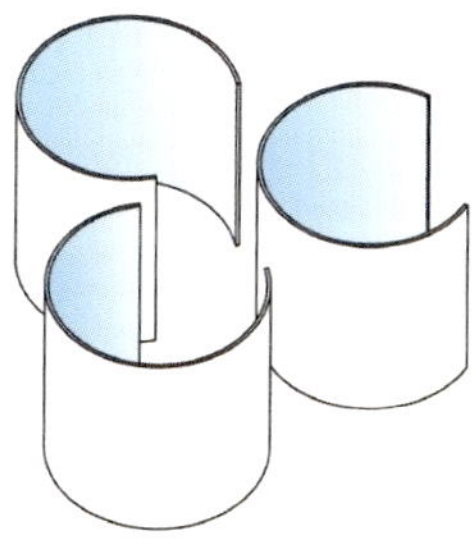

벽은 각 객체로 되어있기 때문에 잠시 자리를 비우거나 혼자 있고 싶을 때 방해 받지 않을 수 있다. 또한 벽을 돌려놓음으로써 지금은 혼자있고 싶다는 상대의 생각을 읽을 수 있게된다.

Floor plan

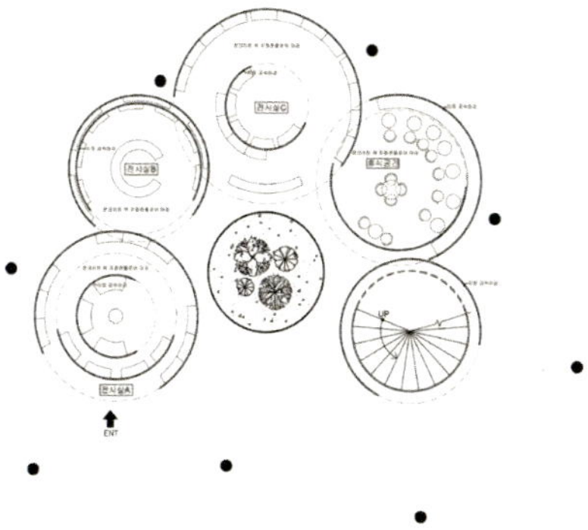

1st Floor

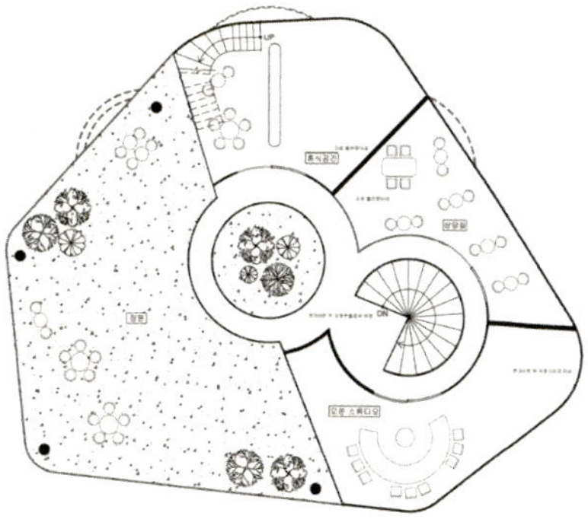

2nd Floor

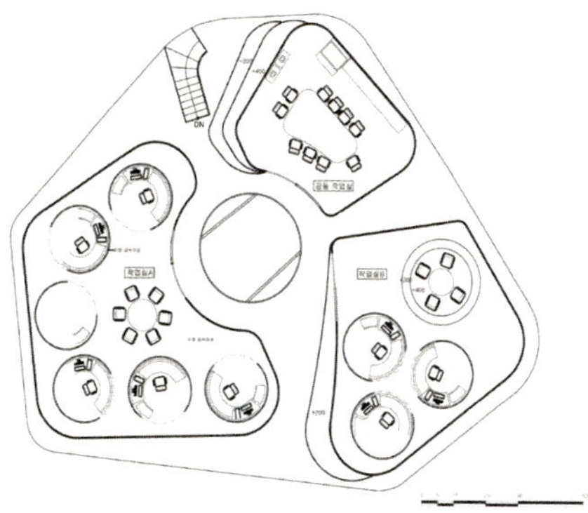

3rd Floor

Space program

3rd Floor – 디자이너를 위한 공간

2nd Floor – 외부인과 디자이너를 위한 공간

1st Floor – 외부인을 위한 공간

Perspective view

Material

패브릭

롤카펫과 마찬가지로 휴식공간과 상담실의 벽에 사용한 재료이다.
편안한 분위기를 내는 롤카펫과 잘 어울린다.

금속

30X30 파이프를 뼈대로 두고 그 위에 둘러쌓인 얇은 금속판이다.
얇고 가볍기때문에 쉽게 움직일 수 있어 공간을 변화시킨다.

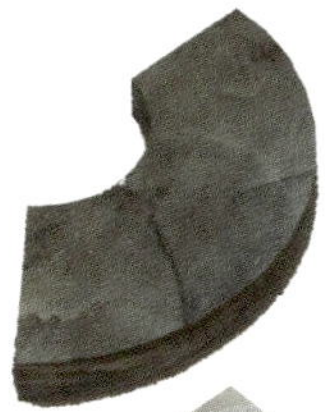

무용재

전시실 바닥은 에폭시 무용재를 사용하였다.바닥상태를 그대로 투명하게 보여주기 때문에 많은 사람이 다니는 전시실바닥을 더러워 보이지
않게 한다.

콘플로어

외부바닥에 사용한 재료로 노출콘크리트 위에 바르는 도장재료이다.

롤카펫

패브릭과 함께 어우러져 편안한 분위기를 형성한다.휴식공간과 상담실에 사용하여 부드러운이미지를 주었다.

한수민 | Han Soo-Min , 이인근 | Lee In-Keun

듣다 . 대화의 시작 .

Background

음악은 인간이 내포하고 있는 속 이야기를 음으로, 박자로, 가사로 표현하는 고백이다. 어느 국가이던 그들이 각각 하는 음악은 개인의, 소수의, 다수의 삶의 소통을 담고 있을 것이다. 음악은 경계없는 언어이며 서로를 이어주는 중재자임이 틀림없다. 우리는 음악 전시를 통한 사람들의 공유, 나눔, 소통을 만들어 보고자 한다.

ZONE6

JAZZ를 품은 사람들과의 대화

각 재즈의 종류, 악기의 특성을 알게된 관객들이 시대별로 정리된 MP3 형식으로 사용가능한 각각의 음악가 책을 들고 자유롭게 음악가의 설명을 읽으며 담겨진 곡을 가지고 대화 할 수 있다.

알아가는 사이처럼 편하고 여유 있는 공간으로 여러 음악가들을 자유롭게 만날 수 있도록 한다. 책의 겉표지에 해당 음악가의 얼굴을 넣어 대화를 더욱 강조한다. 자신이 가장 좋아하는 스타일의 음악가를 만날 수 있게 한다.

Concept

재즈의 시초는 흑인들의 음악에 있다. 그들의 음악에는 차별 받았던, 기성 개념에 의해서 무시 받음에 반항하는 자유로움과 순수한 감성이 스며있다. 그렇게 시작했던 재즈는, 그들의 '말 건넴'은 흑인의 민속음악으로부터 미국의 대중음악이 되어, 오늘날 세계적으로 흡수되어 있는 현대음악이 되었다. 지금까지의 재즈 역사가 생성과 소멸이 아닌 공존의 모습을 보여주었던 만큼 현재, 재즈의 여러 사조들이 공존하고 있으며, 또 이들 간의 결합을 통하여 다시 새로운 연주의 흐름이 시시각각 탄생하고 있다는 것은 현재의 재즈를 한마디로 정의할 수 없게 만든다. 더욱 더 다양하게, 더욱 더 예측할 수 없게 개별의 이야기들로, 자유로운 창조성으로 가미 되어지는 재즈는 상이한 여러 음악 요소들이 만나 하나로 자연스럽게 낯 선 곳을 향해 가는 진행중인 음악이다. 우리를 향해 말을 건네는 재즈의 공간에 들어서서 듣고, 대화를 시작해 본다.

Motive

SWING

재즈음악 특유의 몸이 흔들리고 있는 듯한 독특한 리듬감을 형용한 말이다.

'스윙(swing)' 은 '흔들거리다' 라는 단어에서 유래되었으며, 재즈 연주의 규칙적으로 되풀이되는 약동적인 리듬감을 말한다. 다른 음악들 처럼 정박자에 맞춰 연주하기보다는, 박자보다 약간 늦게 또는 빠르게 움직이면서 리듬감을 만들게 되는데 이를 '스윙리듬' 이라고 하며, 스윙 재즈는 단어 그 의미 그대로 이러한 율동감을 담아낸 연주스타일을 말한다.

Process

Swing의 재즈 즉흥적이고 돌발스러운 재즈의 특징이 음계에 담겨 있는 것 처럼 공간 입체의 변화가 즉흥적이고 다양하게 변화한다.

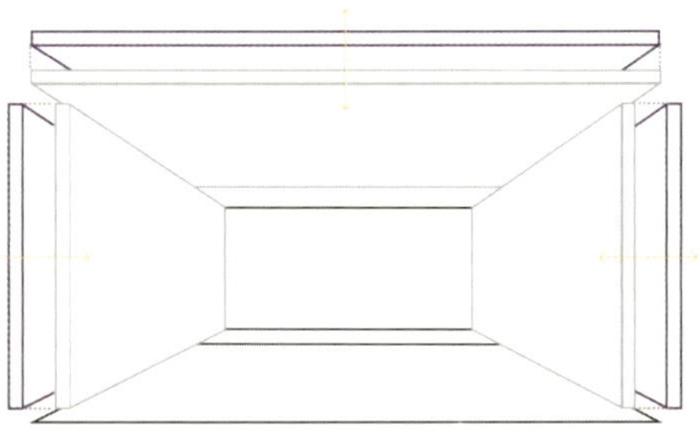

Site

서울특별시 용산구 이태원로27가길 16

다양한 문화의 사람들이 모여있고 그들의 대화가 잠재된 곳

Plan

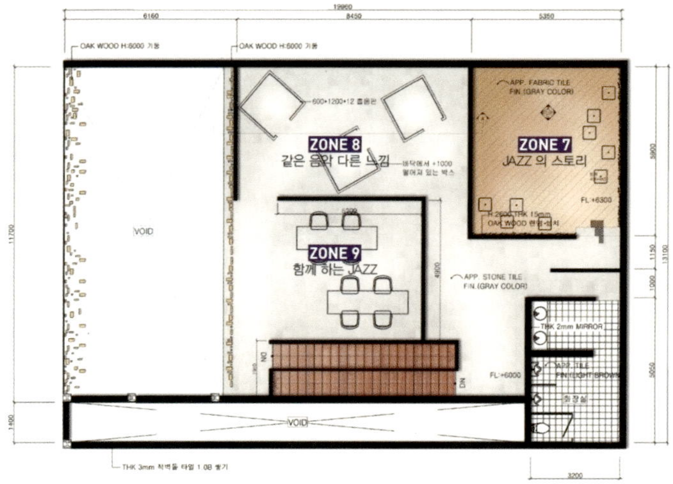

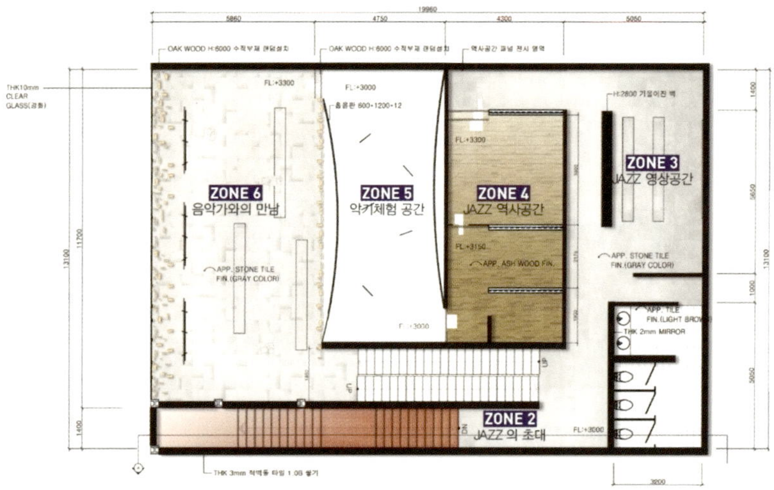

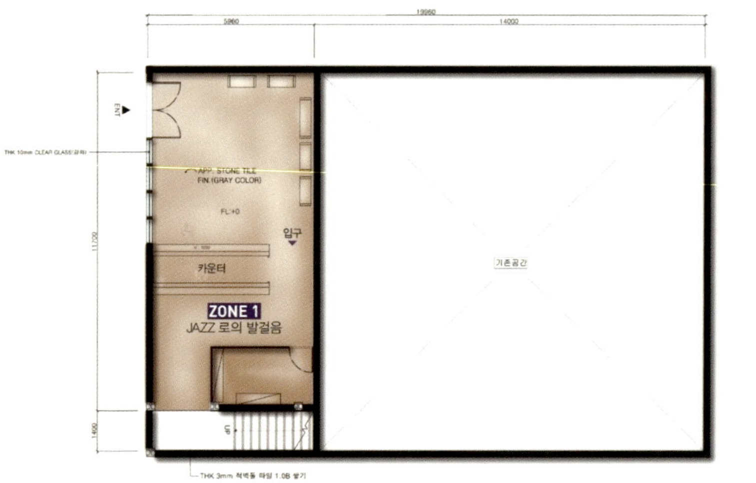

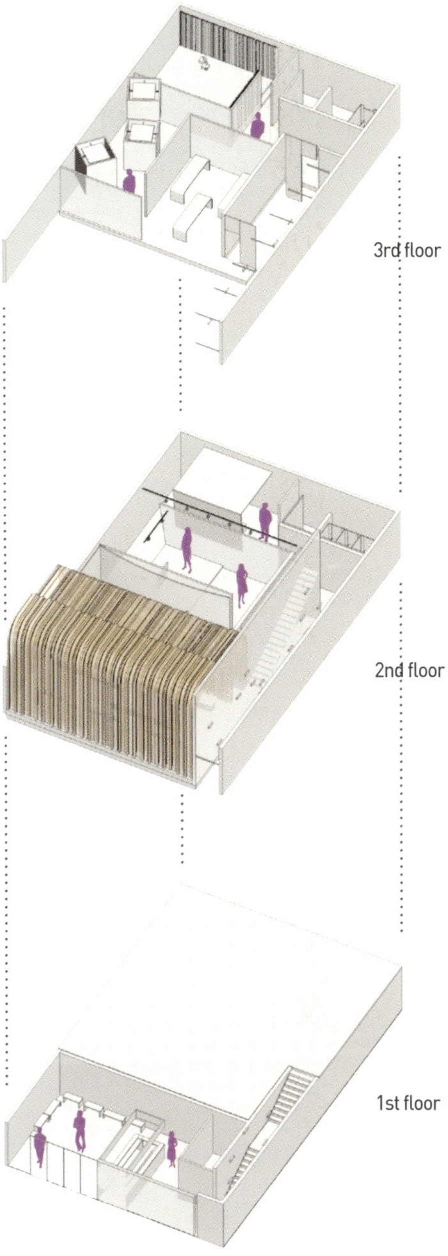

Zone 1

'JAZZ로의 발걸음'
처음 전시를 관람하러 온 관람객은 재즈라는 새로운 음악 장르에 대해 알고 새로운 만남을 위해 찾아왔다. 전시관람 필요 물품 지급 및 안내 (헤드셋 대여)

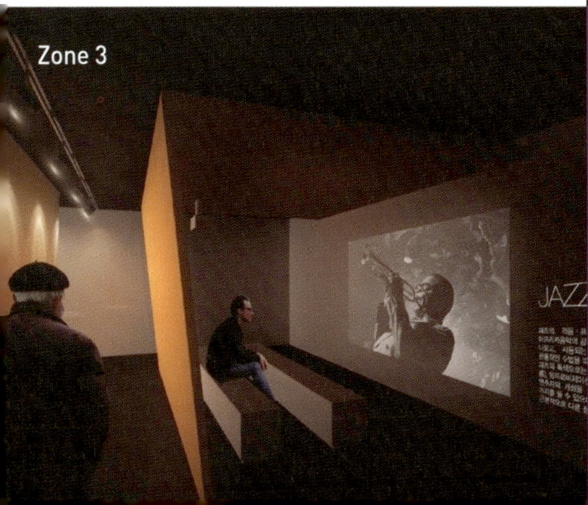

Zone 3

'JAZZ의 소개'
JAZZ의 전반적인 내용, 특징 소개 / 즉흥성 / 싱커페이션 / 민주적음악 / 영상을 통해 가장 처음 재즈의 기본을 전달

Zone 2

'JAZZ의 초대'
나를 인도해주는 JAZZ
관람객들은 오르골의 태엽과 같은 벽돌로 이루어진공간에서 좁은 곳의 빛을 따라 입구로 향한다.

신비성, 호기심 자극
동작 감지센서, 음악

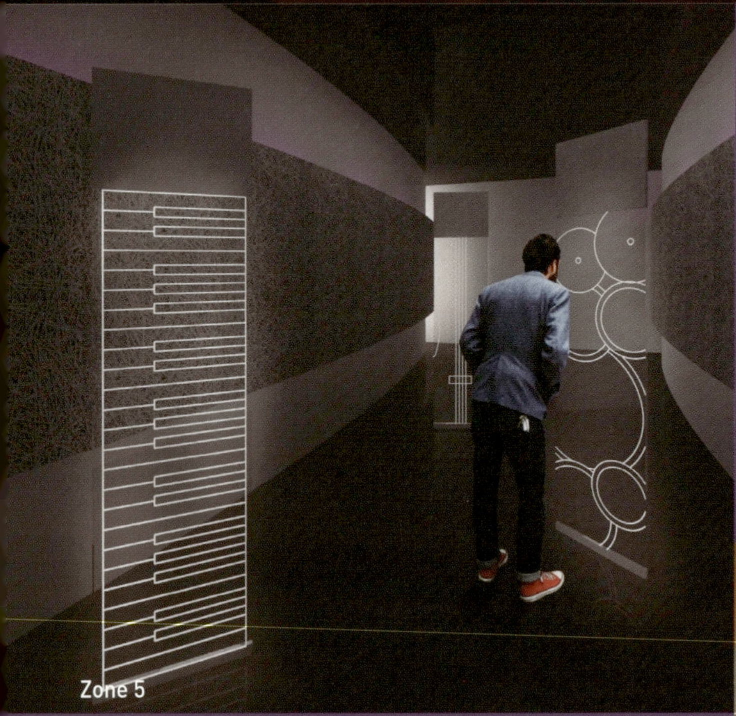

Zone 5

'JAZZ의 목소리 악기'
주로 사용되는 재즈 악기들을 투명한 판에 시스템 적용하여 해당하는 악기의 원하는 음을 직접 내볼 수 있게 함으로 재즈 악기의 소리에 대해 쉽게 이해 할 수 있도록 한다.

피아노 / 드럼 / 색소폰 / 트럼펫 / 콘트라베이스 / 베이스 (6가지)

자신이 가장 마음에 드는 악기를 찾을 수 있도록 하고 전자 악기를 도입함으로 듣기에 가장 쾌적한 환경 예비

Zone 4

' JAZZ의 변천과정'
Ragtime / New orleans / Swing / Bebop / Cool / Hardbop / Free / Fusion (8가지 영역)

읽기 자료를 중심으로 한 정보 전달이 주됨.
패널 전시, 헤드셋을 꽂아 각 시대별 음악 청취

Zone 6

'JAZZ를 품은 사람들과의 대화'
ZONE6 공간에 있는 가구
음악가들의 곡이 내장되어 있는 책

Zone 7

'JAZZ의 스토리'
재즈에도 담겨있는 감성으로 구분된 각 테마별 듣기 공간을 만든다.

방 형식으로 나뉜 공간에 영상 및 음향을 앉아서 들을 수 있도록 하고 흡음 기둥을 세워 소리에 대한 감각을 안정되게 한다. 영상은 곡 분위기에 맞는 조명과 빛으로 연출한다.

Zone 8

'같은 음악 다른 느낌'
재즈는 기존의 원곡을 가지고 다양하게 재발견, 재창조 해내는 능력이 있다. 이런 재즈의 특성을 가지고 다양한 버전 중 자신의 취향에 맞는 곡을 찾을 수 있게 한다.

하나의 원곡 박스 안에 다양한 버전의 음원들을 들려준다. 곡의 편집자나 연주가의 설명은 박스 내부에 패널형식으로 보여준다. 빛이 있는 감성적인 공간으로 재즈를 더욱 부각한다.

Zone 9

'나눌 줄 아는 JAZZ'
이전의 모든 단계를 마치고 온 관람객이 자신의 취향대로 찾은 재즈 곡을 선곡해 다른사람과 함께 들을 수 있도록 한다.

헤드셋을 꽂을 수 있는 테이블과 의자에 앉아 누군가가 선곡한 곡을 자연스럽게 들을 수 있도록 한다. 새롭게 친해진 재즈와 그 것을 남들과 나누고 앞으로의 소통의 그룹을 형성할 수 있는 공간이다.

개미마을 커뮤니티 센터

MINI COMPLEX CENTER

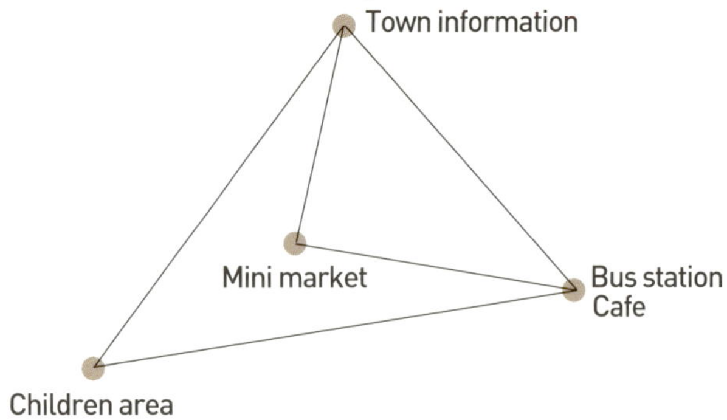

안새봄 | An Sae-Bom , 최은정 | Choi Eun-Jeong

Project background

MINI COMPLEX CENTER

공공디자인에 관심이 있던 우리는 달동네 (낙후지역)을 조사하다 개미마을이란 곳을 알게 되었다. 개미마을에 처음 사이트 조사를 하러 갔을때에는 마을 건물 벽 마다 아기자기한 벽화에 눈이 갔다. 그러다 점점 사이트 방문을 하면서 이곳에 필요한 기능과 장소에 대해 생각했으며 또 개미마을뿐만 아니라 현재 사회에서 문제가 되고 있는 노인문제를 해결하기 위해 많은 고민을 했다.

Site analysis

서울특별시 서대문구 홍제동 개미마을

개미마을은 인왕산 등산로 입구에 자리한 서울의 몇 남지 않은 달동네 가운데 한 곳이다. 210여 가구 420여 명의 주민이 살고 있다. 개미마을은 6.25 전쟁 이후 갈 곳이 마땅치 않은 가난한 사람들이 들어와 임시 거처로 천막을 두르고 살았다. 당시에는 '인디언촌' 이라고도 불려졌으며 지난 1983년 '개미마을' 이라는 정식 이름이 생겼다.

1 동래슈퍼 앞마당
주민들이 모여있는장소이다.

2 동래 슈퍼
개미마을거리와 인왕산 약수터의 입구인 삼거리에 위치하고 있으며 슈퍼의 앞마당을 지나야만 뒷동네로 갈 수있다.

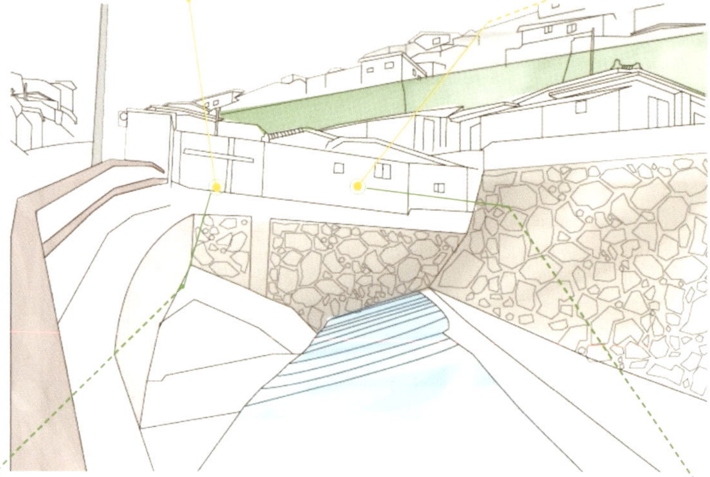

3 동래슈퍼 앞 버스정류장
현재 '삼거리 연탄가게' 정류장으로 불리며 버스 정류장 건물이 재래식 화장실로 악취가 심해 사람들에게 불편을 준다.

4 주변환경
슈퍼의 측면은 낭떨어지가 있으며 그 낭떨어지에는 하천이 흐르고 있다. 또 골목 골목은 서로 끊어진채 있다.

Target & Needs

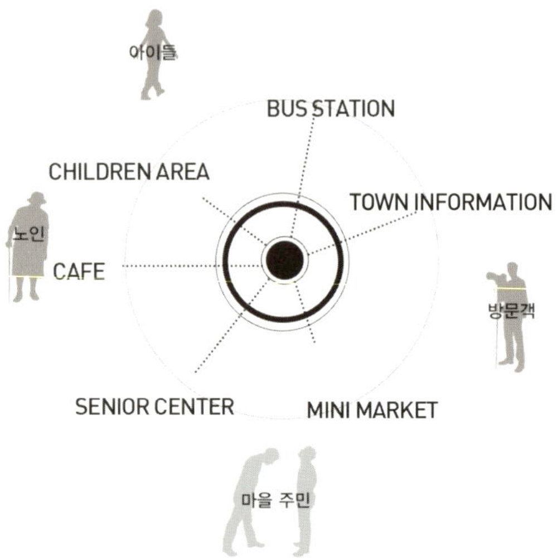

Design process

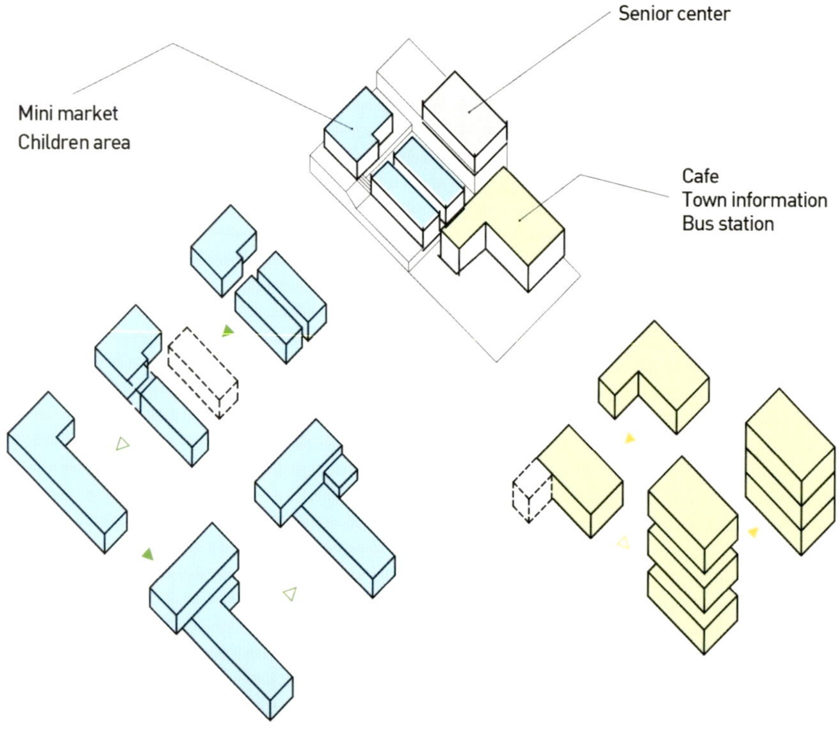

Space composition

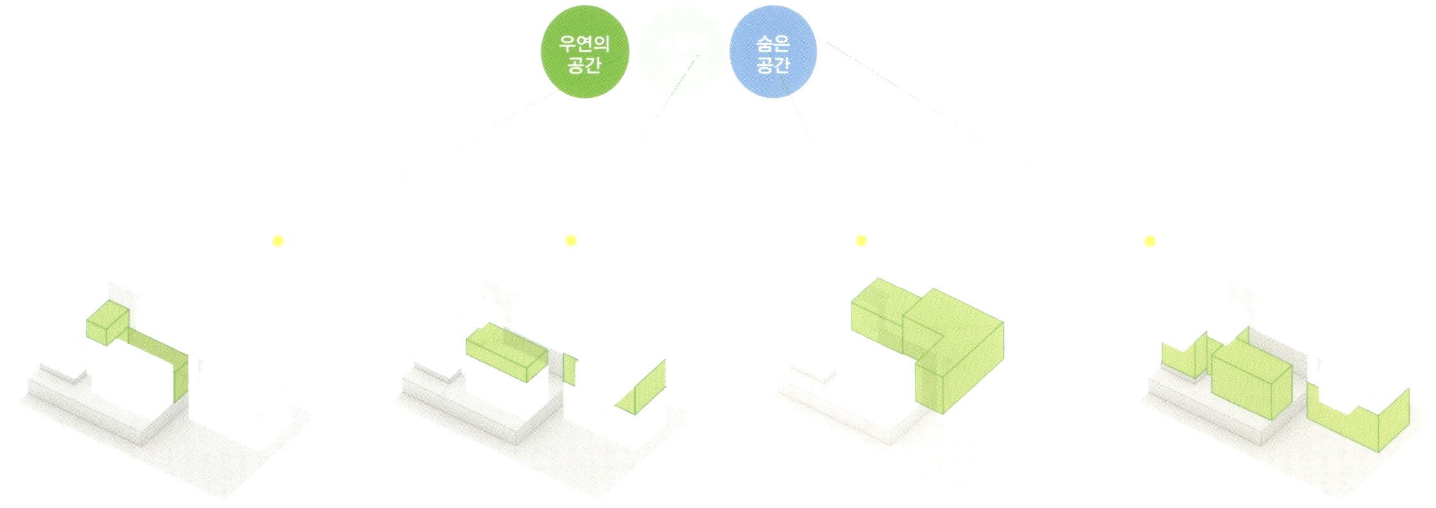

우연의 공간
개미마을을 촬영하기 위해 온 방문객과 주민의 우연의 만남으로 인한 관계를 형성하여, 마을의 밝은 분위기를 형성한다.

소통의 공간
주민들의 소통공간이 부족하여 주민들은 항상 슈퍼 평상에 앉아있었다. 이런 주민들을 위한 공간을 만들었다.

숨은공간
산동네인 개미마을의 특성상 기존 사이트의 높이차이가 생기게되었고, 이러한 조건으로 인해 데드스페이스였던 공간을 살려 내었다.

열린공간
주민센터와 카페로 이어지는 층을 기둥으로만 공간을 구성하여 달동네인 개미마을의 경관과 어우러지게 하였다.

Plan

Elevation

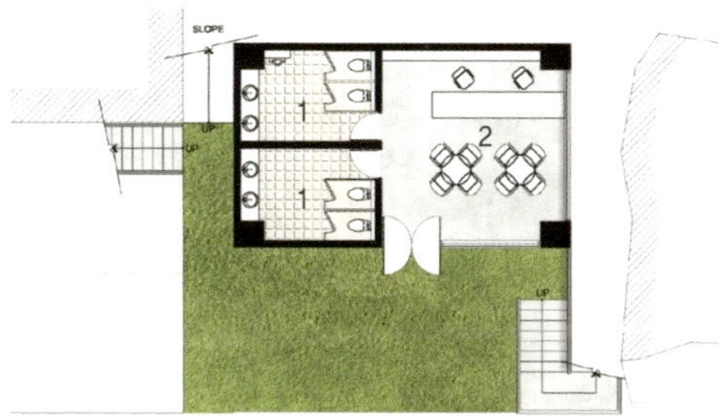

Floor plan +1500

1.Restroom
2.Information

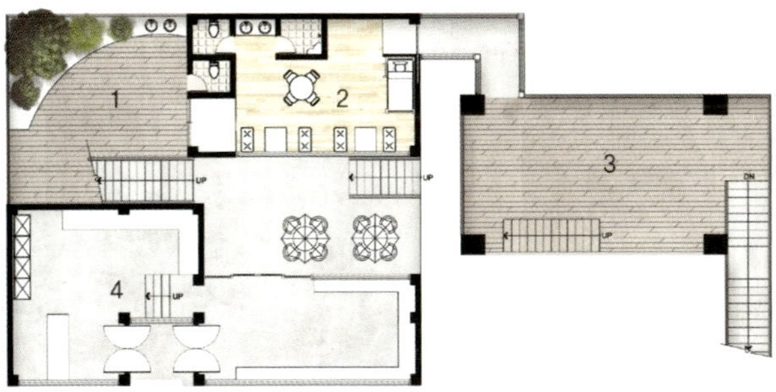

Floor plan +5500

1.Play garden
2.Senior center
3.연결공간
4.Mini market

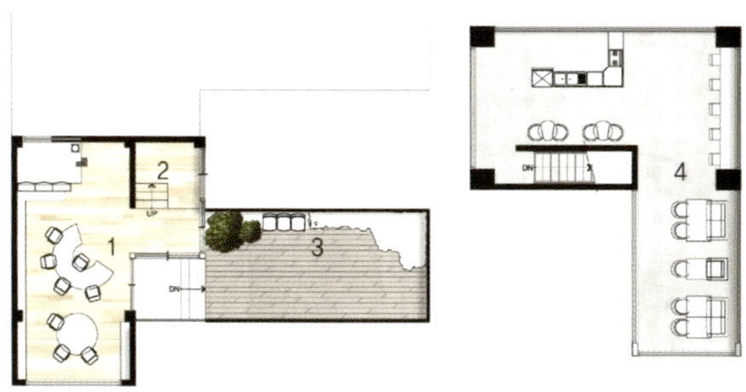

Floor plan +3500

1.Children area
2.다락방
3.Play garden
4.Cafe

Space program

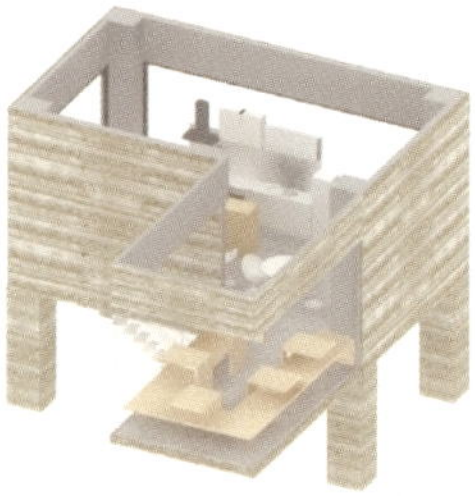

Cafe

건물 옆 낭떠러지를 통한 공간의 긴장감을 극대화 하기 위해 캔틸레버 구조에 통창을 이용하였다.

Town information & Bus station

인포메이션 앞에 테라스를 설치하여 방문객들에게 휴식 공간을 제공한다.

Children area

어린이 공간안에 다락방을 만들어 어린이들의 아지트같은 공간을 제공한다.

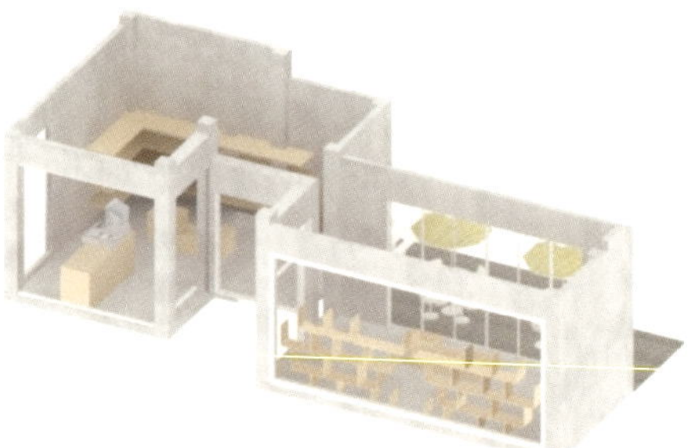

Mini market

건물의 전면부에 통창을 설치하여 지나가는 방문객들에게 공간에 대한 정보를 한번에 보여주며 숨은 공간에 테라스를 설치하여 주민과 방문객들에게 안락한 휴식공간을 제공한다.

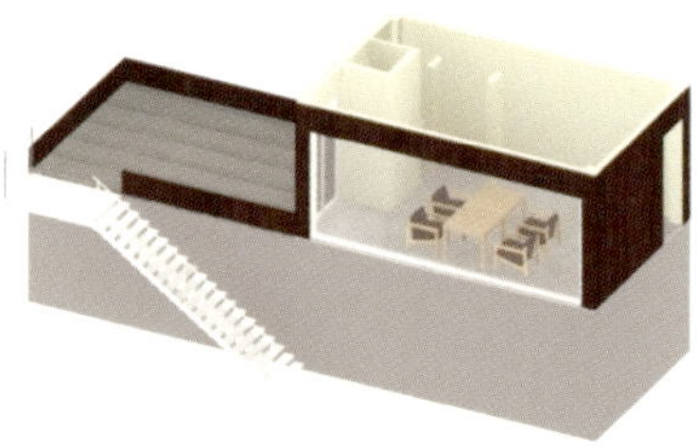

Senior center

주민들에게 휴식공간을 제공하며 전면부의 통창을 통해 우리가 설계한 모든 공간을 볼수 있다.

MARKET
FOOD
WORLD
FOOD
WORLD
FOOD
WORLD
FOOD
WORLD
FOOD
WORLD

아현동의 모습을 담은 공간을 통해 아현동을 추억한다. 주민들과 아현동의 추억을 갖고 있는 또 다른 주민 (아티스트) 간의 소통을 통해 지친 주민들을 치유한다.

정호진 | Jeong Ho-Jin

A-hyeon scape

01

Site

아현동의 정상
서울특별시 마포구 아현동 애오개 어린이 공원

서울시에서 가장 오래된 도시인 아현동은 역사와 환경을 간직한 장소이며, 모두 개발 되거나 재개발 되어진 도시 가운데 과거의 역사성과 시간성을 보존해야 할 이유가 있다. 무분별한 재개발 계획으로 추억이 사라져가는 아현동의 자생적 가치에 맞추어 주민들이 스스로 가꾸어 가는 장소로서 이용

시간대별 유동 인구표

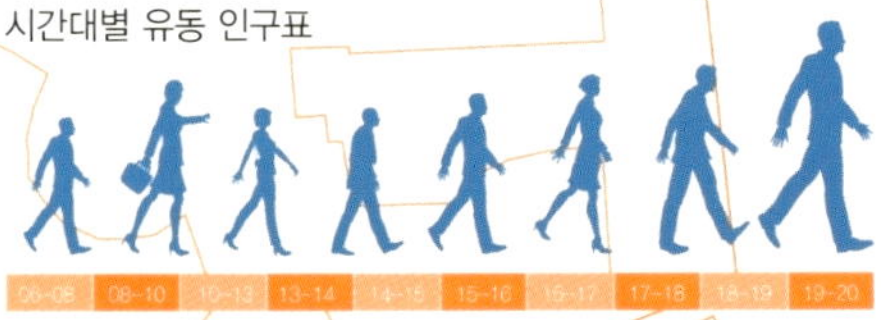

오후 6시 에서 8시 사이에 유동 인구가 가장 많다.

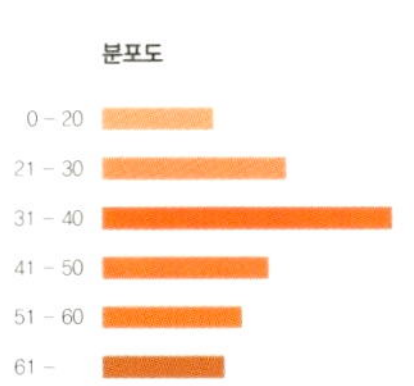

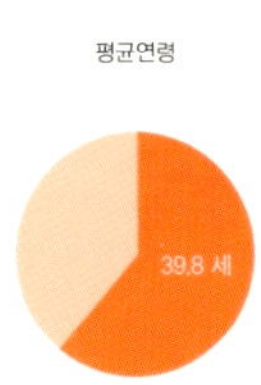

Background

아현동. 재개발로 인해 골목길엔 소통이 단절되어 사람이 없고, 주민들은 집에 갇혀 지내고 있다. 아현동에 공원이 있긴 하지만 그 곳은 공원으로써의 역할을 하지 못하고 있다. 이 공원을 주민들의 쉼터가 되고 소통을 통한 치유의 공간으로 만들어 줄 것이다.

a. 재개발로 인해 사라진 아현동을 추억하는 사람들이 많다.
   개인 블로그, 골목길 전시 및 프로젝트

b. 도심 속 골목길을 추억으로 하는 아티스트들이 많다.
   아티스트들의 전시 , 소통의 공간 부족 , EBS 프로그램 , CPTED, …

c. 정이 넘쳤던 골목길엔 이웃 간 불신으로 인해 왕래가 없다.
   주민의 쉼터 부족 , 소통 부족 , 재개발로 인한 인식 변화

d. 과거와 현재가 공존하고 있는 곳을 연결해주는 매개체가 필요
   골목길을 추억하는 공간을 통해 주민과의 소통 유도

02

03

Purpose

아현동의 모습을 담은 공간을 통해 아현동을 추억한다. 주민들과 아현동의 추억을 갖고 있는 또 다른 주민 (아티스트) 간의 소통을 통해 지친 주민들을 치유한다. 결과적으로 아현동을 추억하는 사람들 간에 교류가 일어나고 지어진 건물이 아니라 사용자가 스스로 가꾸어 가는 장소로써 이용되게 된다. 도시는 기억을 생산하고 저장한다. 도시의 공간에 정신이 담기면 장소가 되고, 그 장소에는 문화가 생겨난다. 일상의 생활은 아현동을 살게 하고 그 기억이 누적되며 사람간의 소통이 아현동의 과거, 현재, 미래를 아우른다. 광장이 발달하지 않은 우리나라에서 아현동 지역처럼 과거의 모습을 유지하며 불규칙한 크고 작은 길이 있는 곳은 의미가 크다.

Design concept

A-hyeon scape ; 아현동의 모든 것, 아현동의 경치

아현 스케이프는 소통과 교류의 장으로 아현동의 시간과 사건을 축적시켰으며 근대 문화요소를 담고 있으면서 아현동 사람들에게 있어 향수를 불러 일으키는 기억의 장이다.

Motive

면의 적층

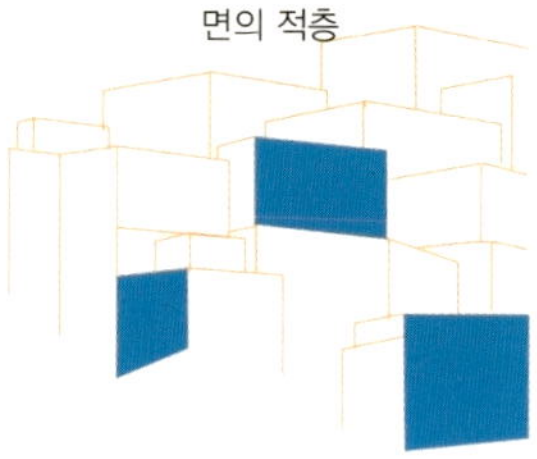

면의 중첩

높은 계단

아현동의 건물과 계단이 품고 있는 면들을 추출하여 적층시키고 중첩시켜 특성을 담는 동시에 장소성을 담아내었다.

Floor plan

아현동에 대한 전시물들을 보고 느낄 수 있는 전시공간부터 중간 중간 쉬어갈 수 있는 휴식공간을 지나 아현동의 경치를 한눈에 담을 수 있는 최상층 전망공간에 이르면 그 높이는 무려 9m에 달한다. 높은 층고를 오르내려야 하기 때문에 노약자를 배려한 계단과 slope로 이어지는 동선을 이용하여 공간을 구성하셨다.

Process

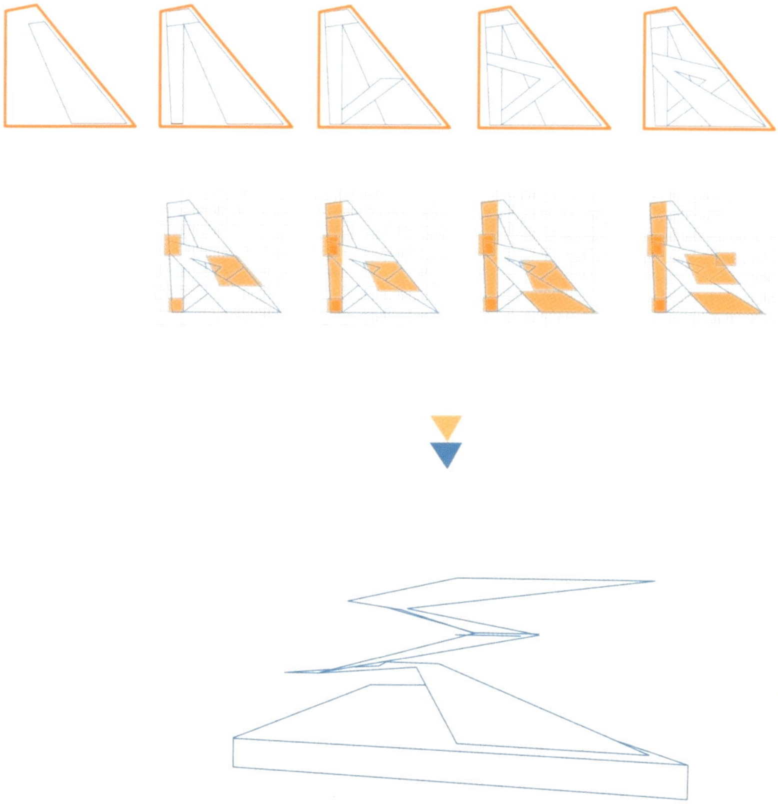

아현동의 계단과 언덕길, 비좁은 길을 여러 차례 지나면 비로소 아현동의 정상에 오를 수 있다. 아현동이 갖는 장소성을 공간에 풀어내어 이 공간은 아현동 그 자체가 될 것이다.

Space view

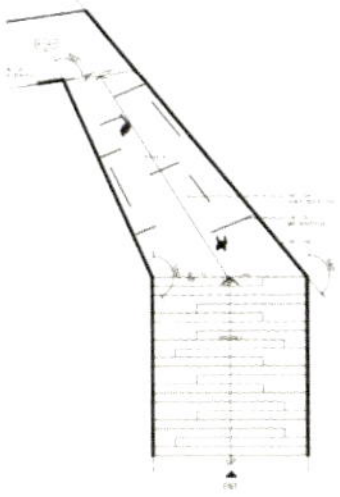

F.L + 4000

01. 전위 공간

아현동 입구의 가파른 계단을 형상화한 높은 계단으로 건물의 입구에서부터 긴장감을 갖게 된다.

02. 기하학적인 면의 중첩

아현동의 건물과 건물이 중첩되는 모습을 형상화해 건물의 가벽인 면들의 사이에 골목길이 생기게 되고 자연스러운 동선을 유도하게 된다.

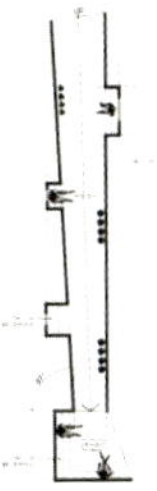

F.L + 5000

03. 비좁은 길

위로는 비좁은 길이 이어지고 [벽면의 낙서, 작은 움직임]. 아래는 휴식공간으로 면들을 아래로 끌어 당겨 빛이 차단 되고 사용자의 움직임으로 공간을 만들어 내며, 사용자들의 의지에 따라 공간이 다양하게 변화한다. 낮에는 독서공간, 휴식을 취하고 밤에는 포장마차로 공간이 변화하게 된다.

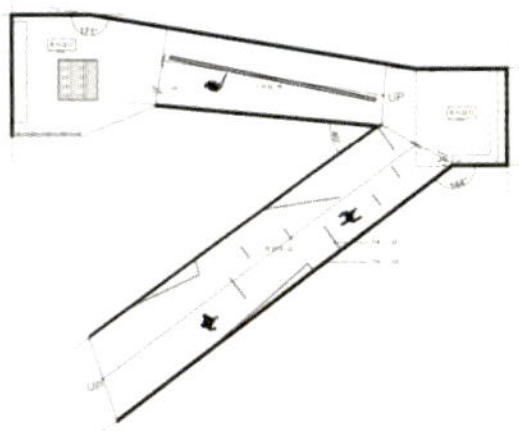

F.L + 7000

04. 비탈길

비탈길로 인해 사용자들은 긴장감과 불안감을 갖게 된다. 면의 중첩이 이어지고 커튼월 방식으로 닫히고 열리게 되어 사용자들이 길을 만들어 가게 된다.

05. 비좁은 길

가벽으로 인해 길이 나뉜다. 사용자들의 어렸을 적 아현동 추억을 체험할 수 있다. (벽면에 낙서하기)

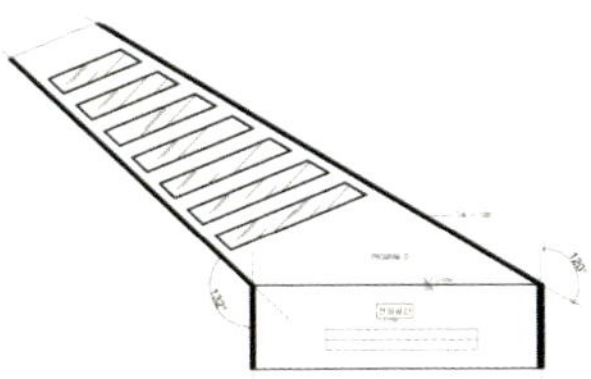

F.L + 9000

06. 아현동의 또 다른 정상

아현동을 추억하는 마지막 동선으로 바닥으로 보이는 경치와 높이를 보며 아현동을 추억하고, 마지막 정상에서 아현동을 바라 본다.

04

05

06

이승은 | Lee Seung-Eun , 송연주 | Song Yeon-Ju

HUE 休

색을 이용하여 쉼을 찾다.

Site

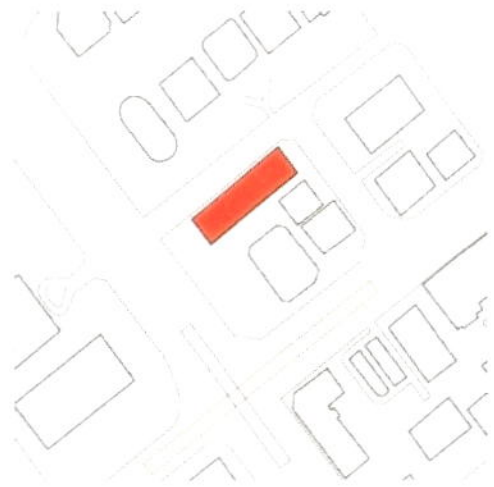

서울특별시 영등포구 국제금융로 2길
S-TRENUE 1층

5호선과 9호선의 환승역인 여의도역과 가까워 유동인구가 많으며 주변에 여의도 공원과 증권회사, 방송국이 있어 연령대가 다양하다. 현대인들의 바쁜 일상 속에서 잠시나마 휴식을 취할 수 있는 공간에 대한 필요성으로 사이트를 선정하게 되었다.

Target

전체적으로 모든 연령대가 사용할 수 공간이지만 주 타켓은 여의도에서 근무하고 있는 직장인들이다. 바쁜 일상 생활중 직장인들이 피로를 풀 수 있는 곳이라 함은 일과가 끝난 후 자신의 주거공간에서 쉬는 것만으로 피로를 풀 것이다. 이러한 직장인에게 회사에서의 점심시간이나 잠시 짬이 났을 때를 이용하여 단순히 쉬는 것만으로 몸의 피로를 푸는 것이 아닌 마음의 스트레스까지 완화시켜주고 일의 능률을 올려줄 수 있는 공간이다.

Concept

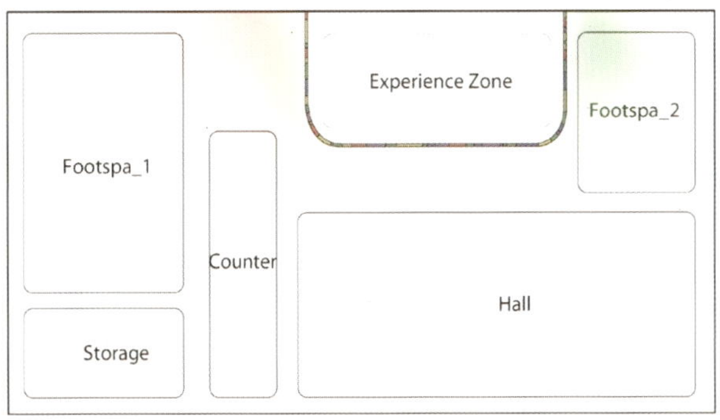

색에는 각 색마다 지니고 있는 특성이 다르다. 각각의 색이 지니고 있는 고유의 특성을 이용하여 테라피를 하는 컬러테라피를 풋스파에 접목시켜 시각적인 색과 촉각적인 풋스파를 함께 누리며 쉴 수 있도록 색의 'HUE'와 쉬다의 '休' 를 컨셉으로 잡았다. 공간의 중심부인 체험존의 벽유리를 다양한 색상의 스테인드글라스를 이용하고 공간안에 라이트를 밝게 두어 Hue라는 컨셉에 걸맞게 여러가지 색상이 전체에 퍼지도록 하였다.

Motive

베수비오 화산폭발로 인해 사라진 이탈리아 나폴리 남동부에 자리잡고 있었고, 로마귀족의 휴양지였던 도시 폼페이(Pompeii)는 높은 생활수준과 문화를 가지고 있었고 그리스와 로마의 영향으로 이오니아(Ionic)식, 코린트(Corinthian)식, 도리아(Doric)식의 기둥이 모두 존재하였다. 이러한 특징을 가진 폼페이의 여러 유적 중 풋스파에 적합한 '폼페이목욕탕' 에서 모티브를 따와 짧은 시간 동안 간단하게 할 수 있다 하더라도 할 때 만큼은 폼페이만의 약간은 사치스럽고 고급스러운 분위기를 느낄 수 있도록 벽돌을 주로 이용하였고 폼페이의 여러 기둥양식 중 하나인 이오니아식 기둥을 이용하여 공간을 표현하였다.

Background

현대를 살아가는 현대인들의 만병의 원인은 스트레스라고 한다. 피로를 풀고 마음의 여유를 가지고자 할 때 따로 날을 잡아 많은 시간을 투자하게 된다. 그마저도 여유치 않는다면 카페에 오래도록 앉아 독서를 하거나 사람들과 담소를 나누곤 한다. 이처럼 다양한 목적으로 찾게 되는 요즘 카페는 '커피 마시는 곳' 이라는 개념보다 '커피를 마시며 대화도 하고 쉬기도 하면서 모두가 시간에 방해 받지 않고 잠깐의 여유를 즐길 수 있는 곳' 으로 받아들여진다. 이렇게 모두가 이용할 수 있으면서 시간적, 심리적으로도 구애 받지않을 수 있는 카페라는 공간을 설계하고 스트레스 해소를 위한 요소로써 족욕을 더하였다. 제2의 심장이라 불리우는 발의 피로를 풀어주는 것은 간단하면서도 큰 효과를 불러일으키는 테라피이다. 이 두 가지 요소를 접목시켜 스파카페를 설계한다.

Floor Plan

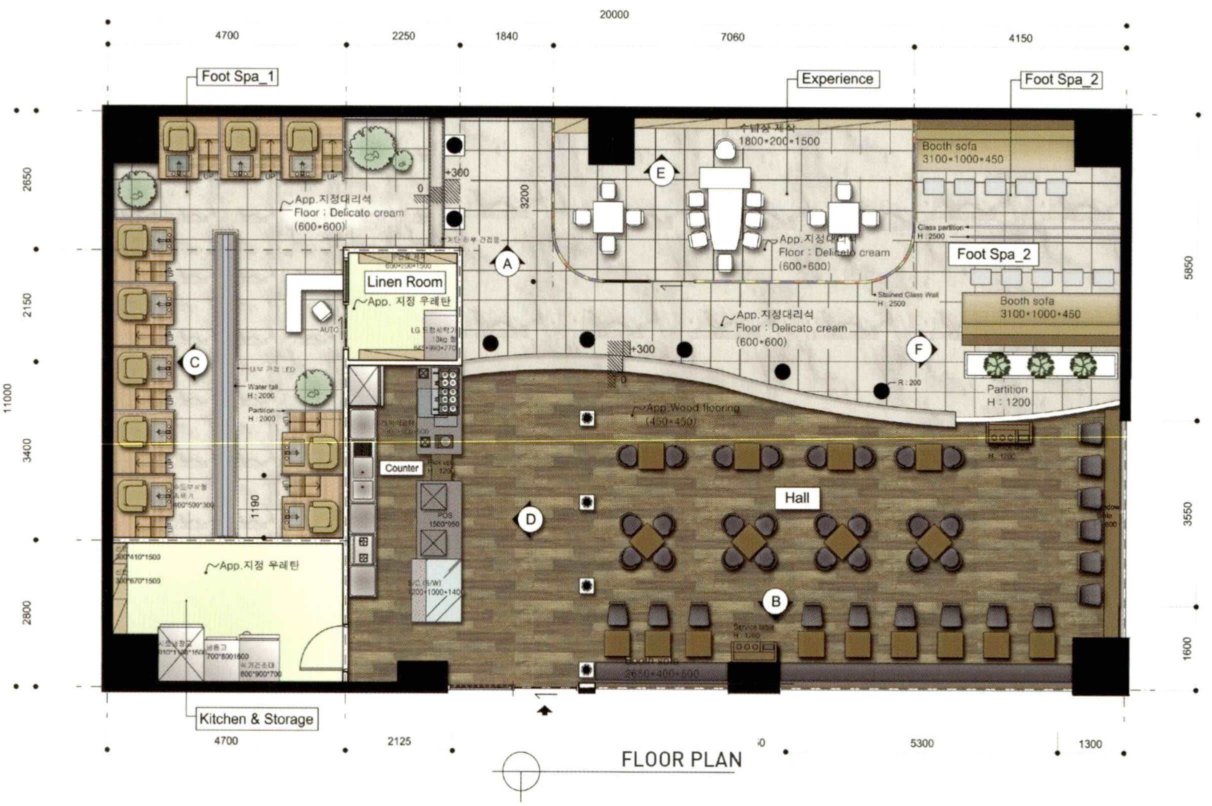

Material

BRICK

우아하고 고급스러운 분위기와 모티브인 폼페이 목욕탕의 느낌을 내기위해 벽재로 벽돌을 사용.

MARBLE

벽돌과 어우러져 고급스러운 분위기와 깔끔한 느낌을 내기위해 바닥재로 대리석을 사용.

STAINED GLASS

'색을 이용한 휴식'이라는 컨셉에 맞춰서 여러가지 색이 퍼져나갈 수 있도록 색유리를 결합해 만든 스테인드글라스 사용

OAK WOOD

스테인드글라스로 자칫 가벼워 보일 수 있는 분위기를 무게감있고 고급스러워 보일 수 있도록 카페 홀 부분에 어두운 색의 오크 우드바닥재를 사용

Elevation & Section

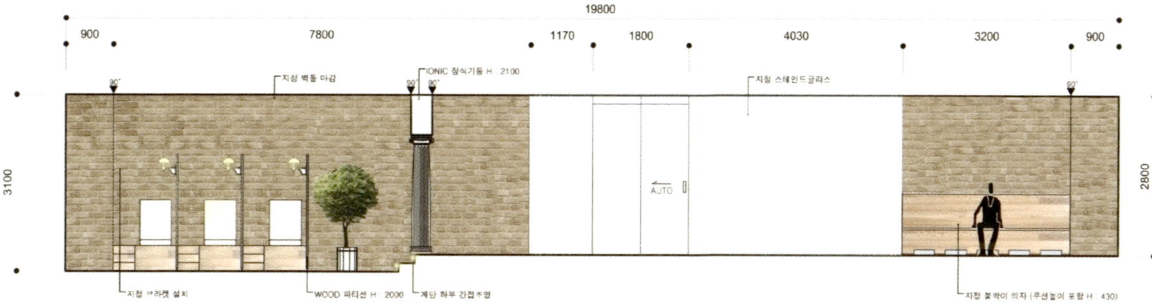

ELEVATION_A

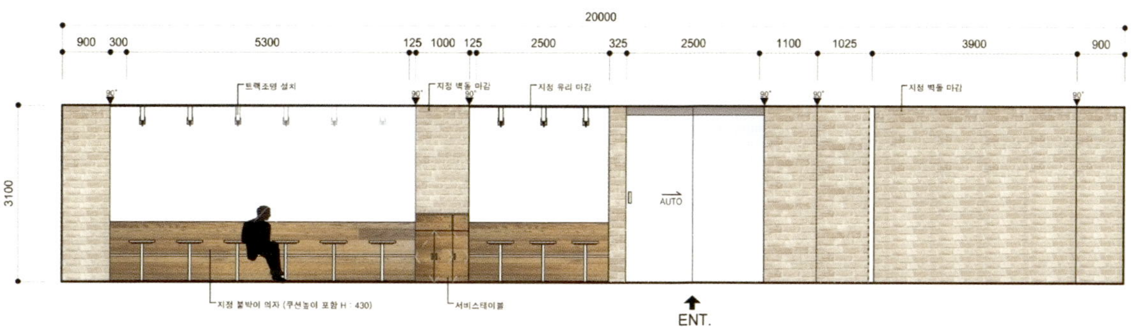

ELEVATION_B

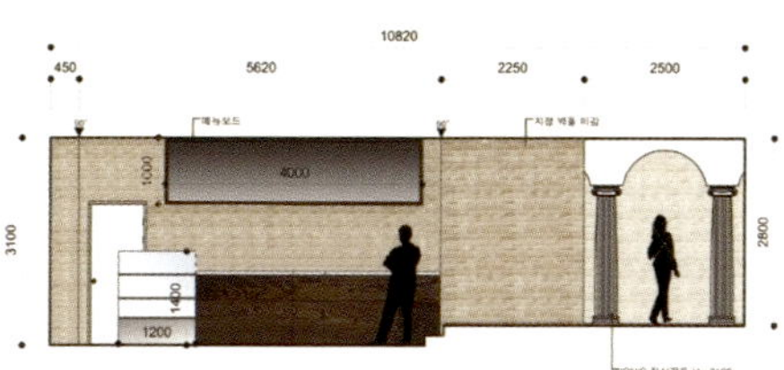

ELEVATION_D

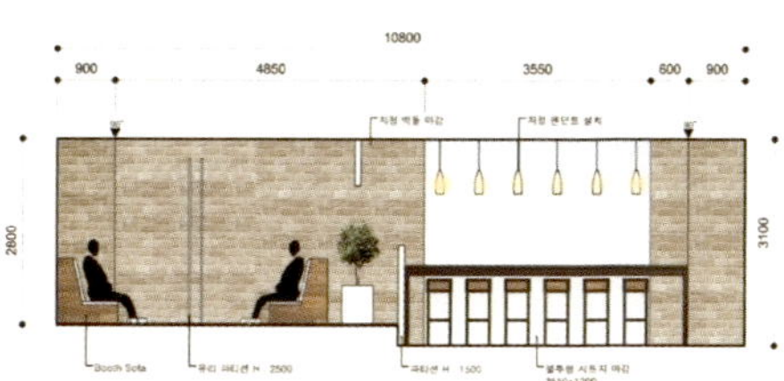

ELEVATION_F

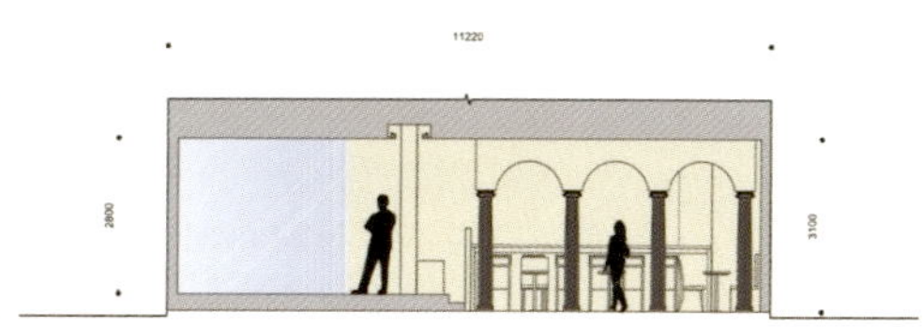

SECTION A_A'

Axonometric

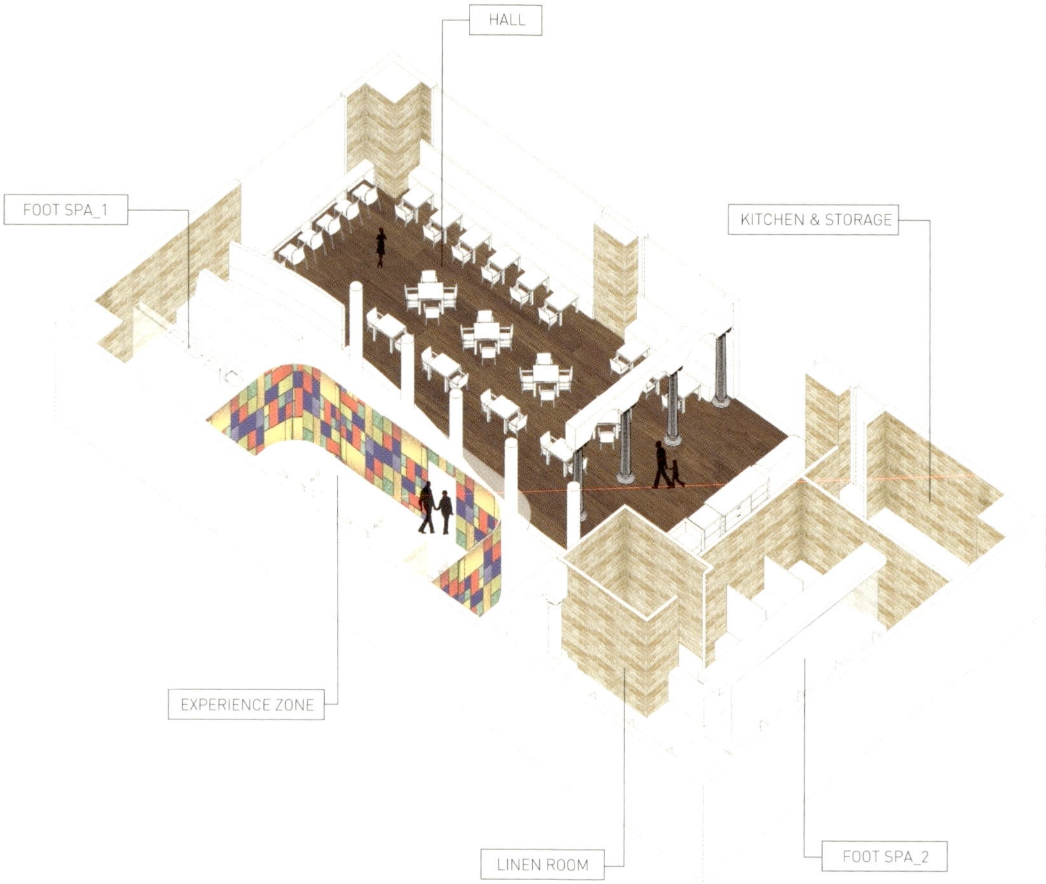

▲ 색과 관련된 체험을 할 수 있는 체험존

▲ 단체 FOOT SPA 존

▲ 카페 홀

3D Views

▶

개인적으로 족욕을 할 수 있는 부분에는 사이에 수벽을 두어 간접적으로 시야를 차단한다. 파티션 또한 꽉 막힌 것이 아니라 틈이 있는 파티션을 이용하였다.

색과 관련된 체험을 할 수 있는 체험존 ▶

전체 공간에 중심이 되는 체험존은 고객들이 스파 뿐만 아니라 색과 관련된 오일만들기, 컬러테라피 등을 체험해보는 공간이다.

홀 공간의 모습 ▶

입구에 이오니아식 기둥이 아치를 이루고 있어 호화스러움과 웅장한 느낌이 느껴지도록 한다.

김진화 | Kim Jin-Hwa , 이윤정 | Lee Yoon-Jeong

Custom-made Food Restaurant

당신만의 레시피를 서로 레벨이 다른 공간에서 즐기고
각자의 레시피를 사람들과 공유하고
소통할 수 있는 곳

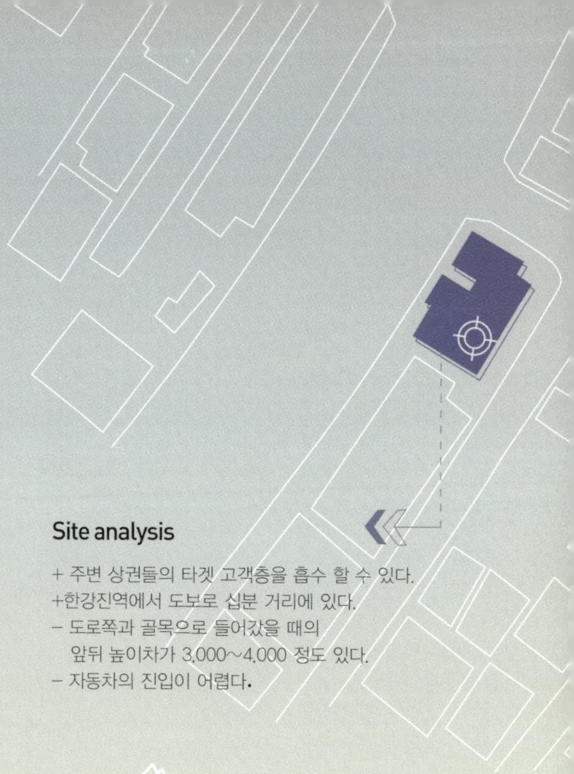

Site analysis

\+ 주변 상권들의 타겟 고객층을 흡수 할 수 있다.
+한강진역에서 도보로 십분 거리에 있다.
– 도로쪽과 골목으로 들어갔을 때의 앞뒤 높이차가 3,000~4,000 정도 있다.
– 자동차의 진입이 어렵다.

Needs

–개인별 식이조절을 위한 식단을 상담할 수 있는 공간.
–그리고 그 메뉴를 배워보는 레시피 공간.
–서로 정보를 공유하고 소통할 수 있는 공간.
–여러명 또는 가족끼리 와서 즐길 수 있는 공간.

RESTAURANT

Key word

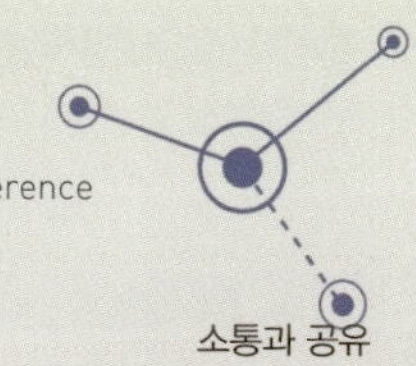

역세권에 위치
–한강진 역에서 도보로 10분 거리이다.

높은 경사로
–건물 앞뒤 경사가 3,000~4,000 이다.

자동차 진입이 어려움
–높은 경사로로 인해

주변상권
–고객들의 접근이 쉽다.

01

주 타겟층은 어르신 분들과 자신의 어떤 질병이나 알레르기로 인해 식이 조절을 해야하는 사람들.

02

자신이 먹는 식단을 꼼꼼히 체크하고, 못 먹는 음식을 먹을 수 있는 음식으로 대체하는 등, 식사에 대한 관리를 편하고 전문적으로 받고 싶어하는 사람들.

Senior — **Target** need analysis — Dietetic therapy

〉나이가 들어가면서 자신의 몸 건강상태에 맞게 식단을 따로 신경써서 조절해야 하는 경우가 많이 생긴다.

〉이를 1:1로 전문적으로 컨설팅 해주는 곳이 많지 않다.

〉 또는 특정음식에 알러지가 있거나, 자신의 건강관리를 위해 식단을 관리하는 경우도 늘고 있다.

〉나에게 맞는 재료들로 직접 요리를 해 먹기에는 한계가 있다.

SOLUTION

〉고객의 바이오리듬이나 신체변화 또는 건강상태를 주기적으로 체크하여 관리할 수 있다.

〉체크한 정보들은 고객 개개인으로 따로 수집되고 기록되어 각각 개인별로 효율적인 컨설팅이 가능하다.

〉알러지에 대한 전문적인 정보를 제공하고 그에 따라 대체할 수 있는 음식들을 상의하고 제안해 준다.

〉서로 컨설팅된 레시피들을 레스토랑에서만 아니라 집에서도 직접 해 먹을 수 있도록 배우고, 고객끼리 공유할 수 있다.

Concept

BIO-RHYTHM

바이오리듬(biorhythm)의'형태와 성질을 이용하여 공간의 다양한 시각변화, 그리고 소통, 재밌는 공간을 만들다.

개개인이 가지고 있는 신체적 특성에 맞게 공간이 구성되며, 프로그램이 이루어 지게된다. 서로 다른 특성들이 서로 높낮이가 다른 공간으로 표현되며 그 곳에서 그들의 시선이 교차됨으로써 나타나는 소통의 기회와 음식으로 서로 정보를 공유하고 소통할 수 있다.

Design motive

바이오리듬(biorhythm)

인간의 몸은 감정, 체력, 정신 각각이 특유한 주기를 가지고 있는 것으로 생각되며, 그들의 주기율을 말한다.

인간의 생명활동에서 신체, 감정, 지성 등의 생체활동이 주기적으로 변화하는 일정한 현상을 말한다.

사람들의 바이오리듬을 모티브로 하였다. 바이오리듬이 가지고 있는 긴장감 혹은 차분함을 이용하여 디자인에 접목시키고자 하였다. 개개인마다 다르게 가지고 있는 리듬을 공간에 접목시켜 간접적으로 그들의 개성이 실리는 것을 보여주고자 했다.

Design process

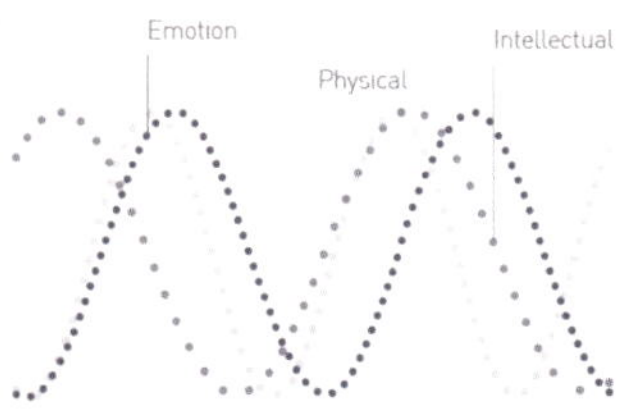

바이오리듬의 감정, 체력, 정신 세가지의 라인을 기준으로 3개의 띠로 나뉘어진다. 정적인 리듬을 보여주는 띠, 역동적인 리듬을 보여주는 띠, 두 개의 띠를 연결해주는 띠.

총 세장의 띠는 각기 다른 리듬감을 보여줌으로써 각기 다른 리듬을 가지고 살아가는 사람들이 어떻게 섞일 수 있는지와 그 소통의 가능성을 간접적으로 보여준다.

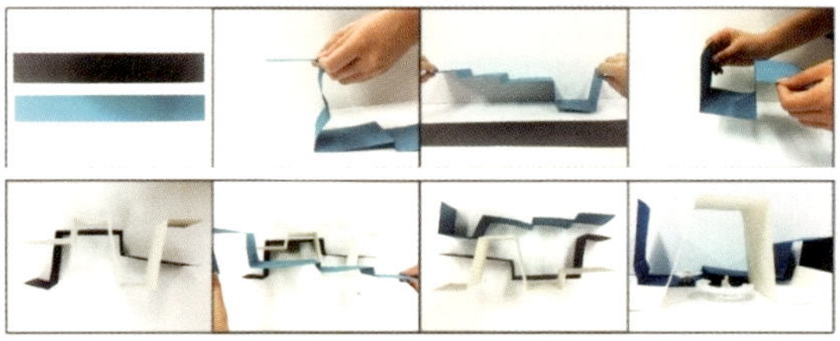

Design keyword

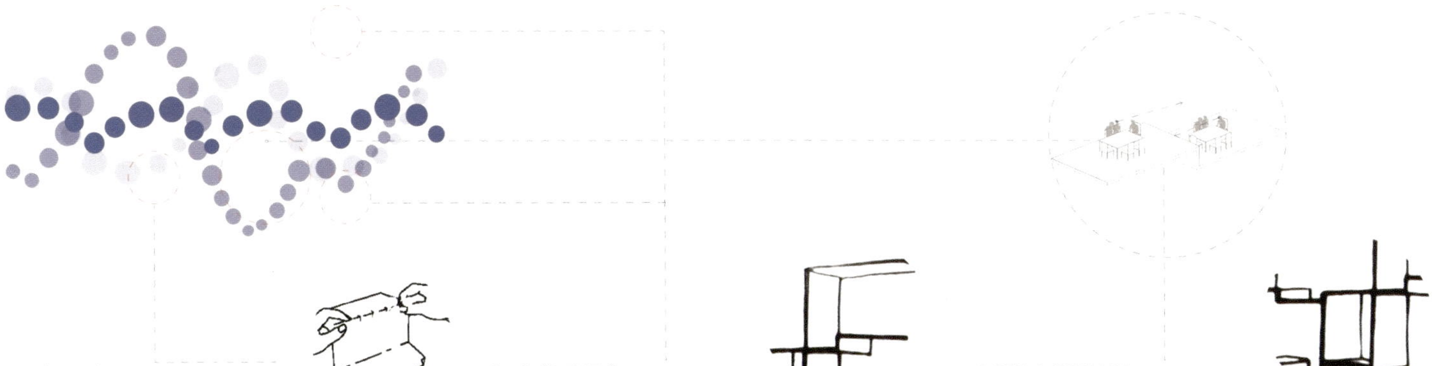

접다(FOLD)

여기서, 개개인의 다른 리듬을 표현하고자 하는 방법으로는 '접다' 를 이용하여, 개개인의 개성을 담아내고 그곳에서 사람들의 이야기를 풀어낼 수 있으며, 또한 겹쳐지고 넓어지는 공간에서는 소통할 수 있는 공간으로 설정하였다.

좁은 공간은 밥을 먹을 수 있는 홀(hall)의 개념으로 사용되고, 넓은 공간은 미팅룸으로 활용되면서 가족단위 혹은 레시피를 공유할 수 있는 공간으로 사용된다.

높낮이(LEVEL)

모티브인 바이오리듬이 가지고 있는 자유로운 율동성과 역동성을 그대로 표현한다. 다양한 높낮이를 가지고 있는 판을 이용하여 만들어진 공간속에서 다양한 바이오 리듬을 가진 사람들의 소통을 이루어 낸다.

레벨 차이는 공간에서만의 차이가 아니라 고객들의 개성의 차이, 가족단위의 세대차이 등을 표현하기도 한다. 이러한 차이를 조화롭고 서로 소통할 수 있게 공간을 구성하였다.

OPEN & PRIVACY

'접다' 를 공간에 적용하게 되면서 생긴 공간의 높낮이에 의해 공간이 나뉘어 지고, 오픈된 공간을 통해 서로의 시선이 교차하기도 하며, 차단되어 프라이버시를 어느 정도 지킬 수 있는 공간이 되기도 한다.

서로 접히면서 교차된 판들이 서로 오픈되어 있으므로, 각 공간에서 판의 흐름이 보이기도 하면서 고객에게 공간에 대한 흥미를 유발할 수 있다.

Plan

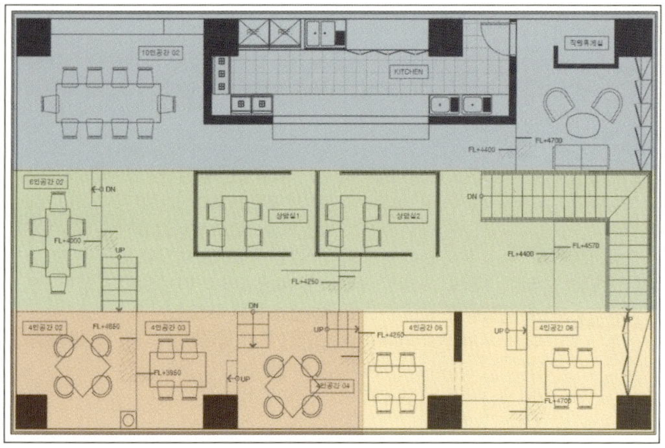

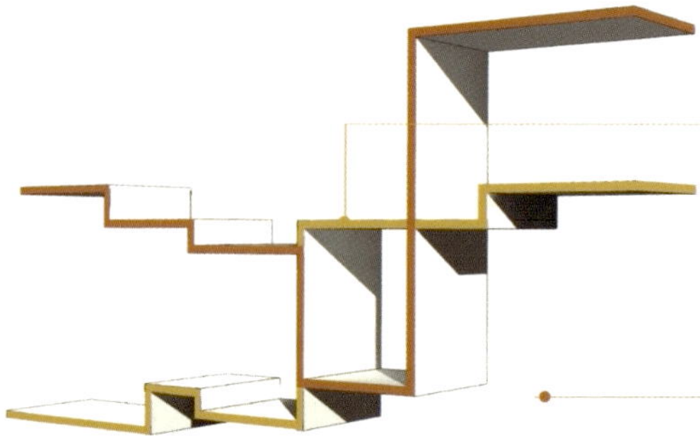

B1F,1F - Section 01

이 부분은 주로 레벨차가 있는 바닥에서 식사가 이루어 지는 공간으로, 각 공간마다 단 차이가 있어 고객들의 식사가 이루어 지는 동안에 서로 다른 시선들이 교차되기도 하고 차단 되기도 한다.

고객이 들어오자 마자 접하게 되는 로비(lobby)개념의 공간으로, 자신의 예약상황을 확인하거나 접수하는 공간이다. 그리고 1F으로 올라갈 수 있는 계단과 주 통로가 되는 Section 02를 접하게 되는 공간이다.

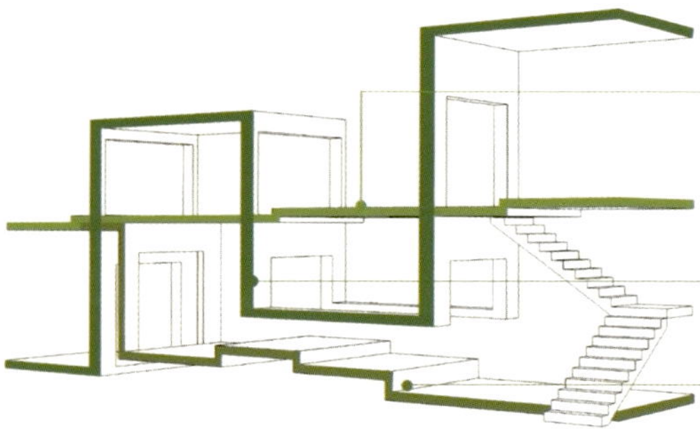

B1F,1F - Section 02

상담실 공간으로, 개개인의 알레르기나 병으로 인해 먹지 못하는 음식들을 체크하고 그것들을 대체할 수 있는 음식을 상담하는 공간이다.

접혀진 판이 다른Section보다 하나 더 가면서 고객들이 그 판을 지나가고, 시각적으로도 우리공간의 특징이 잘 드러나게 된다.

주로 이동 통로로 쓰이는 공간으로 Section 01 과 Section 03으로 이동할 수 있다.

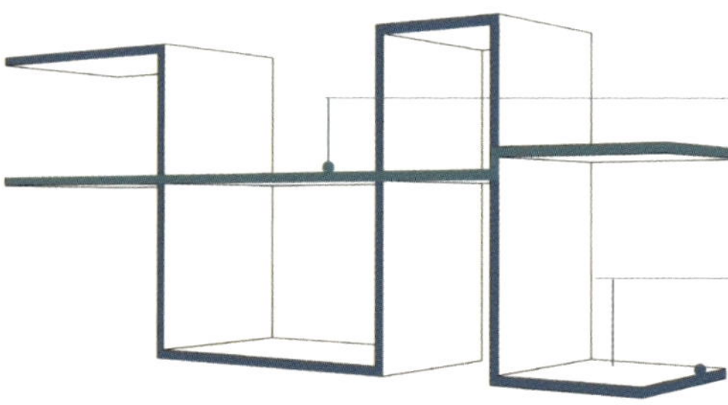

B1F,1F - Section 03

레스토랑의 메인주방으로 예약되어 미리 주문된 요리들이 만들어지는 공간이다.

레스토랑에서 맛본 음식들을 집에서도 만들어 먹을 수 있도록 레시피를 배울 수 있고, 또한 서로 다른 음식 조리법과 그에 대한 팁을 공유할 수 있는 공간이다.

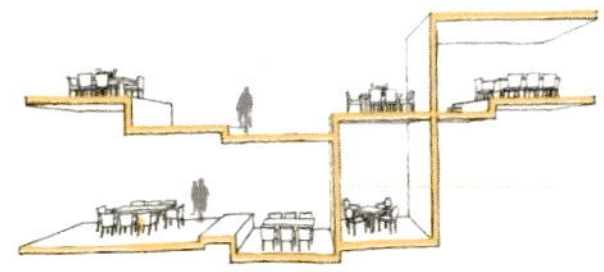

Restaurant

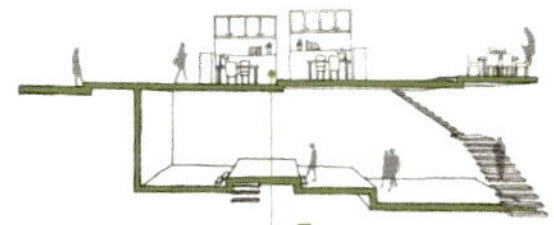

Counseling center

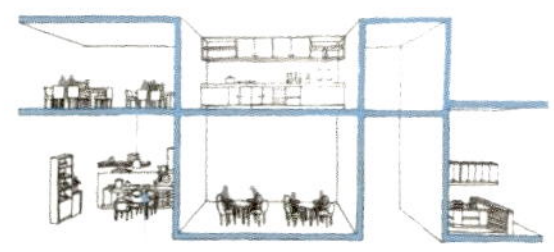

Recipe

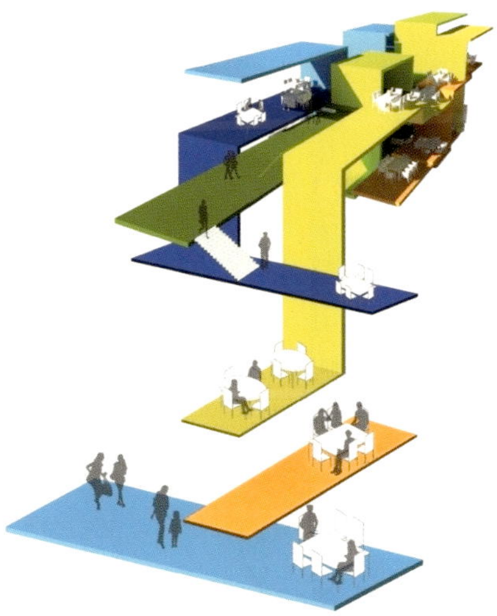

채지연 | Chae Ji-Yeon, 임정연 | Lim Jeong-Yeon

Sewing the Space

;공간을 꿰매다

Background

불경기로 인해 과소비를 지양하는 움직임이 시작되면서 새로 옷을 사는 것보다는 저렴한 리폼을 택하는 경우가 늘고 있다. 경제적인 이유를 떠나서 옷에 담긴 추억과 이야기는 쉽게 버릴 수 없게 된다. 옷장에 쌓인 옷더미만큼 추억도 쌓여가는 것이다. 리폼샵에서는 이러한 옷들을 끄집어내어 아름다웠던 추억을 오늘로 불러오는 작업을 한다.

Purpose

젊은 디자이너들이 많이 모여 있는 홍대에서 디자이너들과 고객들의 소통을 통해 디자이너들의 발전을 돕고 디자이너를 꿈꾸는 고객들에게도 기회의 장이 될 수 있는 공간이 될 수 있도록 기획했다.

Target

20~30대 고객들과 디자이너
– 소통을 중요시하는 공간

리폼샵을 찾는 고객과 디자이너간의 소통을 중요시하는 공간이다. 젊은 예술인들이나 모든 연령층에게 '리폼'이라는 매개체로 소통의 장을 마련해줌과 동시에 그들 모두가 타겟이 된다.

Site Analysis

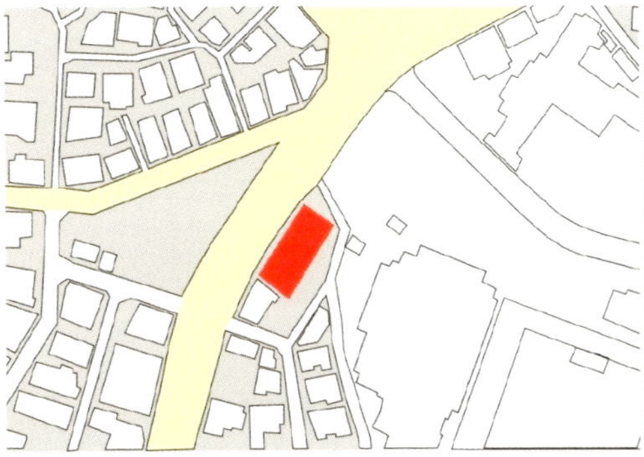

서울 마포구 서교동 360-2
면적 : 각 층 당 22000*13200 약 80평

홍익대학교 앞에 위치한 사이트는 젊은 감각의 예술인들이 집중된 지역으로, 건물에 경사가 있으며, 주변에 나무가 있다. 주로 홍익대학교 학생들의 동선이 잦다. 또한 지하철역과 가까우며, 차도와 근접해 교통이 편리하다.

Design concept

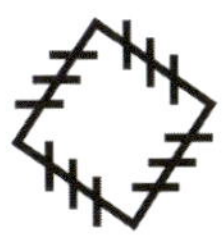

패치워크[patchwork]
:여러 가지 색상, 무늬, 소재, 크기, 모양의 작은 천 조각을 서로 꿰매어 붙이는 것이다. '패치워크'라는 컨셉을 공간에 적용시켜 '공간을 꿰맨다'는 의미로 발전시켰으며, 공간뿐만 아니라 다양한 사람들이 공간 안에서 하나가 되어 소통한다는 의미로까지 확장시켰다.

Motive

실, 바늘이 천을 꿰매 연결하는 것처럼 계단, 통로가 매개체 역할을 하여 공간과 공간을 꿰매어준다.

Concept process

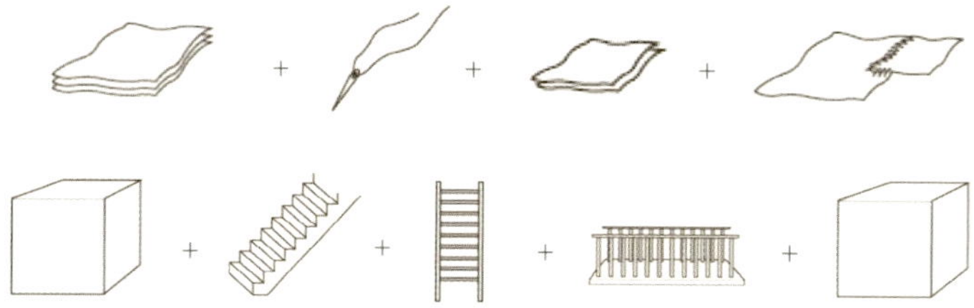

패치워크가 여러 가지 다른 종류의 천을 바늘과 실로 꿰매듯이 서로 모양이 다른 공간들을 계단이나 통로로 연결시킨 공간을 구성하여 디자이너들과 고객들 간의 소통이 원활하게 이루어질 수 있도록 하였다.

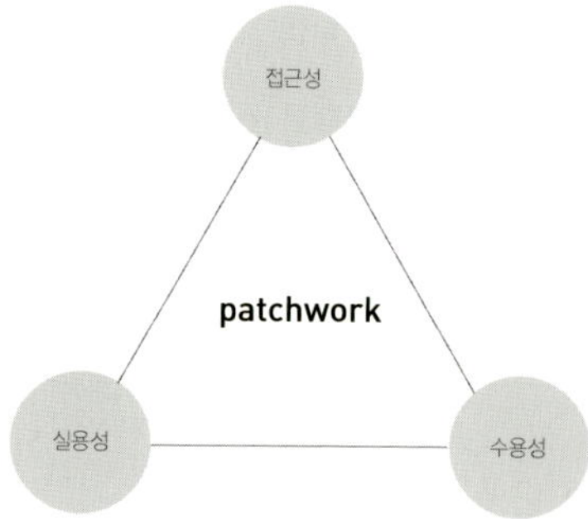

Space programing

접근성

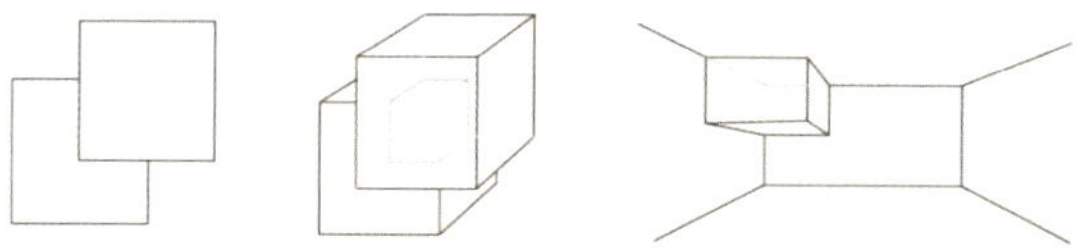

천이 겹쳐진 모습에서 공간이 겹쳐진 모습으로 발전시켜 두 공간의 접근성을 높였다. 위치적으로 가까운 공간들을 겹쳐 두 공간의 동선을 짧게 해서 소통이 쉽게 이루어지도록 한다.

실용성

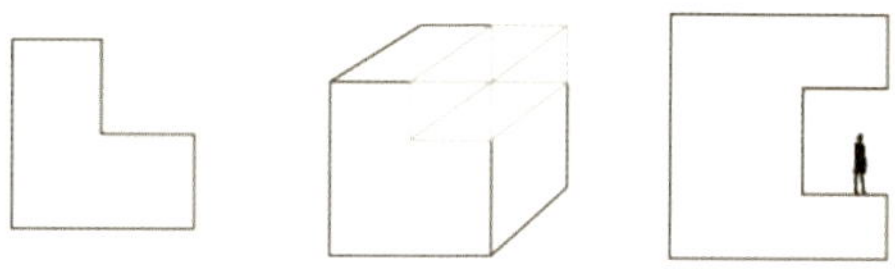

패치워크의 오려내는 성질을 공간에 적용하여 공간을 변형시켰다. 모서리가 잘려나가거나 꺾이는 모양으로, 이러한 여러 가지 모양이 내부에서는 책상, 의자 등으로 사용될 수 있다는 실용성을 가진다. 또한 잘려나간 부분을 통해 빛과 공기가 유입된다는 장점도 있다.

수용성

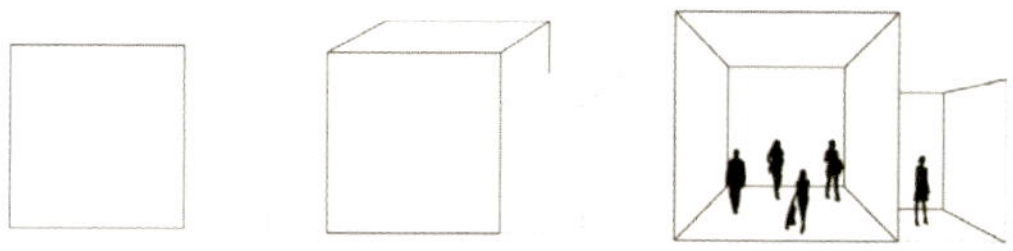

수용 가능한 인원에 따라 큰 공간과 작은 공간으로 나누어진다. 먼저, 큰 공간은 소통을 목적으로 하는 사람들을 위한 공간이고, 작은 공간은 독립적인 공간으로 혼자 작업하는 사람들을 위한 공간이다.

User circulation

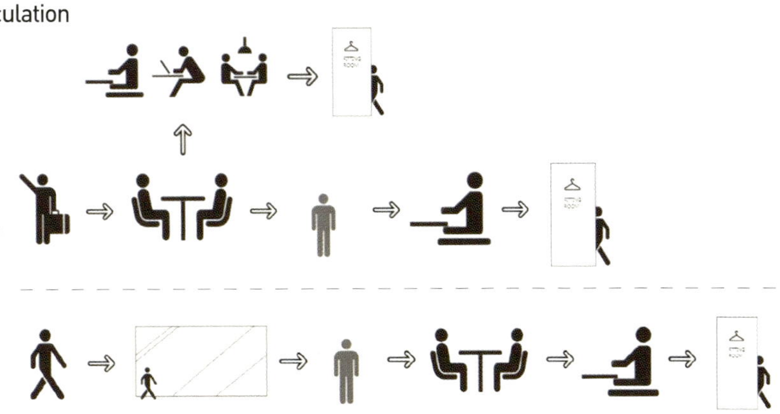

고객 동선에 따른 층별 공간배치

일반고객

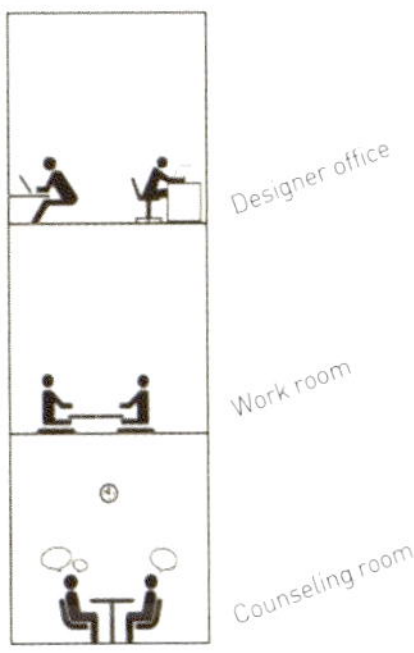

목적을 가지고 리폼샵을 찾은 고객들은 상담실을 먼저 들려 상담을 받고 작업실로 가서 작업을 하고 리폼된 옷을 피팅해보거나, 시뮬레이션 체험 룸으로가서 리폼될 옷을 미리 입어본다. 시뮬레이션 체험을 한 고객들은 작업을 한 뒤 피팅룸으로 간다.

행인

지나가는 행인들은 리폼을 할 목적으로 온 것이 아니므로 처음에 시뮬레이션 체험이나 터치스크린에 흥미를 가지고 접근하게 된다. 체험을 한 행인들은 본격적으로 상담을 받고 작업을 한 뒤 리폼 된 옷을 피팅한다.

Image

2층의 디자이너 오피스 내부모습이다. 내부에 들어서면 테라스가 바로 보이며 테라스를 통해 바깥풍경이 보인다. 또한 작업하는 고객과 디자이너의 소통이 가능한 공간이다.

Section

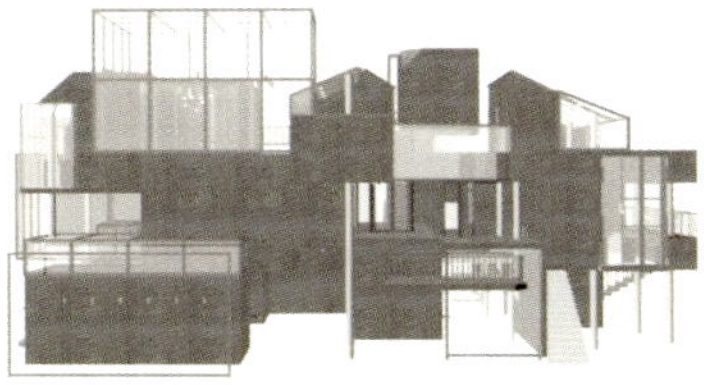

facade

left

right

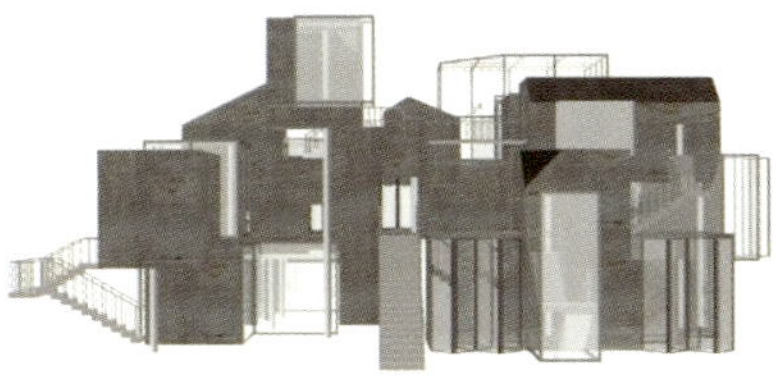

rear

Floor plan

1F

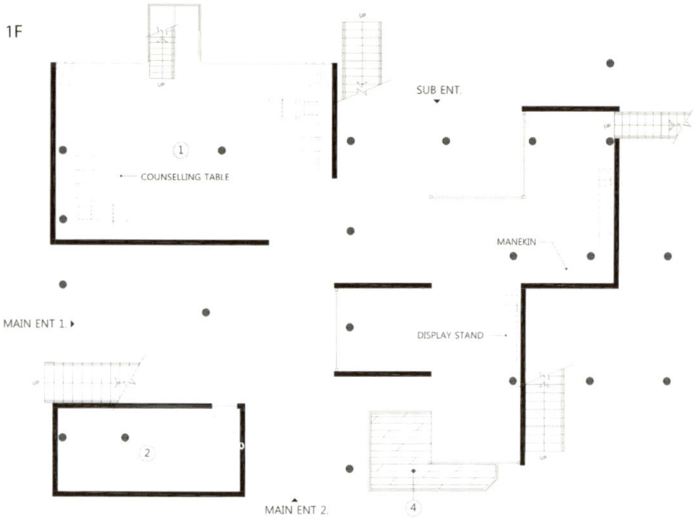

2F

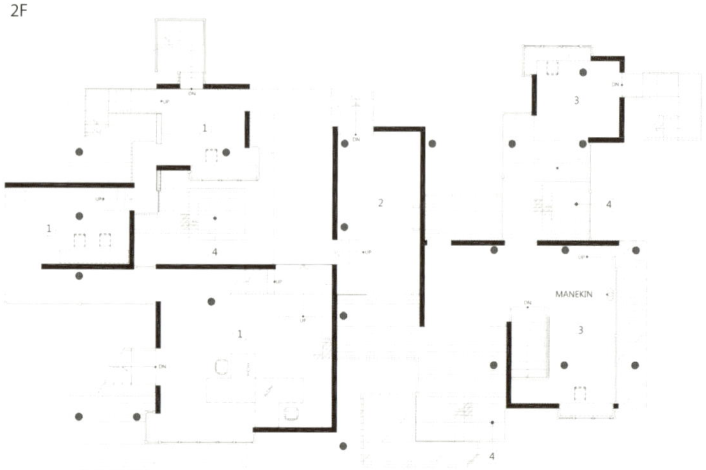

3F

Stair Diagram

2nd

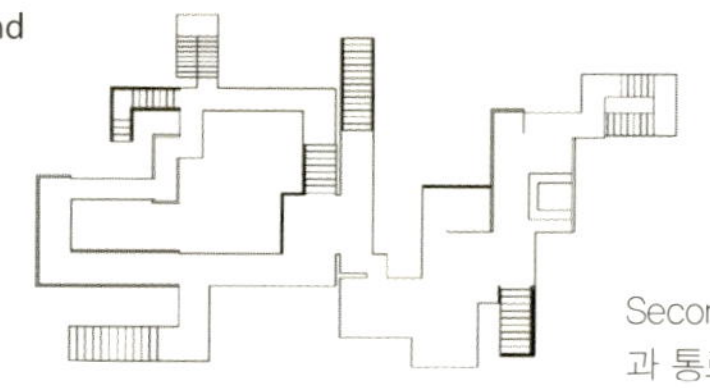

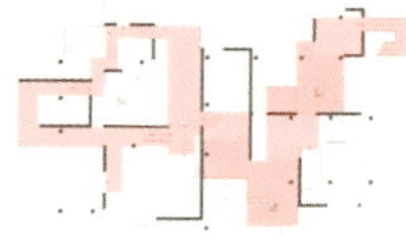

Second floor 〉 공간과 공간을 연결하는 계단과 통로, 테라스 등의 연결공간만을 따로 뺀 모습이다. 모든 공간은 통로로 연결되어 있고, 공간과 공간의 소통을 중요시하는 계획을 구상하여 디자인하였다.

3rd

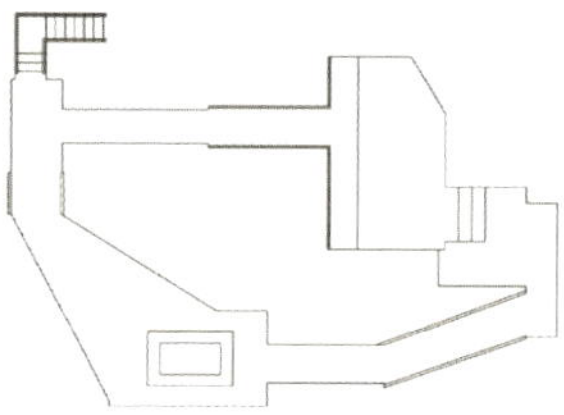

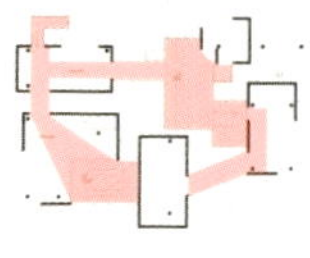

Third floor 〉 통로가 되는 부분이 계단보다는 통로나 테라스의 비중이 더 많다. 고객들이 작업뿐만 아니라 쉴 수 있는 공간이 생긴다.

Ceiling plan

1F

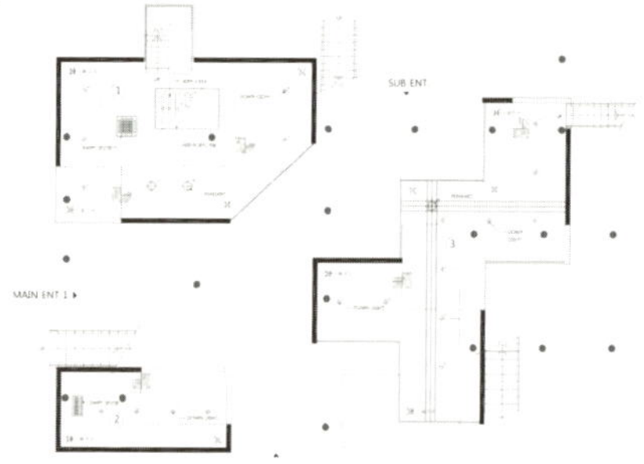

2F

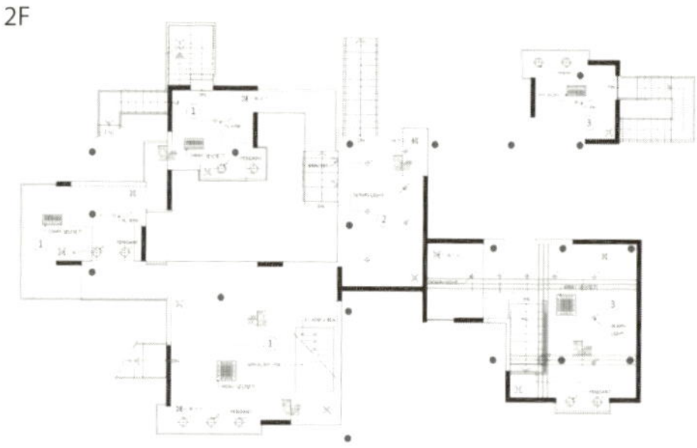

3F

1F
1. COUNSELING ROOM
2. SIMULATION ROOM
3. SHOW ROOM

2F
1. WORK ROOM
2. FITTING ROOM
3. DESIGNER OFFICE
4. TERRACE

3F
1. DESIGNER OFFICE
2. FITTING ROOM
3. WORK ROOM
4. TERRACE

Elevation

2F Designer Office

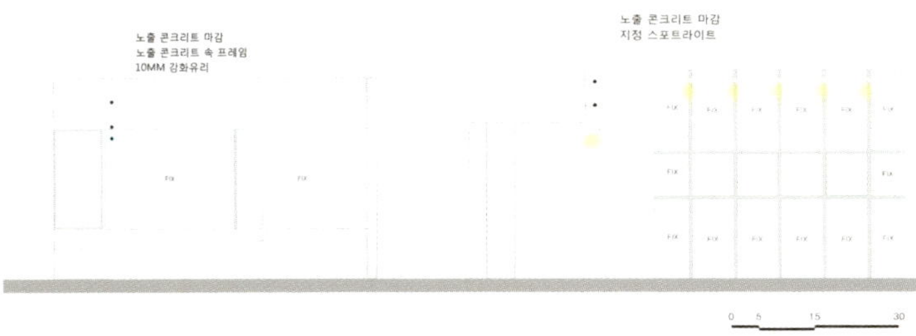

Cross-sectional Diagram

2F Work Room

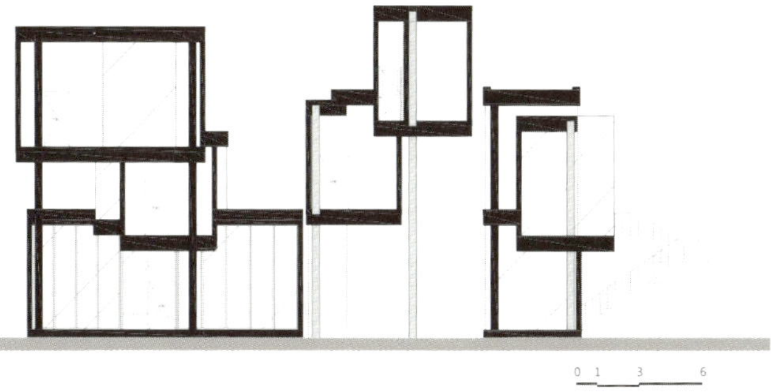

Image

3층의 디자이너 오피스 내부. 테라스의 폴딩도어로 인해 테라스와 내부의 경계가 모호해져 밖과 안의 소통이 이루어질 수 있는 구조가 되게 하였다.

지붕의 깎여진 부분은 테라스에서 앉을 수 있는 공간이 된다. 2층의 옥상과 3층의 통로가 연결되어 실외에서도 공간이 연결되는 것을 보여준다.

2층의 디자이너 오피스의 테라스의 이미지이며 매스의 중간부분을 오목한 형태로 각지게 깎음으로써 자연스럽게 테라스가 만들어지도록 했다.

1층의 쇼룸으로 고객들이 제일 먼저 접하는 공간이다. 조명이나 선반 등이 천정의 구조물과 조화되는 선적인 디자인으로 디스플레이 했다.

최승민 | Choi Seung-Min , 정한울 | Jeong Han-Ul

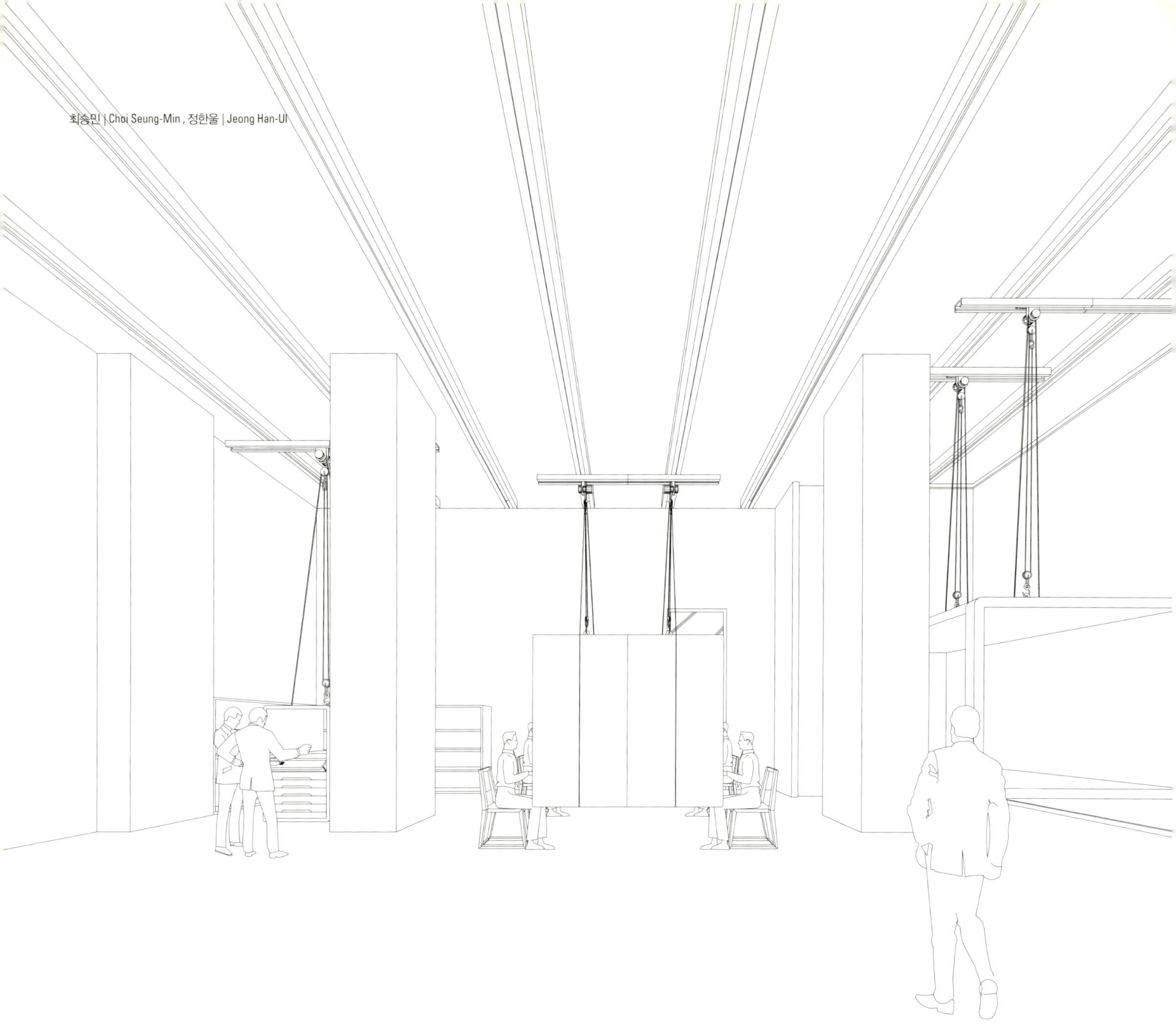

Type

Site

seogyo-dong
mapo-gu

Seoul, Korea

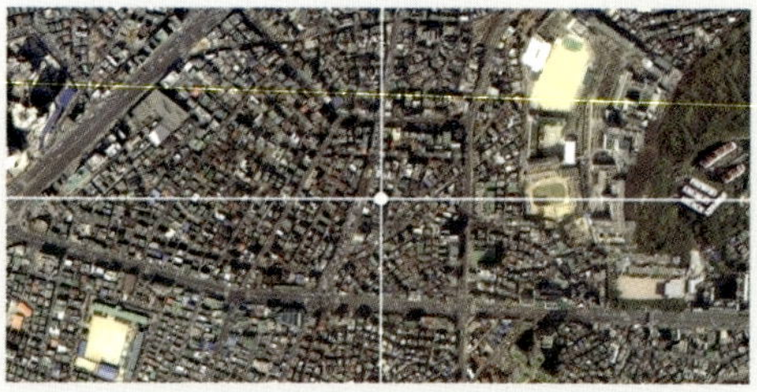

open offce

기존 office의 막혀있는 구조를 벗어나 내부 뿐만 아니라, 외부와의 적극적인 호흡을 추구하는 창의적인 사무공간

aA design museum

오픈 오피스의 기본적인 입지 요건은 유동인구에 개의치 않는, 열린 공간의 장소성에 있다. 때문에 creative한 장소성을 갖는 마포구 서교동 홍익대학교 인근에 위치한 aA design museum을 부지로 선정하였다.

THINKING CLOUD

디자인에 있어 창의적인 아이디어와 표현방법은 불가분의 요소이다. 획기적인 아이디어는 사고와 더불어 활발한 커뮤니케이션을 기반으로 하며, 이를 위한 공간은 정형화된 틀에 갇혀있지 않아야한다. 사용자의 의하여 변경이 가능하고 확장되어지는 공간. 정적인 사무공간에서 벗어나 이동 가능한 가구들과 파티션으로 휴식과 사무의 경계를 허물 수 있는 공간이 필요하다. 그 공간을 실현시키기 위한 구조와 재료에 대한 질문을 던지며, 사용자를 따라다닐 수 있는 구름 [thinking cloud] 과 같은 공간 시스템을 제안한다.

Condition

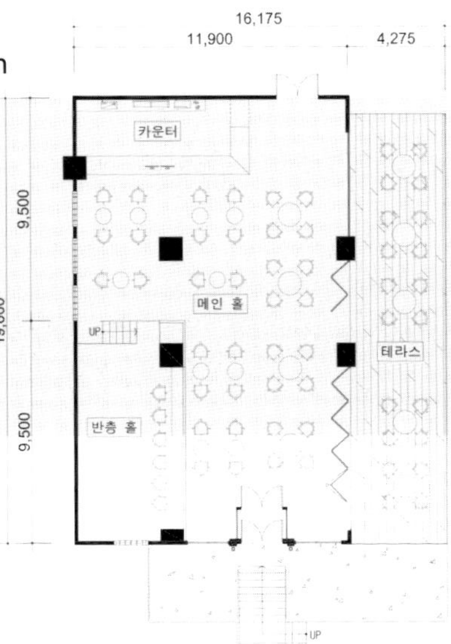

1st floor

aA design museum의 컨디션은 높은 7m에 달하는 높은 층고와 넓은 테라스 공간을 가지고 있어 채광과 공간 변경의 기회에 유리하다. 높은 층고를 활용하여 가변적이고 확장될 수 있는 시스템을 갖춘, 진정한 의미의 creative 오피스 공간 창출을 추구한다.

User analysis

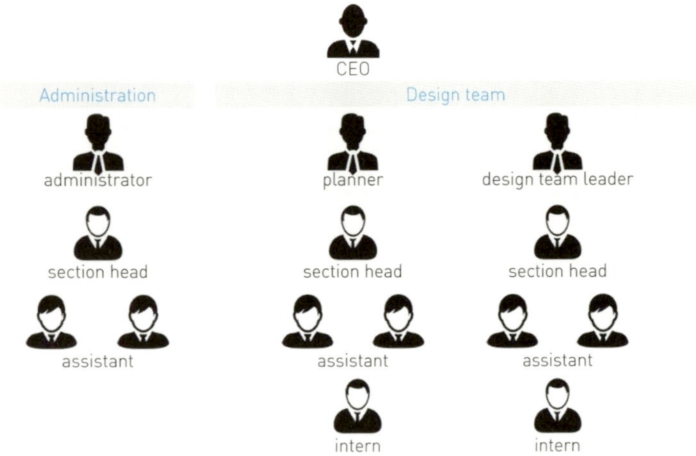

advertising design offce

광고 디자인 회사는 크게 경영팀과 디자인팀으로 나뉜다. 디자인팀은 다시 기획 부서와 디자인 부서로 나뉘며, 두 부서는 밀접한 관련이 있다. 기획 부서와 디자인 부서는 공적 공간의 사용을 추구하며, CEO실과 미팅룸, 경영팀의 사무공간은 사적인 공간을 필요로 한다.

Space progamming

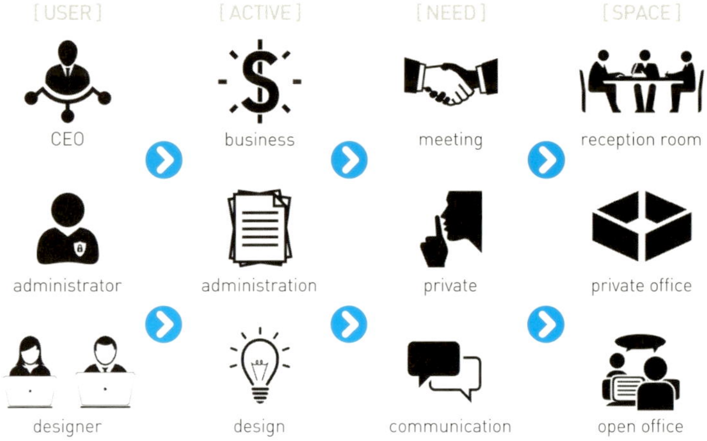

open & private

CEO와 경영팀은 paper work 중심의 활동으로 사적이고 조용한 공간을 원한다. 그에 반해 디자인팀은 원활한 커뮤니케이션을 위해 오픈 오피스를 추구한다. open & private 두가지 요건을 모두 충족시키기 위해 void와 solid의 완급 조절과 상황에 맞는 평면의 변화가 가능한 공간이 필요하다.

Motive

variable cloud

구름은 기류에 따라 상승, 하강을 할 뿐만 아니라, 기압에 따라 팽창, 수축을 하는 등 정해진 형태가 없는 것이 특징이다. 이러한 구름의 특성처럼 공간의 수직/수평적 가변성과 확장성의 초점을 맞추어, 형태의 변형/확장에 따라 기능까지도 따르는 사무공간을 지향한다. 공간을 띄움으로써 자유로운 배치가 가능하며, folding furniture의 활용으로 동일 면적 대비 공간의 효율성 최대화를 기대할 수 있다.

Keyword

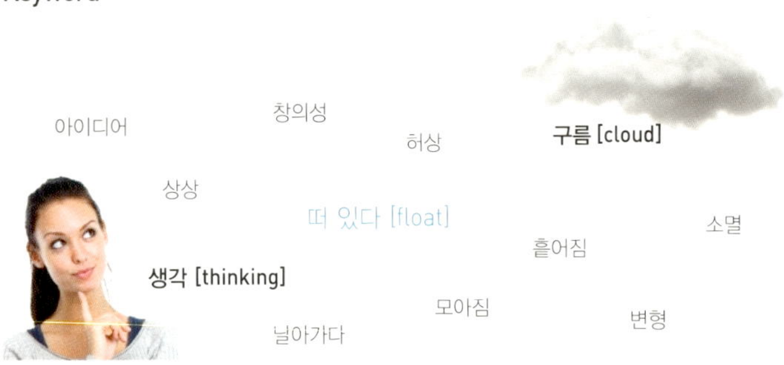

Process

Floor plan

office mode-1

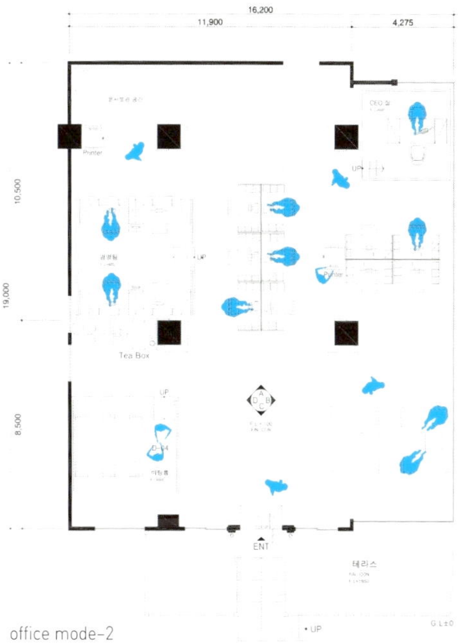

office mode-2

office mode-1

평상시 주로 사용될 사무 모드는 여느 회사와 같은 고정된 배치가 아니라, 하루에도 몇번이고 손쉽게 배치를 바꿀 수 있는 것이 특징이다. 진행중인 프로젝트와 작업에 따라 원하는 사원끼리 삼삼오오 모여 소규모 회의를 진행하는 등 원활한 커뮤니케이션을 유도할 수 있다. 미팅룸, CEO실, 경영팀은 기본적으로 사적인 공간을 추구하지만, 시각적으로는 스스로 열고 닫을 수 있도록 하였다.

office mode-2

사용자에 의해 자유로운 평면의 layout 변경이 가능하기에 사실상 평면도의 의미는 크지 않다. 기본적인 레일 이용의 메뉴얼을 제공함으로써 사용자들의 혼선을 방지한다. 공간을 채우는 요소는 천정의 레일을 이용하여 자유롭게 이동이 가능한 요소와 파티와 휴식에 사용될 이동식 가구로 분류되어 평면의 변화가 일어날 때, 보다 효율적인 배치가 가능하도록 하였다.

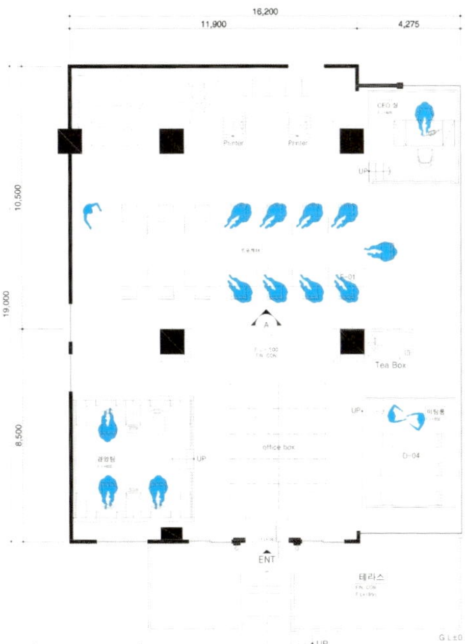

conferencece mode

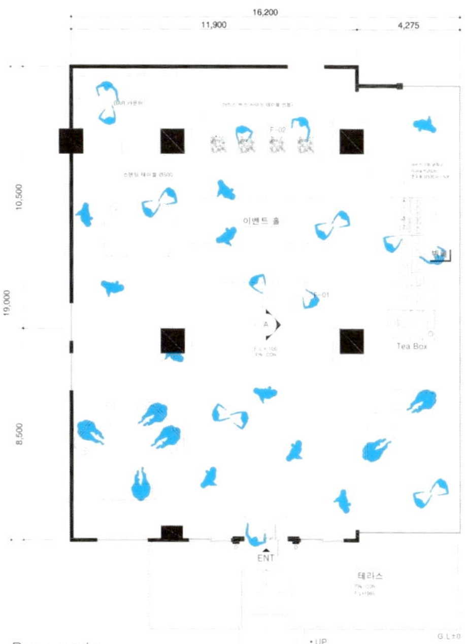

Party mode

conference mode

광고 디자인 회사는 잦은 회의와 시연이 이루어지는 것이 특징이다. 회의와 시연이 이루어질 때 비워지는 사무공간을 생각한다면, 사무공간과 따로 회의실과 시연실을 둔다는 것은 공간의 낭비다. 이 공간에서는 회의실과 시연실이 따로 없다. 사무공간이 천정으로 올라가고 기둥에 설치된 folding desk와 chair를 펼치면 회의실이 완성된다. 프로젝터와 스크린은 천정에서 내려와 시연을 가능케 한다.

party mode

외부인 초청 행사 / 파티가 진행될 때 모든 사무공간은 천정으로 올라간다. 사무공간이 위치하던 공간에는 파티에 초대된 사람들과 회사원들이 자유롭게 파티를 즐길 수 있는 공간으로 탈바꿈한다. 천정으로 올라간 사무공간 하부에는 조명 기능이 있어, 팬던트 조명으로 활용 가능하며, 행사와 파티의 분위기를 더한다.

Axonometric

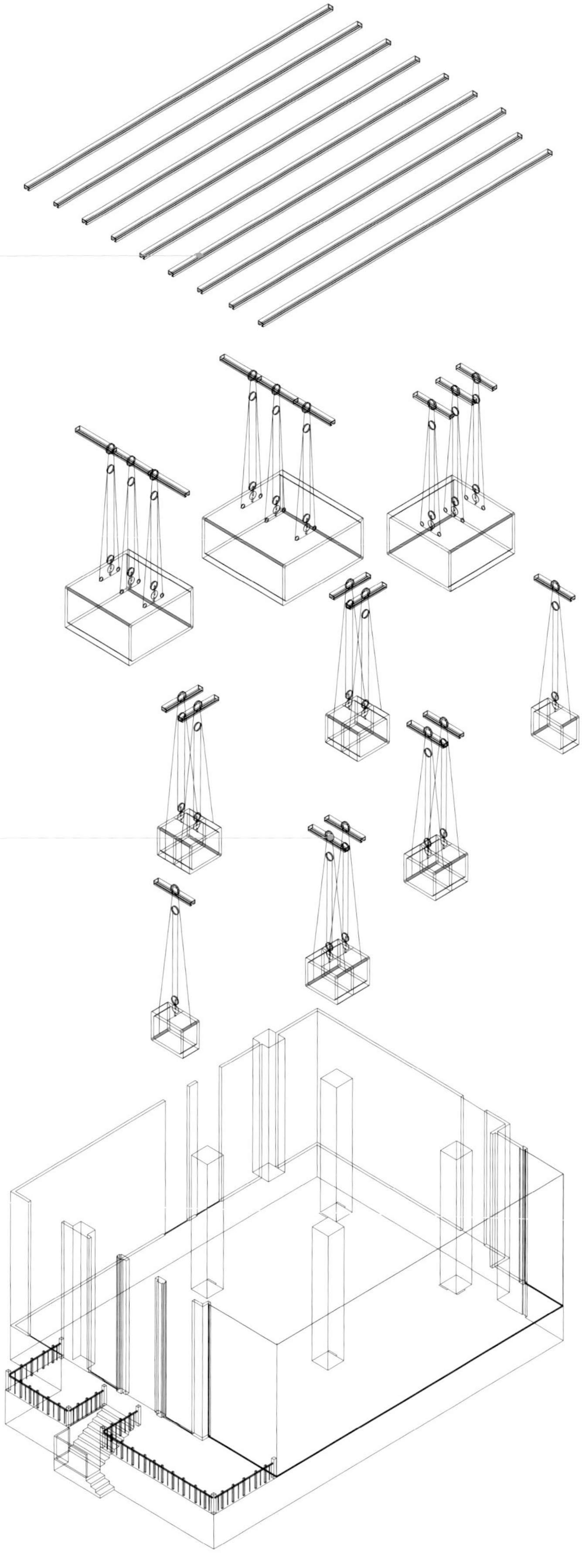

fixed rail

천정 최상부에는 9개의 고정레일이 위치하고 있다. 고정레일은 무빙레일이 자유롭게 이동할 수 있게 도와주는 기초적인 뼈대 역할을 한다.

moving rail

고정레일 하부에는 무빙레일이 위치한다. 개인 사무공간과 공용 사무공간이 어느 곳으로든 이동이 가능하도록 하는 기능을 하는 핵심적인 구조물이며, 그 하부에는 전동윈치와 도르래 설비로 구성되어 공간을 끌어올리고 내리는 기능을 한다.

Perspective view

01 office mode

하부에 설치된 LED 등박스 형태의 지지대는 불안정한 hanging 상태의 office box를 잡아주는 역할과 동시에 구조체가 가벼워 보일 수 있는 효과도 얻을 수 있다.

02 party mode

모든 사무공간이 천정으로 올라가면 사무실 내부는 일반 사무실의 천정고에 해당하는 컨디션으로 변경된다. 일반 사무실과 천정고는 같지만 일부가 void된 천정은 solid의 천정과는 달리 개방감과 공간감을 제공한다.

03 conference mode

회의중에도 미팅룸과 CEO실, 경영팀의 사무공간은 평소 사무모드와 같이 활용할 수 있어 공간의 효율성이 뛰어나다.

강민지 Kang Min-Ji

SEWING FACTORY

소잉 팩토리는 단순히 재품을 판매하는 쇼핑매장이 아니고 일상 생활 속의 다양한 패브릭 DIY작품을 직접 만들고 체험하여 나아가 자신만의 라이프 스타일로 창조할 수 있는 복합 문화 공간으로 재봉에 관한 교육 프로그램, 재봉관련 부자재 및 재봉기까지 재봉생활에 대한 모든 것을 제공하는 새로운 형태의 복합 서비스 브랜드이다.

각자의 무늬로 공간의 패턴을 만든다.

물건에 깃든 나의 무늬를 찾아 볼 수 없는 요즘, 퀼트의 천 조각을 마르고 꿰어서 잇는 작업은 공을 들여야 하는 작업이지만 그로 인해 진정한 힐링과 마음의 안정을 얻을 수 있다. 그래서 한 땀 한 땀 우리 이야기를 엮는 공간을 제안한다. 저마다의 인생을 살아온 이들이 모여 앉아 조각 천들을 이어가며 아름다운 조각 이불을 완성해가는 퀼트처럼 자신의 이야기를 완성해가는 동시에 다른사람과의 이야기를 이어주는 공간이자 사람들의 이야기로 변화하는 공간이 필요하다고 느꼈다.

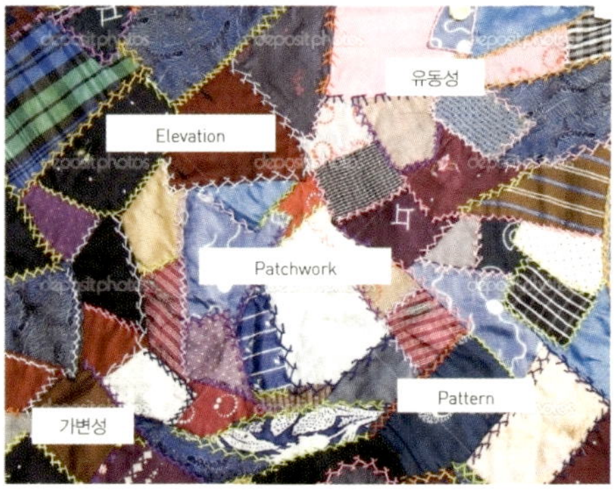

연희동 남쪽에 위치하여 연남동이라 불리며 예술가의 동네인 홍대가 화려하고 시끄러운 상업화가 될 만큼 되어 버려 90년대의 홍대를 그리워하는 젊은 예술가들이 연남동에서 그들의 갈증을 해소하고 있다. 연남동은 화려하고 크나큰 건물들 대신 그들의 감성을 골목골목 사이에 물들이고 있나. 동네가 가진 소박하고 소소하고 향을 유지한 채로 20년 된 세탁소 옆 주민들을 위한 갤러리가, 주택 사이 살며시 끼여진 공방들, 문 닫은 재래시장 건물에 숨겨져 있는 아기자기한 카페들, 지나가면 고소한 냄새가 코를 찌르는 옛날 방식 그대로 깨를 볶아 참기름을 짜는 기름집 옆 향긋한 원두커피를 볶아 커피를 내리는 카페가 있다. 오랜 골목의 주인들과 새롭게 둥지를 튼 젊은 이주민들의 공존 모습까지 서로의 존중과 배려가 있는 동네이다. 두 개의 시간이 얽혀 만들어 내는 묘한 풍경이 일상이 되어 흐르는 곳에 반해 연남동으로 SITE를 정하게 되었다.

시간을 만나는 곳, 연남동

서울 마포구 연남동 동교로41길 10번지
면적 0.65k㎢
인구 9,287세대 (19,092명)
교통 홍대역 3,4번 출구로 나와 도보 5~10거리에 위치

Problem & Solution

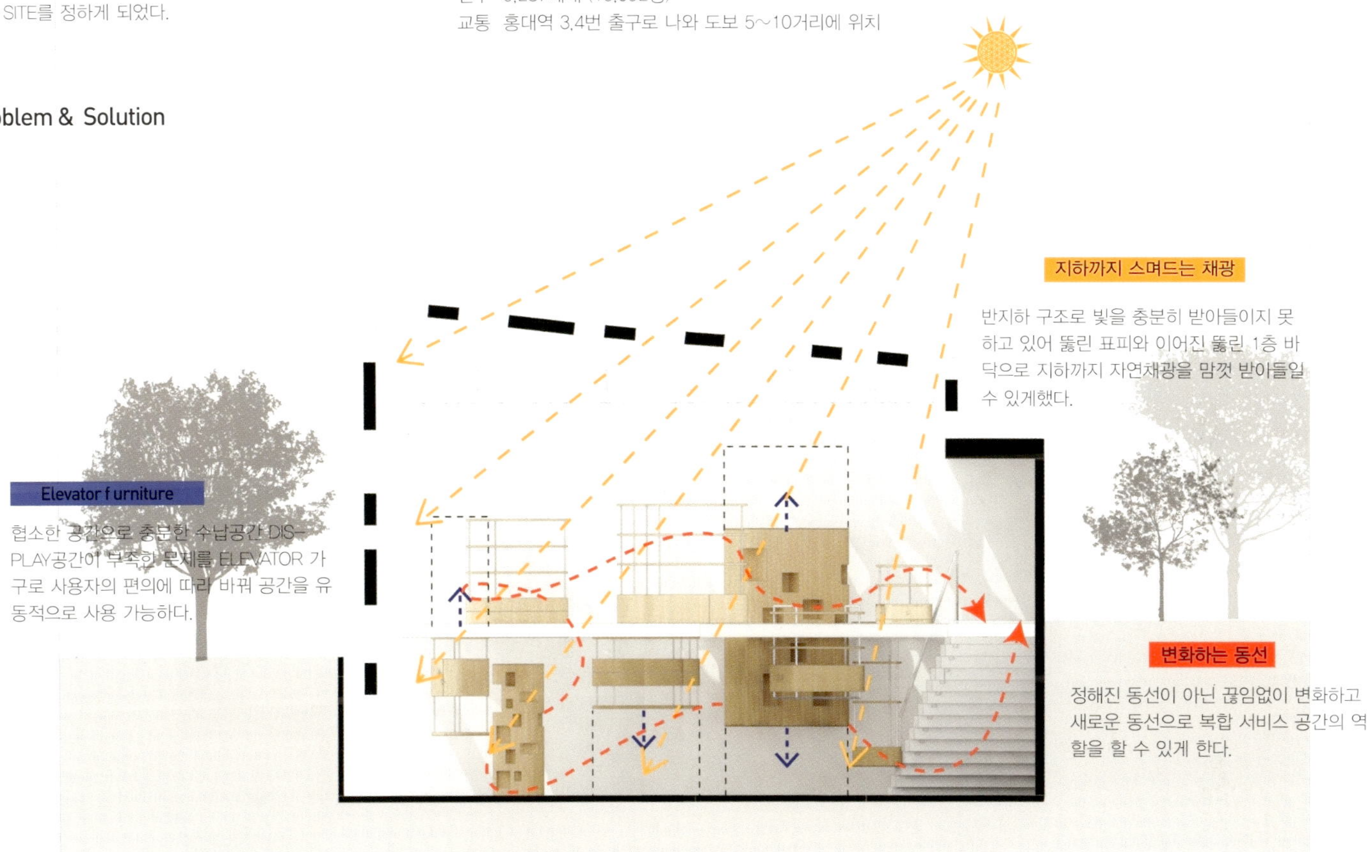

공간을 퀼트하다.

퀼트의 한 방법인 패치워크 패치라 함은 '이어 붙이기' 란 뜻으로, 쓰다 남은 천이나 쓸 수 있는 헌 천을 형지대로 재단하여 기하학무늬나 어떤 다른 무늬로 배색효과를 살리면서 이어 붙여 큰 깔개 · 베드 커버 · 이불 등을 만드는 것을 의미한다. 소잉 팩토리에서 하나로 연결된 실을 통해 저마다의 인생을 살아온 이들이 모여 앉아 자신의 삶의 무늬와 다른 사람과의 무늬와 섞여 새로운 아름다운 패턴을 완성한다. 공간도 마찬가지로 작은 천 조각들의 이어붙여짐에 따라 생겨난 공간에서 조각으로 인해 공간의 유동성과 가변성을 가지게 된다.

패턴 형성과정

새로운 패턴의 유동성

사용자의 스토리에 기반하여 변화하는 유동적인 공간. 자유로운 확장과 공간의 전환을 통한 기능의 변화를 수용. 다기능으로 경제적인 공간 활용 가능

각 조각의 개체성

가구로 인해 변화한 공간은 변동되는 새로운 흐름이 있는 공간으로 각각의 상품 진열장과 가구들의 독특성과 개체성이 유지

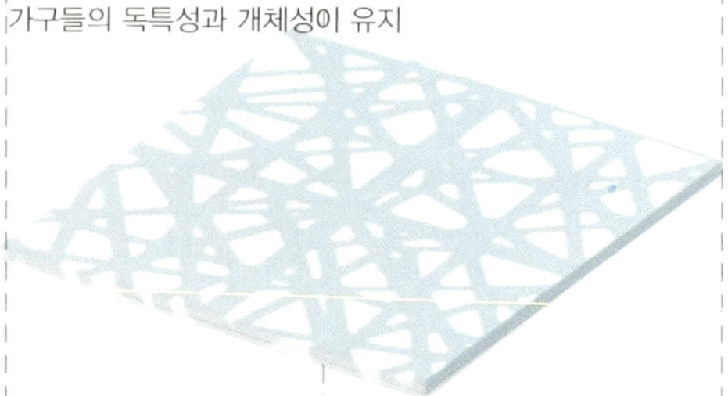

빛에 의해 만들어진 패턴

각각의 무늬를 완성해가는 공간이자 무늬들로 새로운 형태의 아름다운 무늬를 만듦

Concept diagram

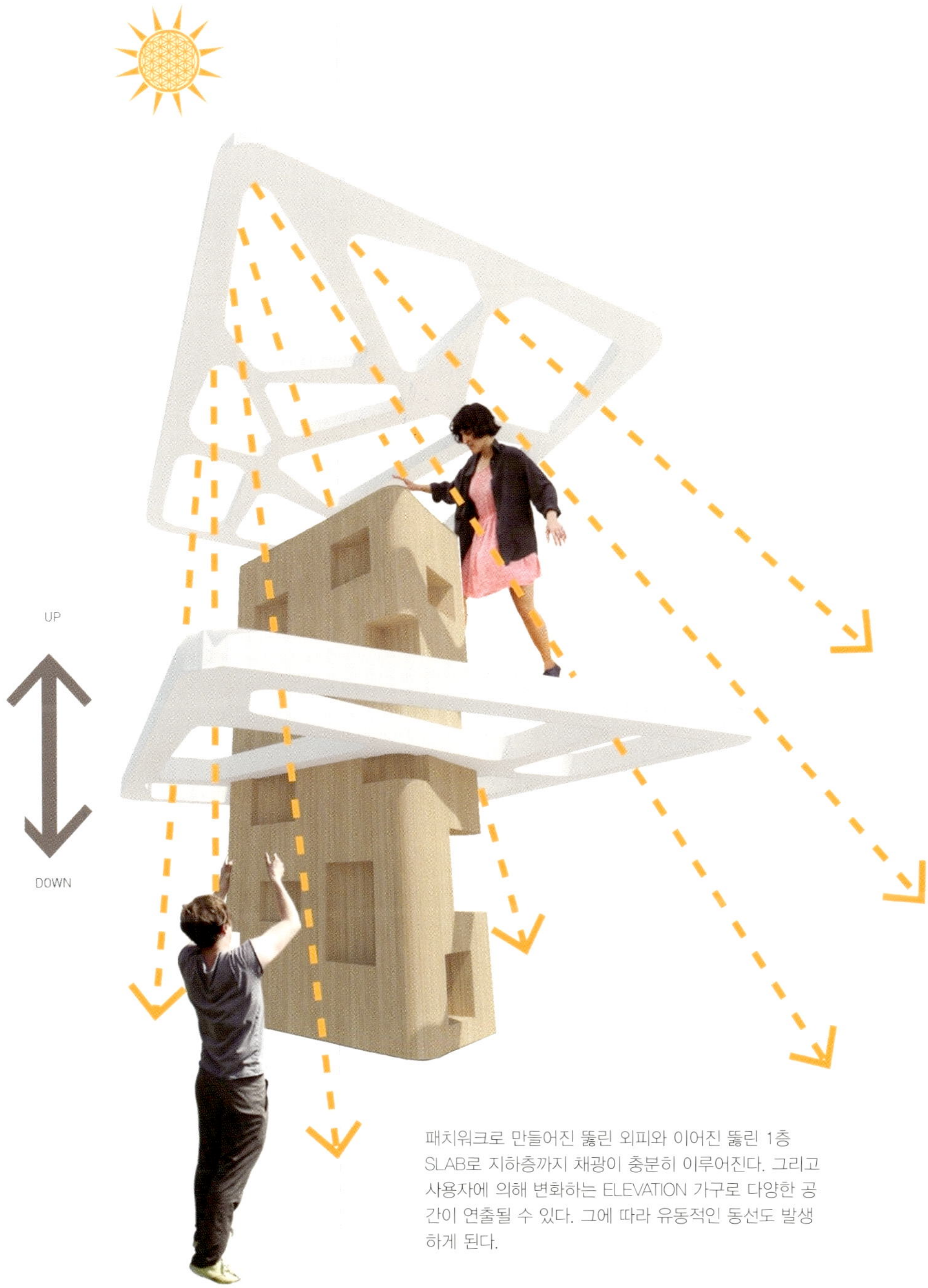

패치워크로 만들어진 뚫린 외피와 이어진 뚫린 1층 SLAB로 지하층까지 채광이 충분히 이루어진다. 그리고 사용자에 의해 변화하는 ELEVATION 가구로 다양한 공간이 연출될 수 있다. 그에 따라 유동적인 동선도 발생하게 된다.

Plan

1F PLAN

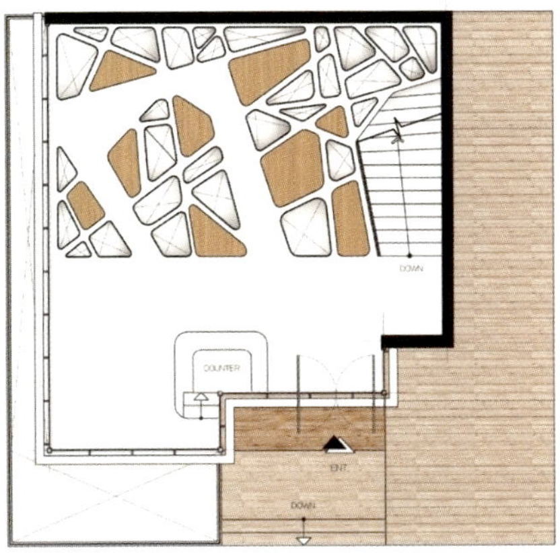

B1F PLAN

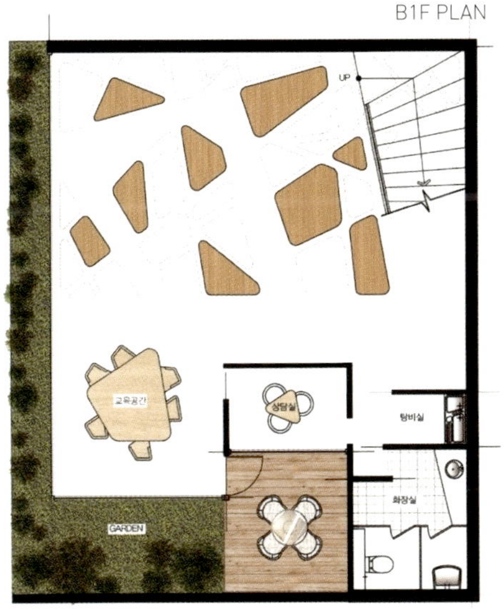

Elevatrion

동선 Application 및 가구 Detail

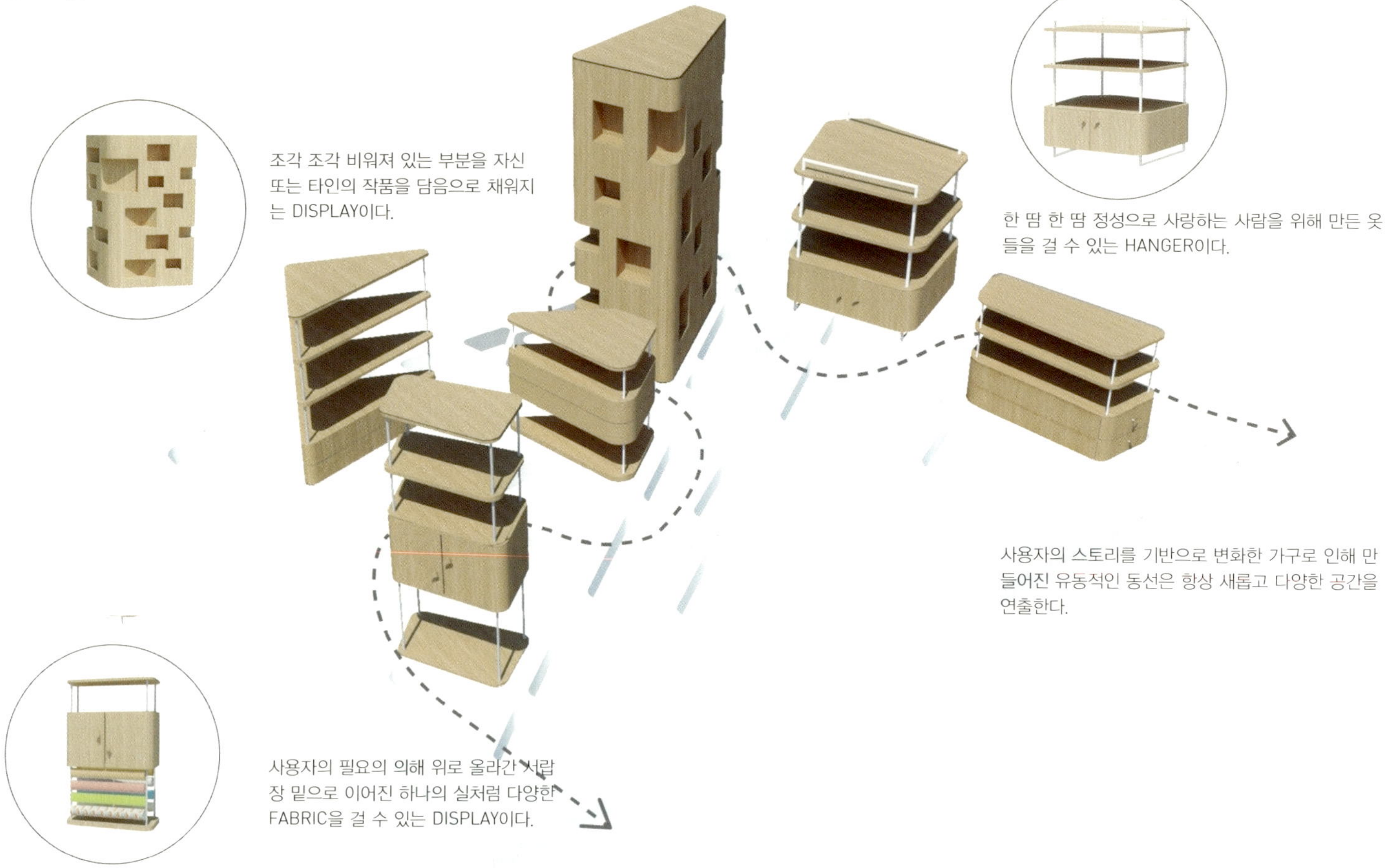

조각 조각 비워져 있는 부분을 자신 또는 타인의 작품을 담음으로 채워지는 DISPLAY이다.

한 땀 한 땀 정성으로 사랑하는 사람을 위해 만든 옷들을 걸 수 있는 HANGER이다.

사용자의 스토리를 기반으로 변화한 가구로 인해 만들어진 유동적인 동선은 항상 새롭고 다양한 공간을 연출한다.

사용자의 필요의 의해 위로 올라간 서랍장 밑으로 이어진 하나의 실처럼 다양한 FABRIC을 걸 수 있는 DISPLAY이다.

모바일 가구들로 끊임없이 변화로 유동적이 흐름을 느끼며 교육받는 사람들, 구매하는 사람들, 구경하는 사람들이 쉽게 자유롭게 어우러지는 공간이 된다.

뚫린 SLAB로 위에서 아래 층을 바라보는 VIEW이다. 위에서 보면 겹겹이 쌓여 만들어진 새로운 패턴의 그림자를 볼 수 있고, 아래에서 위를 올려다보면 뚫린 외피가 그대로 올라가 프레임 속 하늘을 볼 수 있다.

COUNTER가 SLAB에서 조금 떠 있음으로 COUNTER도 한 조각이 떨어져있는 것처럼 느낄 수 있게 했다. 그 공간에서 판매자와 소비자가 만남으로 사람도 공간도 이어짐을 경험할 수 있다.

반지하임에도 불구하고 천정이 뚫린 외피와 GARDEN으로 자연채광이 충분히 이루어지게 했다.

조각 구멍들이 나있는 파사드 외피로 공간안에서 외부를 한 조각 한 조각 프레임에 담아 볼 수 있으며, 외부에서도 쪼개진 공간을 이어붙인 것처럼 느낄 수 있다.

이혜원 | Lee Hye-Won

共存 [猫 ,ME]

Human& Cats coexisting in the Breathing House.

Background

1인 가구의 증가로 인해 반려 고양이들의 수도 점점 증가하고 있다. 그에 따라 동반되는 사회적 문제도 많아져 가고 있다. 외로움을 달래고자 키우던 고양이들은 부담감에 혹은 다른 이유로 인해 버림을 받게 된다. 또한 1인 가구의 의사소통을 위한 시간과 장소의 부족은 의사소통 결핍으로 이어져 문제가 되고 있다.

Site analysis

서울특별시 서교동 339-22

도보로 5분 거리에 2호선 홍대입구역이 위치해 있고 걷고 싶은 거리와 피카소 거리에 상권이 형성되어 있으며, 먹거리와 패스트푸드, 악세사리, 미용실 등 골고루 업종이 분포되어 있다. 고양이를 위한 시설로는 24시간 운영하는 동물병원이 있으며, 다수의 고양이 카페와 산책을 위한 공원도 인근에 위치해 있다.

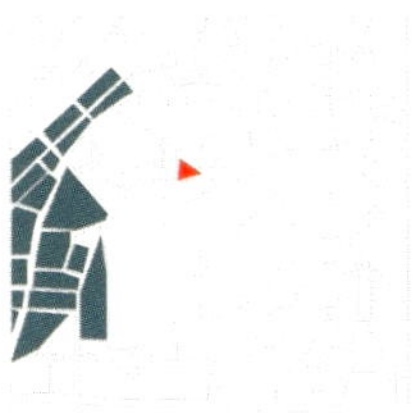

Store

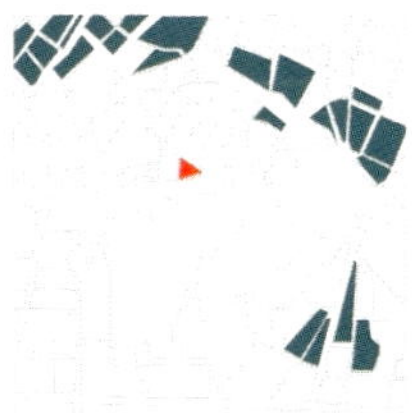

Office

House

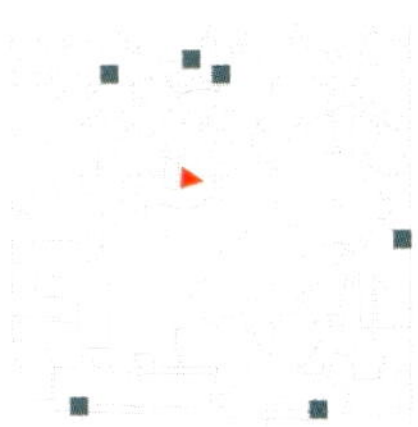

Subway Station

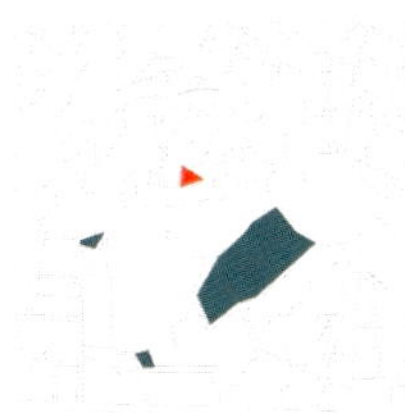

Ambient Park

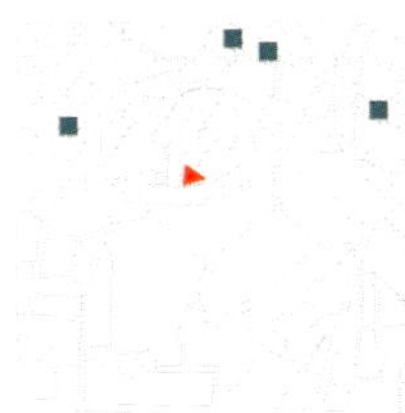

Animal Hospital

User 고양이를 키우는 1인 가구

Need 고양이 양육과 커뮤니케이션의 확대

사용자의 시간별 행동

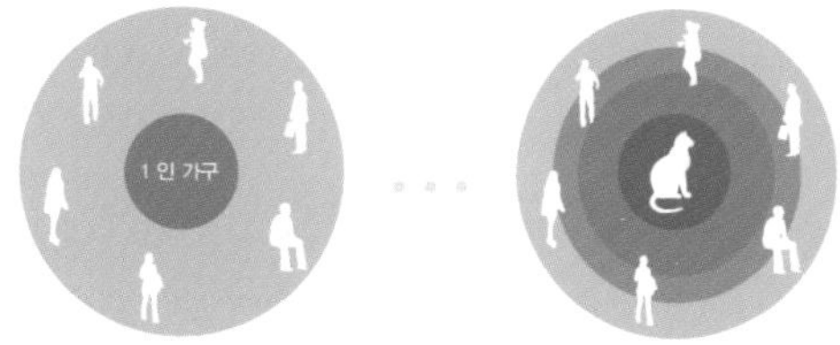

셰어하우스[Share house]

다수가 한 집에서 살면서 지극히 개인적인 공간인 침실은 각자 따로 사용하지만, 거실 · 화장실 · 욕실 등은 공유하는 방식으로 기존 1인 주거에서 느낄 수 있었던 소통의 부재와 고양이 양육에 대한 부담을 공동으로 나누며, 고양이를 매개로 커뮤니케이션의 확대를 느낄 수 있게 한다.

Motive

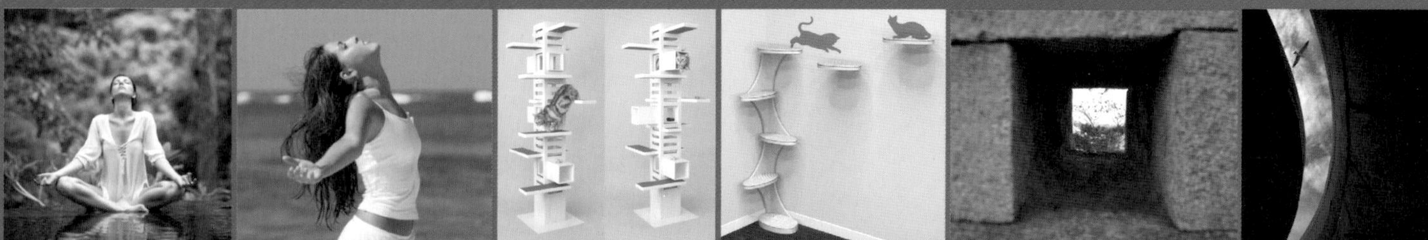

숨이라는 의미를 사람과 고양이가 서로 안정감을 느끼는 공간적 의미로 생각하여 각각의 공간들이 개인에게 맞는 숨의 공간을 만들어 내었다.

캣타워라는 모티브를 이용하여 사람의 타워와 고양이의 타워가 서로 쌓여서 공간과 공간이 연결되며 사람과 고양이, 사람과 사람을 연결시켜주는 공간이 형성된다.

틈이라는 모티브로 외부 파사드에 틈을 적용 시켜 건물이 숨을 쉬는 듯한 느낌을 주어 재료가 여러겹 중첩됨에 따라 틈새로 보이는 다양한 효과를 느낄 수 있다.

Concept

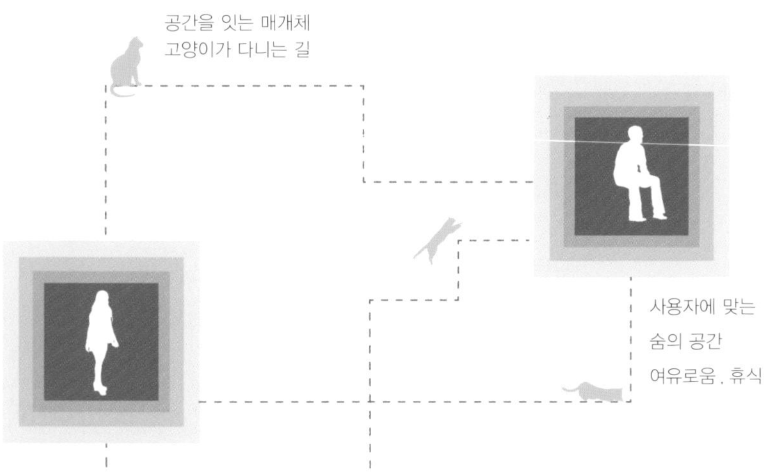

共存 [猫 ,ME]

Human& Cats coexisting in the Breathing House.

고양이의 숨과 사람 개개인의 숨들이 서로 공존하는 공간.

UNIT A _회사원

회사원의 수면을 위한 공간으로 비교적 낮은 부분에 위치시켜 개인실로 들어올 때의 피로도를 줄여주었다.

UNIT B _프리랜서

프리랜서의 작업을 위한 공간으로 2층에 위치해 있으며 자신의 방을 통해서만 들어올 수 있는 숨은 공간이다.

UNIT C _학생

학생이 쓰는 2인실로 다른 UNIT와 다르게 복층구조로 되어 있어 층고가 비교적 높다. 침실은 윗층에 위치해 있으며 옷장과 가구들은 아래층에 위치해 있다.

Design process

Step 1 _ 숨 [Breath]

각각의 사용자에게 있어 호흡의 공간 혹은 여지의 공간을 제시함으로써 공간 속에서 안정감을 느끼게 해준다.

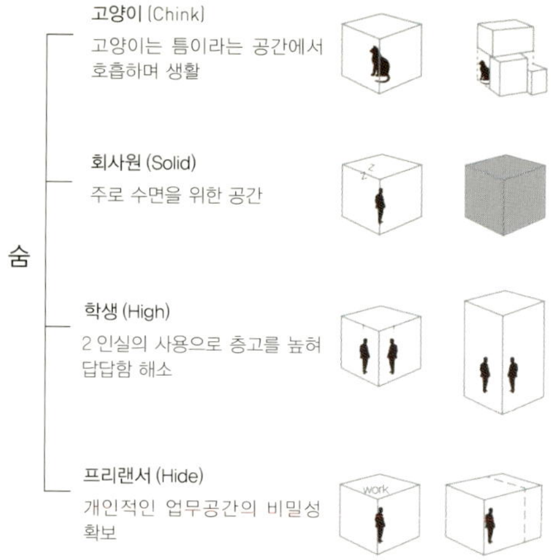

Step 2 _ 최소의 공간

사용자 개인마다 최소의 공간을 부여하여 Step1의 키워드를 적용시켜 직업군에 따라 유닛을 형성시킨다.

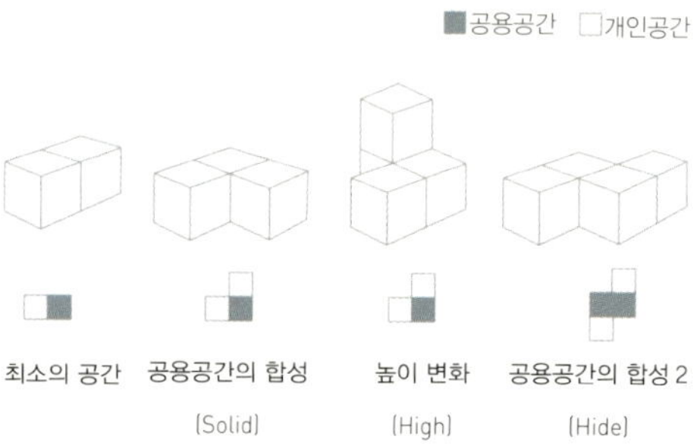

Step 3 _ 캣타워 [Cat Tower]

형성된 유닛을 캣타워의 특성을 적용시켜 쌓고 각각의 공간을 고양이가 다니는 길로 연결시켜 공간을 이어주는 매개체로써 역할을 하게 함으로써 사람과 고양이 타워가 공존하는 느낌을 받도록 해준다.

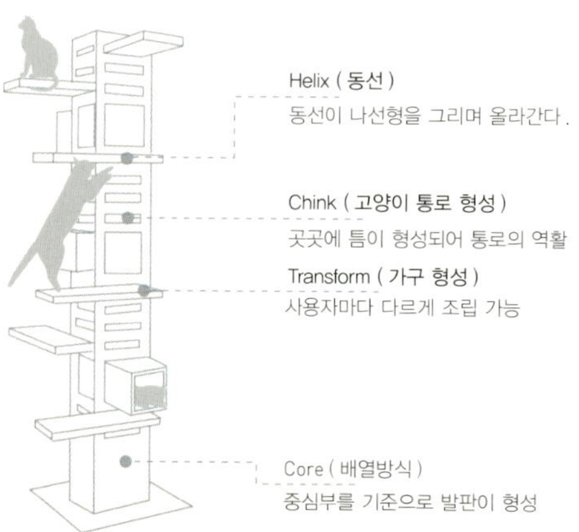

Mass diagram

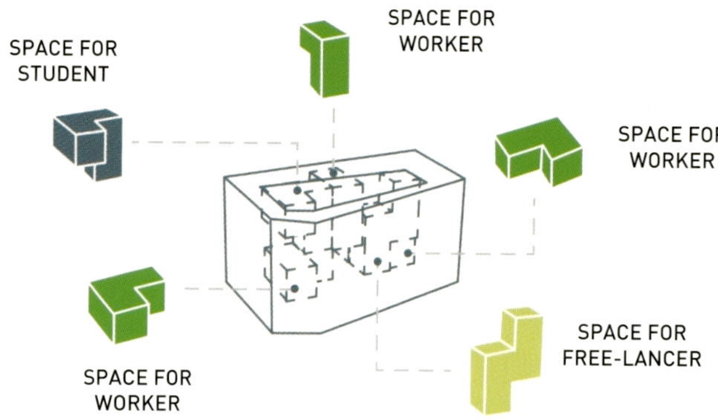

Axonometric

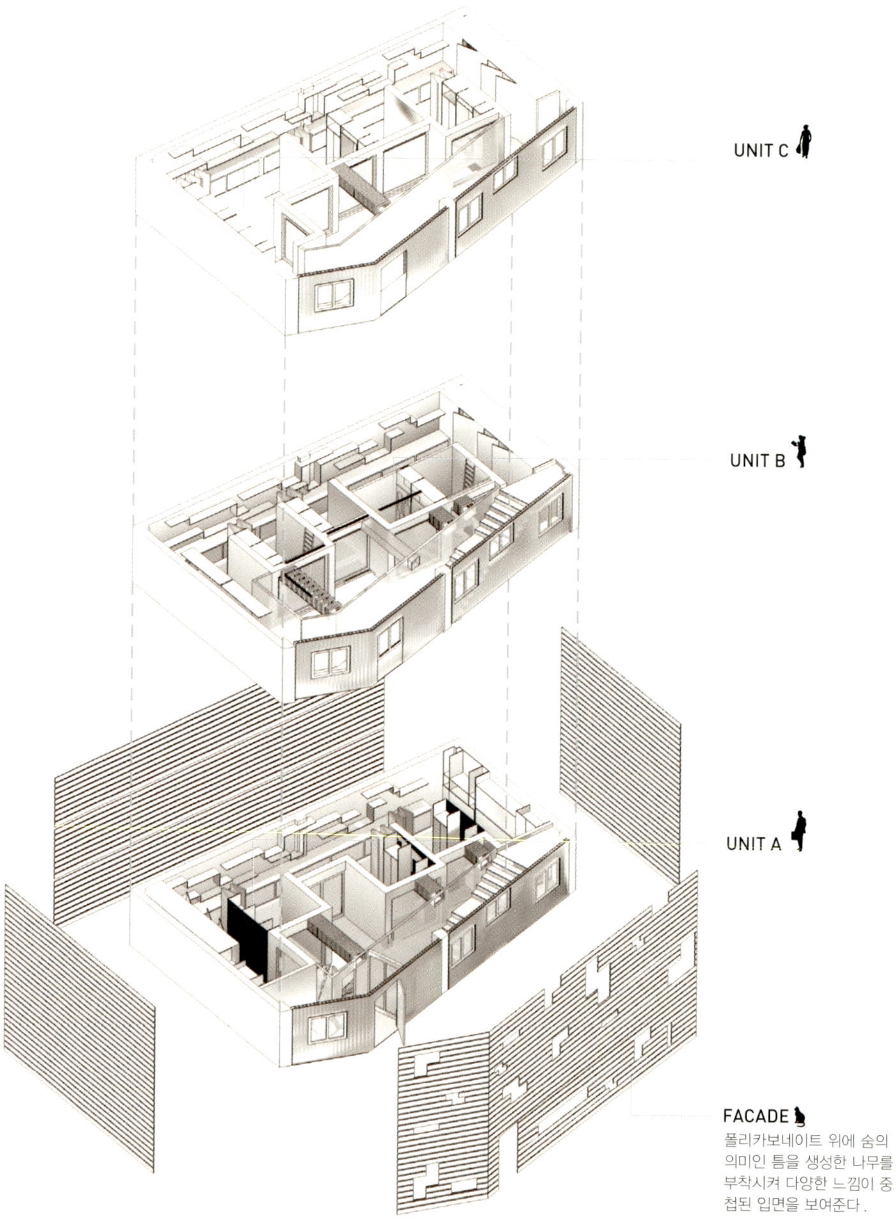

1F 평면도
1. UNIT A
2. UNIT B
3. 중정
4. TRANSFORM 고양이길 / 거실

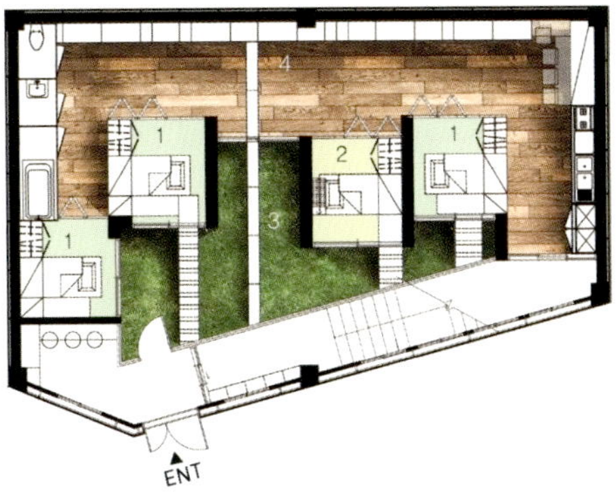

2F 평면도
1. UNIT A
2. UNIT B
3. UNIT C
4. TRANSFORM 고양이길 / 거실

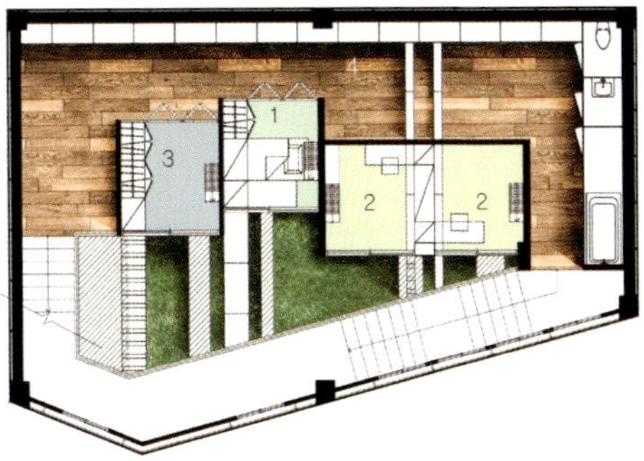

3F 평면도
1. UNIT A
2. UNIT B
3. UNIT C
4. TRANSFORM 고양이길 / 거실

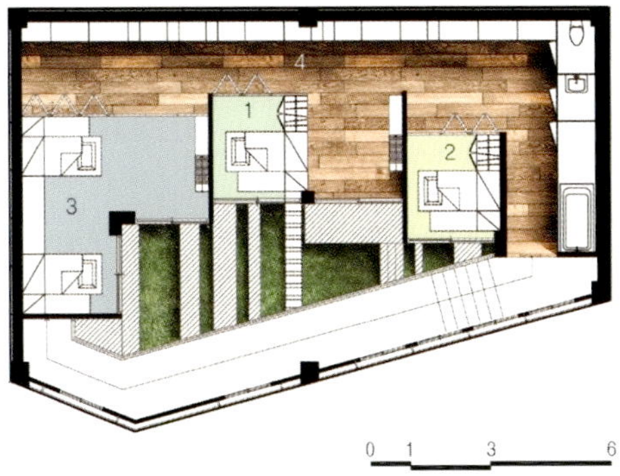

Design process

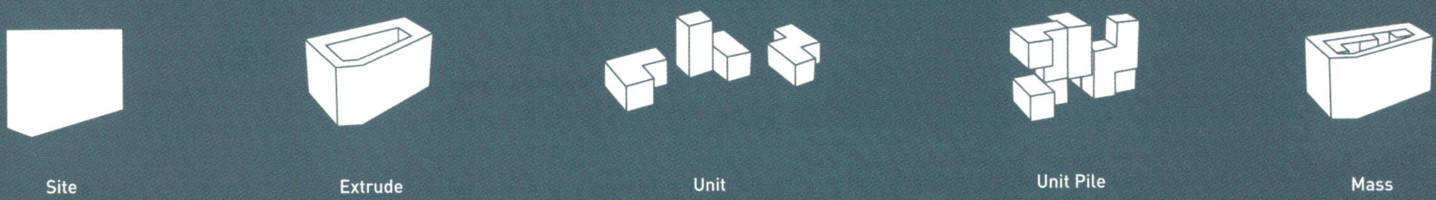

김아란 | Kim Ah-Ran, 석진주 | Seok Jin-Ju

가지각색의 창의력을 엮다.
Knitting

어린아이의 신체 사이즈를 고려하지 않은 크기의 가구들에서 수업을 하게되면서 위험에 노출되어 있음

아이에 맞는 규격에 맞게 가구를 만들고 모서리를 라운드로 처리해 위험을 감소시킴

각 보육실마다 다른 다양한 크기의 구를 보며 아이들의 상상력을 자극함

획일화된 공간에서 각자의 잠재된 창의력이 발휘되지 못함

Background

현재 전국에는 3만 5천개가 넘는 어린이집이 있다. 한참 상상력이 발달할 시기에 획일화된 공간으로 인해 아이들의 무한한 상상력이 제한되어진다. 또한 어린아이들의 신장을 고려하지 않은 공간 분할이나 가구사용으로 인해 아이들은 많은 불편함을 겪고 있다. 우리는 아이들의 창의력을 성장시키고 아이들 개개인의 독창성을 발달시킬 수 있는 환경을 만들어 주면서 보육교사들이 아이들을 더 잘 교육시킬 수 있는 환경을 만들고자 한다.

맞벌이 부부가 대부분인 요즘은 사내 유치원이 없는곳에서 일하게되면 하루종일 아이를 유치원에 맡기는 경우가 대부분이다. 한창 부모님의 곁에서 배울게 많은 어린이들이 하루종일 선생님만 보다가 저녁에 잠깐 부모님을 마주한다.

이번에 정한 사이트는 200여개가 넘는 공장이 들어서 있는 종합 공단이다. 많은 공장이 있는곳답게 많은 사람이 근무하고있다. 이 사람들은 주변에 위치한 유치원에 아이를 맡기고 오지만 내 아이가 안보이는 사이에 무슨일이 생기진않을까 하며 걱정을 한다. 우리는 첨단문화산업단지안에 사내유치원을 만듦으로써 근무자들의 이러한 걱정을 덜어주며 더욱 나은 교육을 실현하고자 한다.

Type Kindergarten_유치원

학력이 안 된 어린이의 심신 발달을 위한 교육시설.
쉬운 음악 · 그림 · 공작 · 유희 따위를 가르치는 공간

보육실/조리실/목욕실/화장실을 갖춘 곳

오전 9시 – 오후 5시 까지 운영

영유아 11명 이상 등록한 곳

영유아 1인당 전용면적 4.29m²

보육교사의 개인적인 공간이 없어서 개인적인 용무나 일의 능률이 떨어짐	보육교사실을 따로 마련해 프라이버시 보호 및 집중력 향상으로 일의 능률 상승
사무실과 보육실이 차단되어있어 아이들이 무얼하고있는지 파악이 안됨	보육교사실에 긴 창문을 달아놔서 놀이공간에서 놀고있는 아이들 파악에 용의하게 함

Site

청주시 상당구 상당로 314, 청주첨단문화산업단지 1층

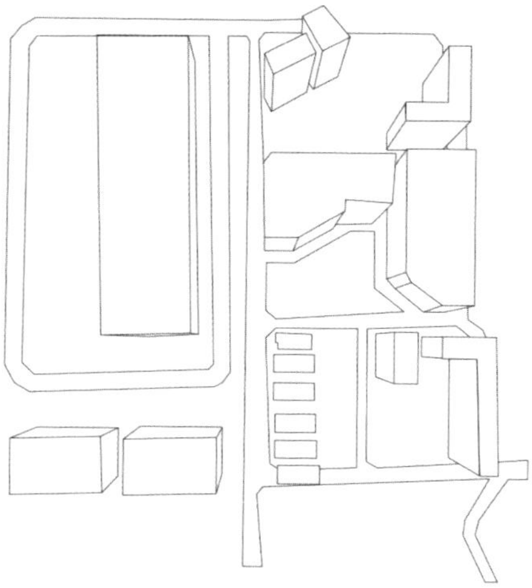

우리가 정한 사이트 청주 첨단문화 산업단지는 많은 기업들이 들어서 있는 종합 공단이다. 여러 종류의 경공업 업종이 혼재돼 있고, 입주업체의 규모 또한 천차만별로 종업원 수천 명의 대기업 공장에서부터 불과 십여 명의 소기업까지, 그리고 자가공장(123개)과 임대공장(98개) 등 각양각색이다. 이곳이 설계될 당시 충주의 외곽지역이였지만 충주 시가지의 급격한 팽창 및 발달로 충주의 부도심이 되어버렸다. 1,2단지는 주거지역과 인접해서 재개발이 논의되고 있다. 청주첨단문화산업단지 주변의 가까운 어린이집으로는 200m 거리에 내덕초등학교 병설유치원이 있다.

Material

PIPE : 물이나 공기, 가스 따위를 수송하는 데 쓰이는 원통형의 관

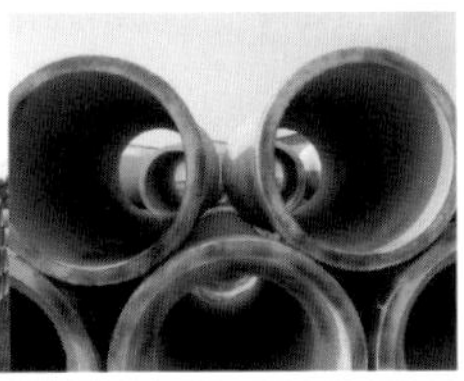

사이즈가 큰 파이프들을 이용해
원형 공간을 구성한다.

버려지는 폐 파이프를 재활용해
에코 디자인을 실현한다.

Motive Wool_털실

털실이 감겨있는 구 형태

털실이 풀리면서 생기는 유기적인 형태

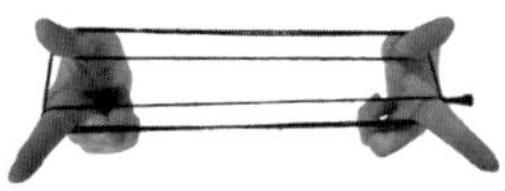

유기적인 형태의 실을 팽팽하게 당겼을때 생기는 직선의 형태

털실이 감겼을때 생기는 결의 형태

Concept

Kintting _ 뜨개질
: 옷이나 장갑 따위를 실이나 털실로 떠서 만드는 일

털실로 새로운 형태의 무언가를 만들어 냄

아이들의 잠재된 창의력에 길을 터주어
아이들을 새롭게 발전시킴

모든 뜨개질은 실들이 돌돌 감겨져있는 실뭉치에서부터 시작한다. 실뭉치에서 실을 풀어 그걸 바늘에 감고 코를 만든다. 그걸 다른 바늘에 꿰어 가면서 뜨개질을 이어간다. 처음시작은 평범한 실뭉치지만 그걸 뜨개질 함으로써 마지막은 목도리, 모자, 장갑뿐아니라 가지각색의 결과물이 나온다.

아이들 또한 마찬가지다. 획일화된 교육앞에 아이들은 평범한 털뭉치에 지나지 않는다. 하지만 우리들은 그 털뭉치들을 풀고 엮고 뜨개질 하며 가지각색의 창의력을 끌어내주려고 한다. 실들이 풀려있을 때도 있고 실이 돌돌 말려서 털실뭉치가 되어 있을때도 있다. 우리는 이러한 뜨개질의 성질을 이용해 어린이집을 설계해보려고 한다.

Design process

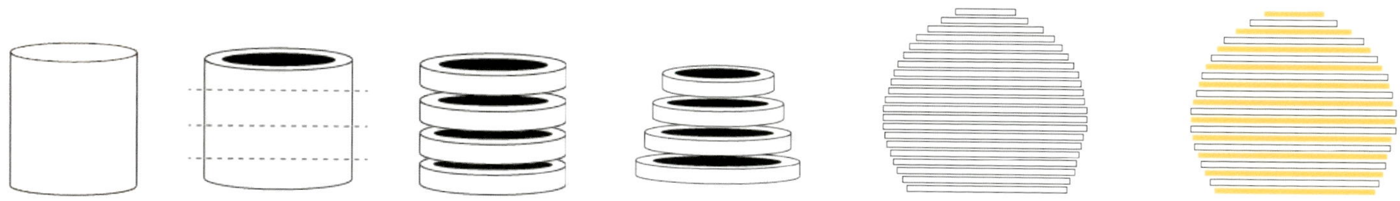

원통형 파이프 / 슬라이스 된 파이프 / 다양한 크기로 잘린 파이프 / 각기 다른 크기의 파이프를 쌓아 구 형태를 만듦 / 쌓이는 층마다 서로 다른 재질을 사용함

Space programming

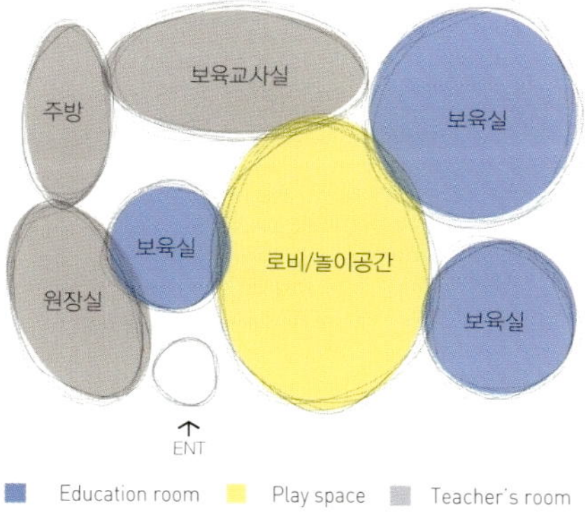

Zonning plan

Education room

일반전인 일자벽에서 벗어나 입체적인 구모양으로 교육실을 설계해 마치 자신이 공안에 들어와있는듯한 느낌을 주게한다. '공 속' 이라는 공간을 통해 아이들이 최대한 수업을 좀 더 재미있게 들을 수 있도록 한다. 그리고 고정된 의자로 인해 학습시간에 좀더 집중력을 발휘할수 있게끔 하였다.

Play space

모든 아이들이 다들 좋아하는 공간은 놀이공간이다. 그래서 어느 교육실에도 치우치지않고 접근성이 고르게 좋은곳에 설계했다. 놀이공간은 아이들이 가장 활동적으로 행동하는 장소이기 때문에 위험요소가 많다. 또한 아이들이 노는 시간은 보육교사들의 보살핌을 가장 적게 받는다. 그래서 보육교사실 정면에 뚫린 창문으로 볼 수 있는곳으로 위치를 정했다.

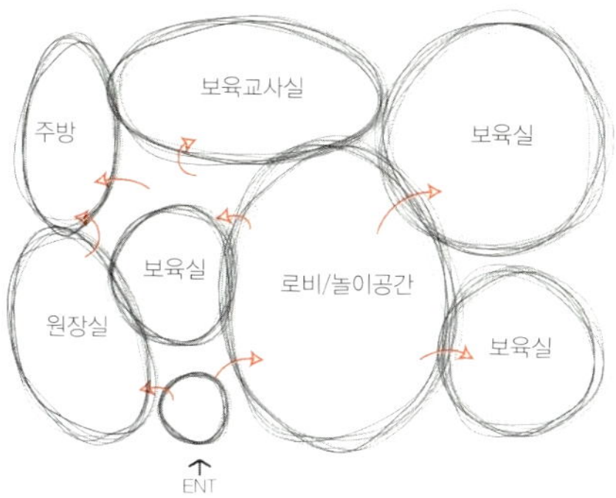

Flow planning

Teacher's room

아이들을 케어하는게 제일 우선인 선생님들이 쓰는 사무실은 유희공간을 잘 볼 수 있는곳에 설계했다. 또한 대부분 자료실이 좁아서 정리가 잘 되지않아 서류가 유실되는 것이 흔하게 일어나는데 교재와 서류들을 보관하기에 충분한 공간을 주었으며 높이와 깊이를 유아용 교재를 고려하여 여유있게 제작하였다.

Plan

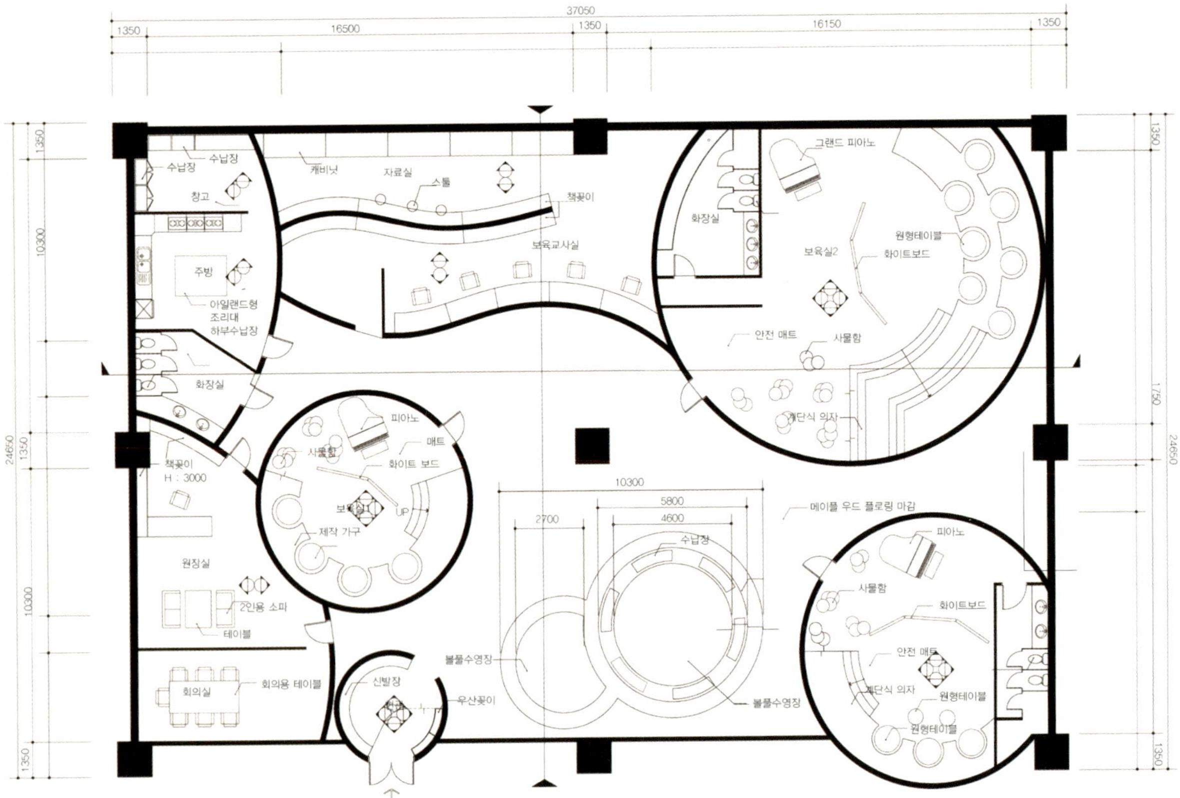

어린이집 평면도

Isometric

원장실

곡선벽으로 인해 모서리진 곳의 데드스페이스가 생기지 않도록 공간을 활용하고 회의실을 벽으로 분리하지 않고 심리적으로만 분리되도록 낮은 높이의 책꽂이를 두었다.

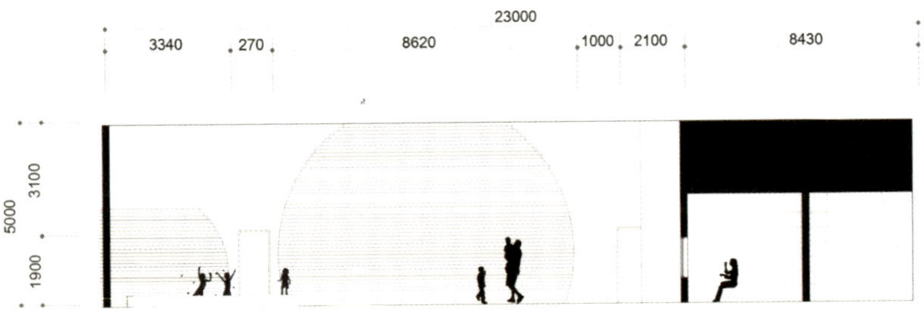

단면도 C-C'

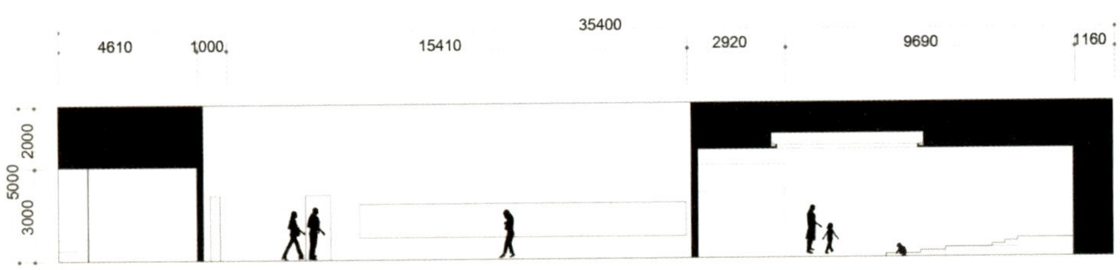

단면도 A-A'

3D modeling

학습시간에 아이들의 집중력을 필요로 할땐 원형의 테이블이있는 쪽에서 수업을 하고 음악시간등 자유롭게 보육교사와 소통하는 수업을 할 때에는 곡선형의 계단에 앉아서 수업을 할 수 있도록 하였다.

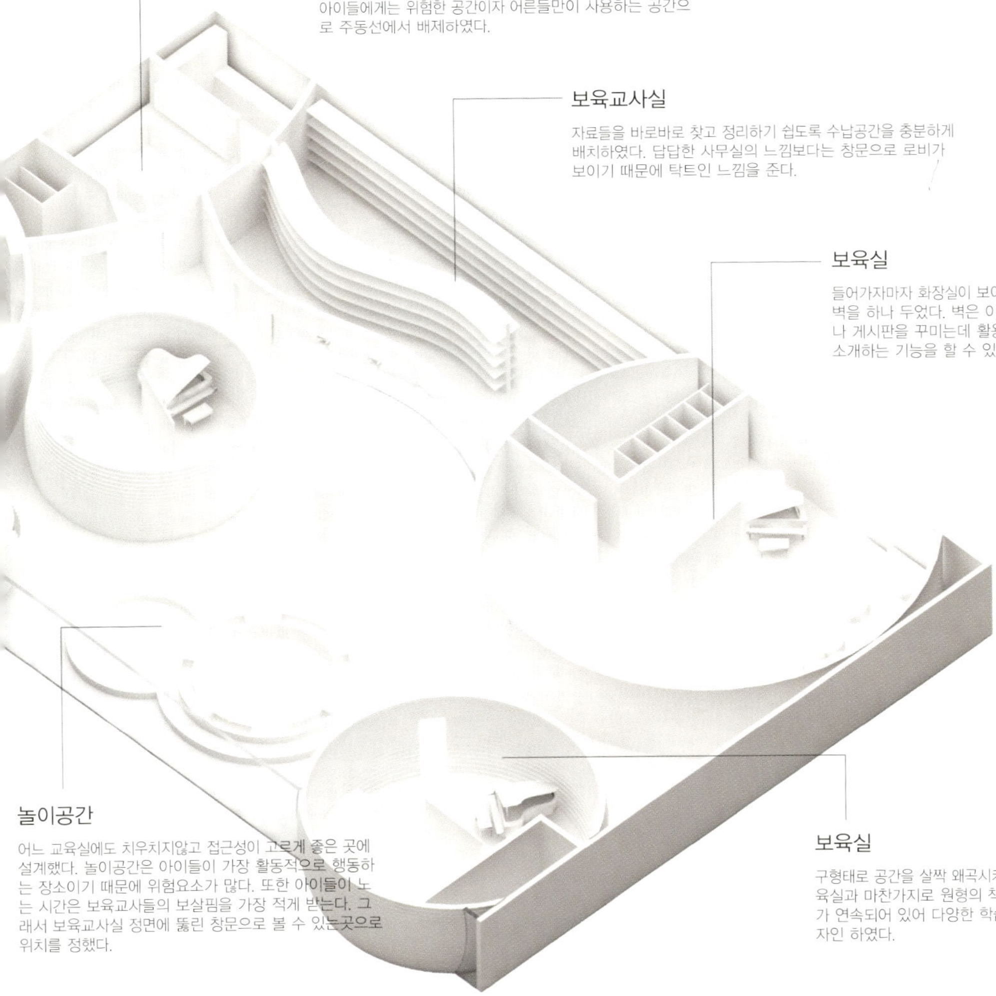

주방/창고

아이들에게는 위험한 공간이자 어른들만이 사용하는 공간으로 주동선에서 배제하였다.

보육교사실

자료들을 바로바로 찾고 정리하기 쉽도록 수납공간을 충분하게 배치하였다. 답답한 사무실의 느낌보다는 창문으로 로비가 보이기 때문에 탁트인 느낌을 준다.

보육실

들어가자마자 화장실이 보이는것을 차단하기 위해서 벽을 하나 두었다. 벽은 아이들의 작품을 전시하거나 게시판을 꾸미는데 활용할 수 있어서 학습실을 소개하는 기능을 할 수 있다.

놀이공간

어느 교육실에도 치우치지않고 접근성이 고르게 좋은 곳에 설계했다. 놀이공간은 아이들이 가장 활동적으로 행동하는 장소이기 때문에 위험요소가 많다. 또한 아이들이 노는 시간은 보육교사들의 보살핌을 가장 적게 받는다. 그래서 보육교사실 정면에 뚫린 창문으로 볼 수 있는곳으로 위치를 정했다.

보육실

구형태로 공간을 살짝 왜곡시켜 재미를 주었다. 다른 보육실과 마찬가지로 원형의 책상,의자와 계단식 의자가 연속되어 있어 다양한 학습활동에 적합하도록 디자인 하였다.

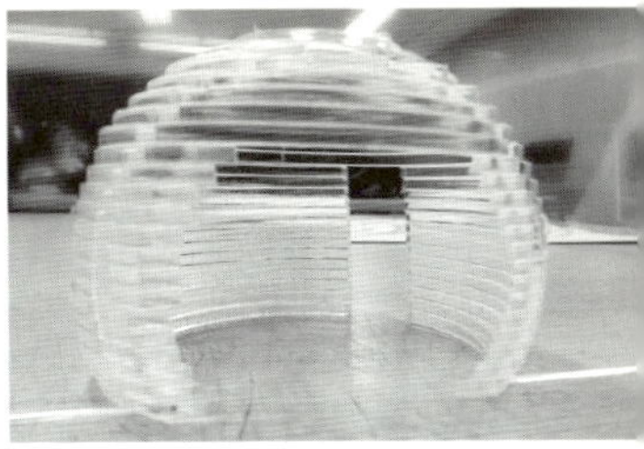

— 파사드 (입구)

— 보육실

— 보육실 외부/로비

— 보육실 상세

좁은공간이 최대한 답답하게 느껴지지 않도록 원장실과 상담실과 회의실을 책장으로 구획했다. 그리고 곡선벽에서의 데드스페이스가 생기지 않도록 사무공간을 꾸몄다.

학습시간이외에 일지를 쓰거나 자료를 정리하는 등의 업무를 할때에도 아이들을 돌볼 수 있도록 보육교사실을 놀이공간과 인접하게 두었다.

박종창 | Park Jong-Chang , 이명섭 | Lee Myoeng-Seop

Interaction

Background

최근 들어 '한국의 미'도 보러 오지만 저녁에는 유흥문화를 즐기려는 하는 외국인들이 증가 하였다. 하지만 홍대 근처에 숙박 할 곳은 멀리 떨어져 있으며 단순히 잠만 자는 그런곳이지 정보를 공유하거나 숙박하는 재미를 느끼지 못하는 곳이 많다. 하지만 우리는 홍대에서 멀리 떨어져 있지 않은 곳에 사이트를 잡았으며 단순히 잠만 자는 곳이 아니라 다른 사람들과 함께 정보를 공유하고 재미를 제공할 수 있는 그런 게스트 하우스를 제안한다.

내 생각을 보여주는 **GuestHouse**

Change able coller

Concept

상호작용 즉, 인터렉션이란 용어는 언어 그대로 관계 사이에서 발생하는 행위나 사선으로 이해할 수 있으며 인터페이스가 사용자와 시스템 사이의 물적 매개물이라면 인터렉션은 인터페이스를 통해 발생하는 다양한 관계와 경험을 총칭한다. 따라서 인터렉션디자인은 사람들이 대상을 어려움 없이 사용할수 있도록 도구, 정보, 시스템을 디자인하는 것이며 이용자의 자극과 반응에 따라 변화 하면서 새로운 경험을 창출 하는 것이라 할 수 있다.

Target

낮에는 한국의 역사와 문화를 배우려고 왔다가 저녁에는 한국의 유흥 문화를 즐길려고 오는 외국인들이 늘어나고 있는 추세이다. 하지만 잘 곳은 없고 단순히 잠만 자는게 아니라 좀 더 즐길 수 있으며 자는 동안에도 뭔가 보여 주고 싶어 하는 20대 초반에서 중반까지의 외국인을 타겟으로 잡았다.

Site

서울특별시 마포구 동교동

〈일반현황〉
- 면　　적: 0.6㎢
- 인　　구: 1만3613명 (남 5,974명 , 여 7,094명)
- 유동인구: 9만7728명

홍대는 홍대입구역 8번 출구에서 5분 거리에 위치한 젊음의 거리이다. 홍대 입구역은 하루 평균 유동 인구가 약 10만에 가까울 정도로 많으며, 주변에 맛집과 놀거리 그리고 한국의 관광 문화를 볼 수 있는 곳이 많이 있어 내,외국인 가릴것 없이 사람들이 많이 찾고 특히 저녁에 많이 찾아 오는 장소이다.

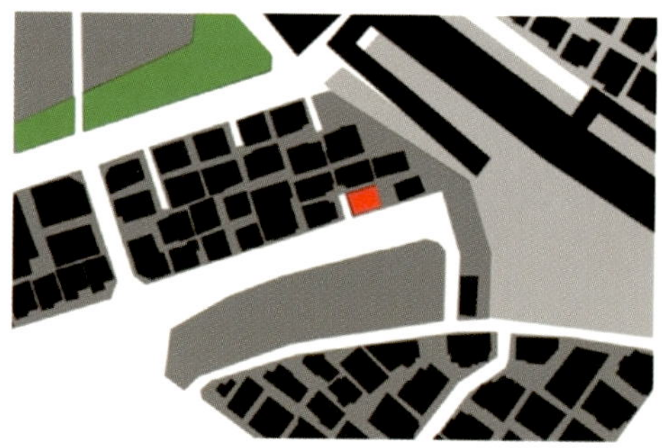

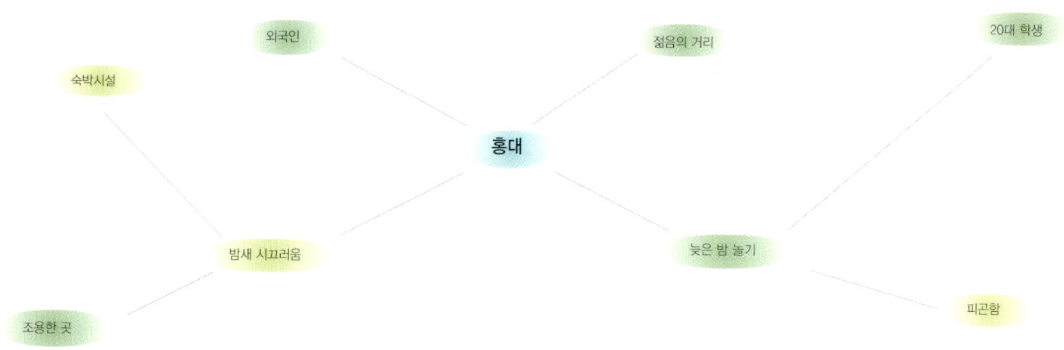

Keywords

유일성	정보제공의 속성	디지털 정보, 상징(암시)적 정보, 연상적 정보, 우연적 정보
조형성	유희의 속성	조형의 유희, 이질적 낯 설음,이벤트
복합성	개인화의 속성	참여자의 감정이입, 지역성과 역사성, 유일성, 경험과 상상
개별성	사회적 교류의 속성	상대성, 장르의 혼성, 시간의 혼성, 탈 경계 등의 키워드

PULL or PUSH

방이 늘어 났다 줄어 들었다 하는 가변적 구조이다. 방이 들어와 있으면 침대만 있어 잠을 자거나 할 수 있고 방이 나가면 PUSH 처럼 공간을 활용 할 수 있다. 들어갔다 나왔다 함으로 인해 밖에 외부 파사드는 다양한 형태로 계속 바뀌게 된다.

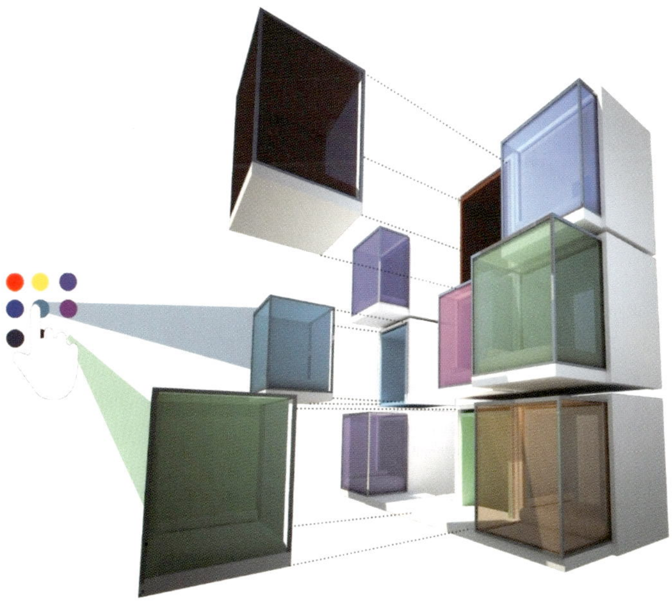

COLOR PICK

컬러의 버튼이 있어 사람들의 기분 또는 생각에 따라 사람들이 버튼을 누르면 유리의 색이 바뀌며 각 방에 다양한 색이 연출된다. 벽이 나오고 들어가기도 하는 역할로 인해 다양한 연출을 할수 있으며 밖을 지나가는 행인들이 '저 색은 어떤 의미이다' 라고 생각 할 수 있게 하였다.

Axonometric

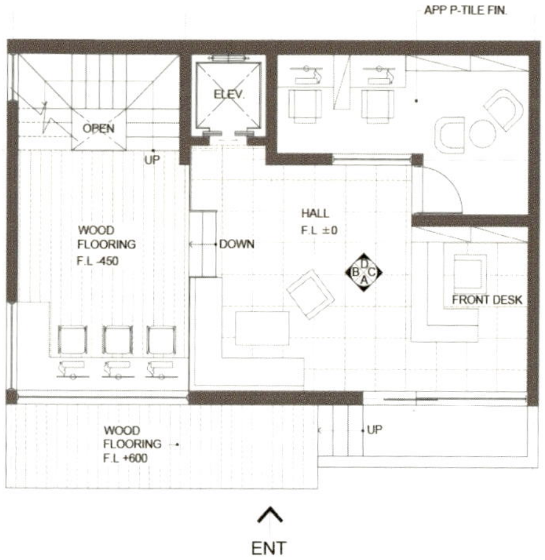

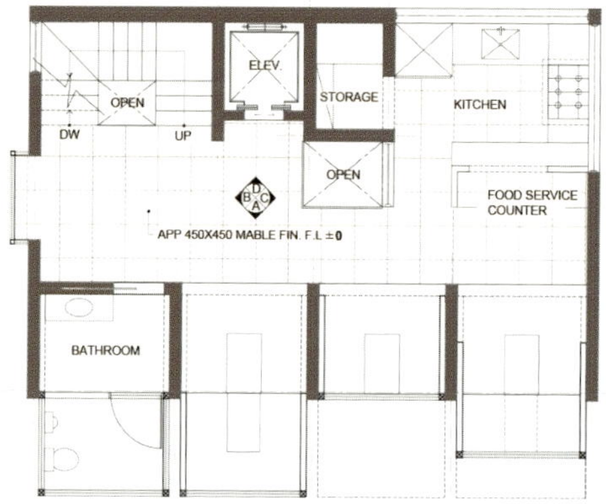

4th floor

4층은 여자 들이 사용 할수 있는 공간이며 3층과 비슷하지만 여자들이 화장할때 쓸 수 있게 화장실 옆에 화장대를 뒀다. 천정에 컬러가 있게 뚫려 있어 빛이 유입될 때 색 유리를 통해 들어온다. 또한 방마다 유리의 색을 조절할 수 있다.

3rd floor

3층은 남자들이 사용하는 공간으로 많은 사람 보다는 소수의 사람들이 묵을 수 있는 방이 있으며, 개인 짐을 보관 할 수 있는 사물함이 있고, 샤워실과 화장실이 있어 자는 공간에서 휴식 공간을 가지고 싶을 때 벽을 튀어 나가게끔 하여 휴식 공간을 창출할 수 있다.

2nd floor

2층은 식사를 할 수 있는 공간이다. 부엌에서 조리한 것을 받아 음식을 먹으며 벽이 나가고 들어 오는 것을 조절해 공간을 활용 할 수 있다. 한명일때와 여러명일때 먹을 수 있는 자리를 조절 하며 먹을때 단순히 먹기만 하는것이 아니라 즐거움을 느낄 수 있게 벽면에 포토그래픽을 넣어 즐거움을 주었다.

1st floor

1층은 밖에서 들어오는 출입구와 카운터가 있으며, 사람들과 소통할 수 있게 로비를 만들었다. 로비 뒤쪽에 컬러 유리를 배치 함으로 단순함을 넘어 컬러감을 입히고 계단을 내려가면 컴퓨터로 정보를 찾을 수 있는 공간과 직원들이 휴식 할 수 있는 공간이 있다.

Plan

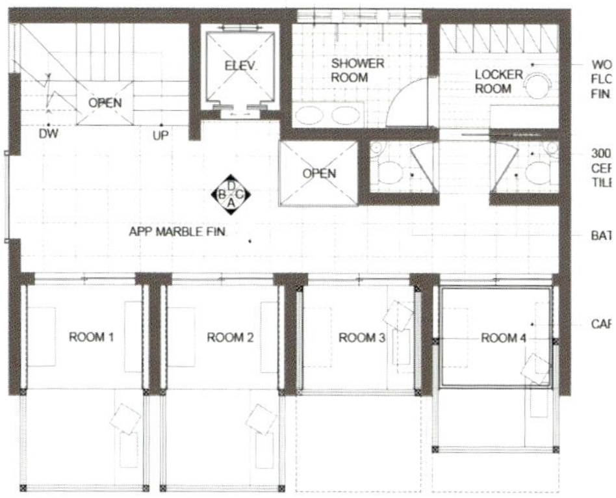
ELEV.
SHOWER ROOM
LOCKER ROOM
OPEN
DW
UP
OPEN
APP MARBLE FIN.
ROOM 1
ROOM 2
ROOM 3
ROOM 4

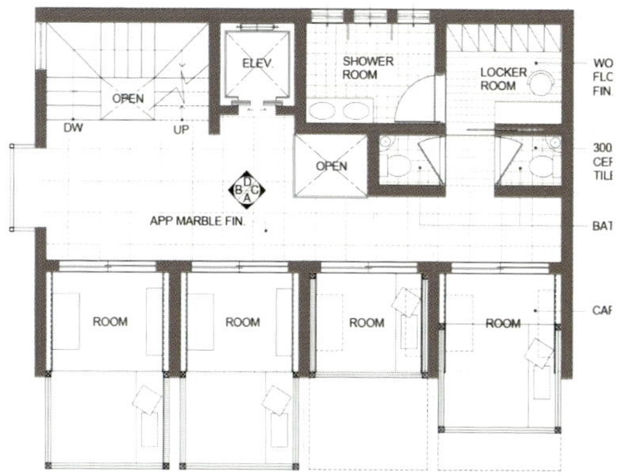
ELEV.
SHOWER ROOM
LOCKER ROOM
OPEN
DW
UP
OPEN
APP MARBLE FIN.
ROOM
ROOM
ROOM
ROOM

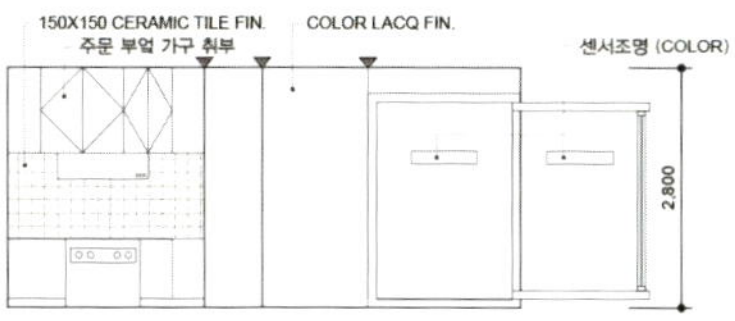
150X150 CERAMIC TILE FIN.
주문 부엌 가구 취부
COLOR LACQ FIN.
센서조명 (COLOR)
2,800

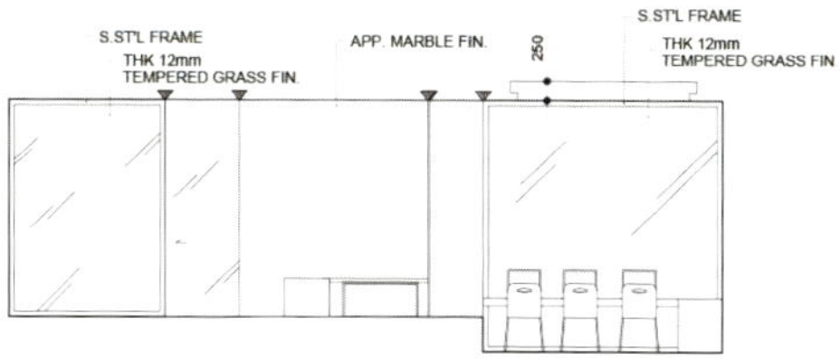
S.ST'L FRAME
THK 12mm
TEMPERED GRASS FIN.
APP. MARBLE FIN.
250
S.ST'L FRAME
THK 12mm
TEMPERED GRASS FIN

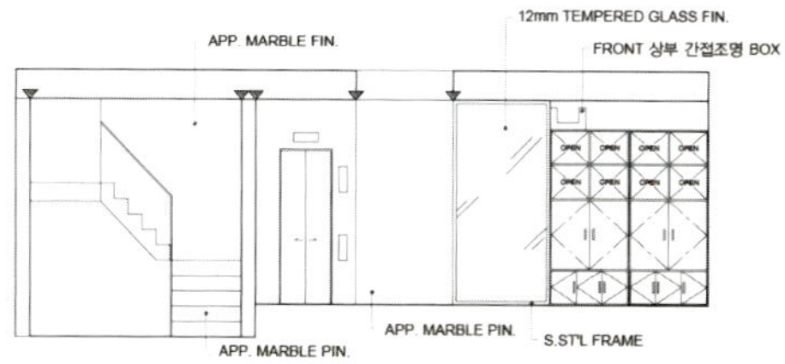
APP. MARBLE FIN.
12mm TEMPERED GLASS FIN.
FRONT 상부 간접조명 BOX
APP. MARBLE PIN.
APP. MARBLE PIN.
S.ST'L FRAME

김해조 | Kim Hoa-Jo

중 력 에

초현실적인 공간

SURREAL SPACE

에셔의 초현실적인 작품에서 보이는 건축적 메세지를 끝없는 계단과 무중력함을 통해 낯설지만 이색적인 공간을 창출하여 현대인들에게 재능을 펼칠 수 있는 공간이 부족하다는 것을 일깨워 주려고한다. 이 공간은 기본적으로 전시, 사무, 휴식의 세 가지 프로그램을 수용한다. Creator를 위한 공간이기때문에 사무 영역의 비중이 상대적으로 크게 반영되었다. 하지만 상황에 따라 전시 공간으로 변형이 가능한 가변형적 공간이다.

DESIGN

001. 재질의 반전과 무중력 공간 제시

002. 무한성에의 접근

낯설음 : 공간의 유희

과거에는 대학만 나오면 잘먹고 잘살수 있는 시절이 있었다. 오늘날 우리사회는 재능있고 열정이 가득한 사람들이 많은데 반해 그들을 위한 기회의 장은 부족한게 현실이다. 이 프로젝트를 통해서 자신의 재능을 공유하면서 서로 영감을 얻고 시너지 효과를 발생시키는 공간을 제안하고자 한다.

사라지는 상징 '상징' 을 살린 공간

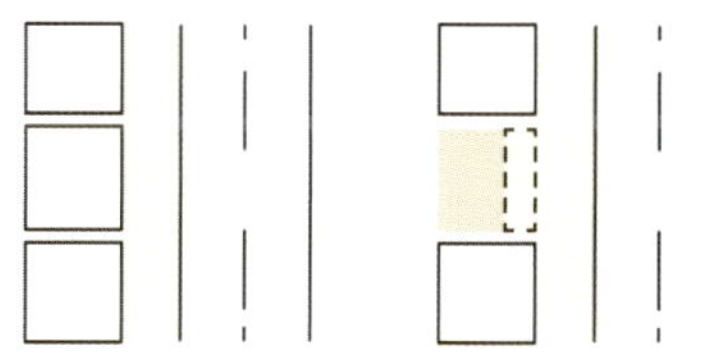

통행 구간이 협소 통행로를 확보

가로수길의 상징인 은행나무가 사람들의 편의를 위해 점차 사라지고 있다. 가로수길의 상징으로 휴식의 공간을 창출하고 협소한 통행로를 확보하면서 자연스러운 진입을 유도한다.

서울특별시 강남구 신사동 가로수길 커피스미스 536-12

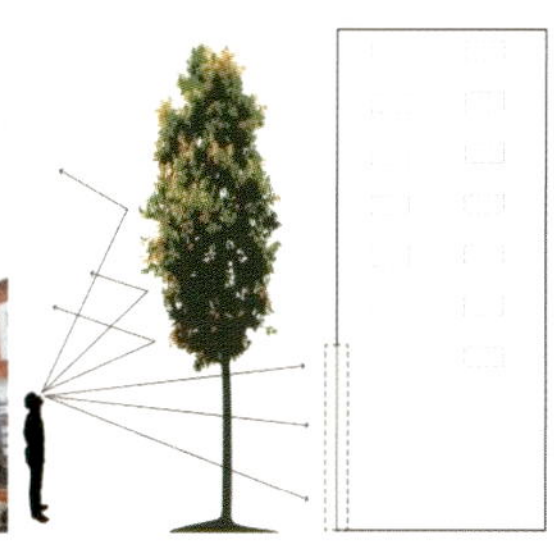

공간적 유희

가로수길은 인위적인 물리적 공간 조성이 아닌 토지시세가 상승함에 따라 이동한 가난한 Artist들에 의해 자생적으로 성장한 거리이다. 현재 가로수길의 토지시세가 극에 달하면서 또 이같은 현상이 반복되고 있다. 사람들이 몰리면서 조성사업으로 풍성해진 가로수길의 상징인 은행나무들의 뿌리와 가지가 잘려져 나갔다.

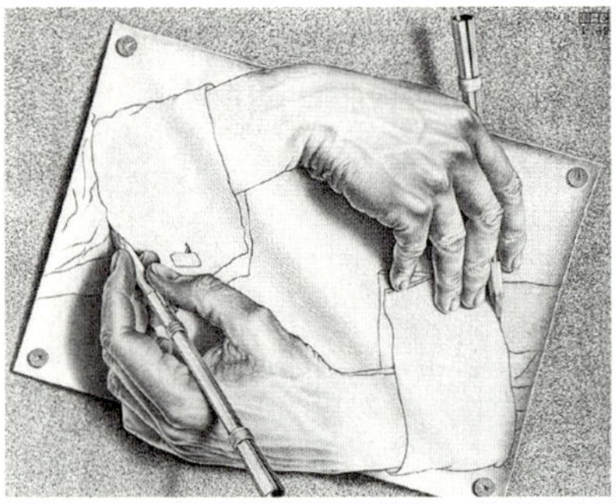

Consilience

공간의 주된 목적은 기업(후원자)과 Creator 그리고
일반 사람들간의 교류가 우연적으로 일어날 수 있는 공간을 제시한다.

통섭이란 학문간의 경계를 뛰어넘어 대통합을 이루는 것이다. 네덜란드 화가 에셔(1898~1972)는 반사, 평행이동, 회전 기법, 공간 분할 등 과학과 수학 이론을 응용해 독창적인 작품세계를 선보였다. 요즘 시대로 보면 통섭의 화가인 셈이다 . 그의 초현실적 작품으로 사람들이 통섭 할 수 있는 공간을 구축하고자 한다.

오늘날은 통섭의 시대이기 때문에 많은 Creator들은 타인과의 소통이나 공동으로 작업 할 수 있는 공간을 시간이 흐를수록 더욱 갈망할 것이다. Creator들에게 기회의 장을 열어주는 장소이자 다양한 사람들이 영감을 얻고 휴식하며 서로간의 직,간접적인 교감이 가능한 공간을 계획하고자 한다.

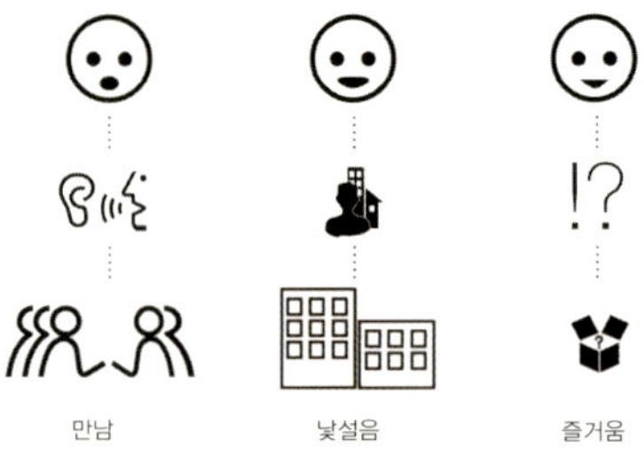

대다수의 젊은 사람들은 사람들을 만나고 즐기기위해 가로수길에 방문한다. 이 프로젝트의 주된 의도는 공간을 통해 가로수길에 오가는 사람들에게 낯설음을 느끼게 해주려고 한다. 낯설음은 기묘한 두뇌의 즐거움과 기대하지 않았던 뜻밖의 기쁨이나 재미를 제공해준다.

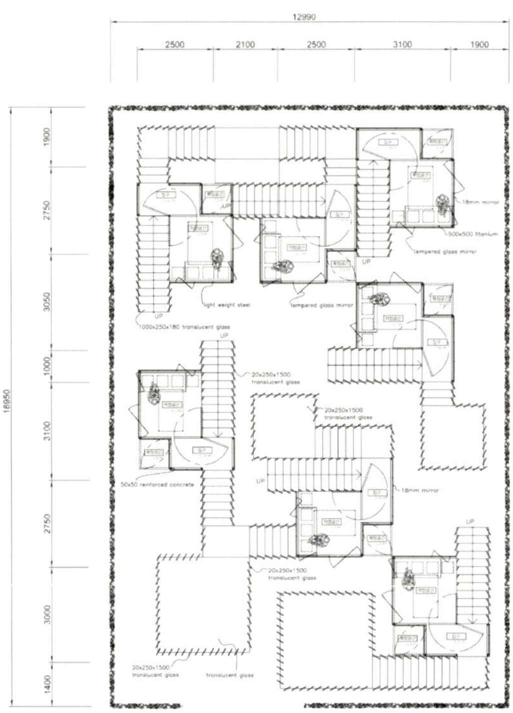

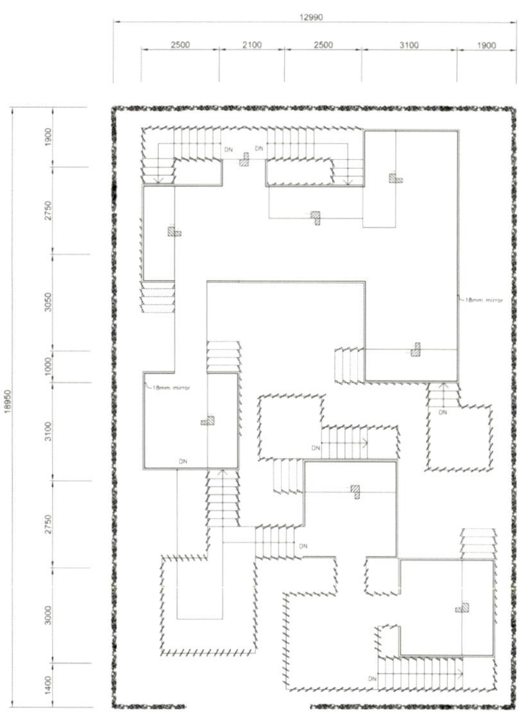

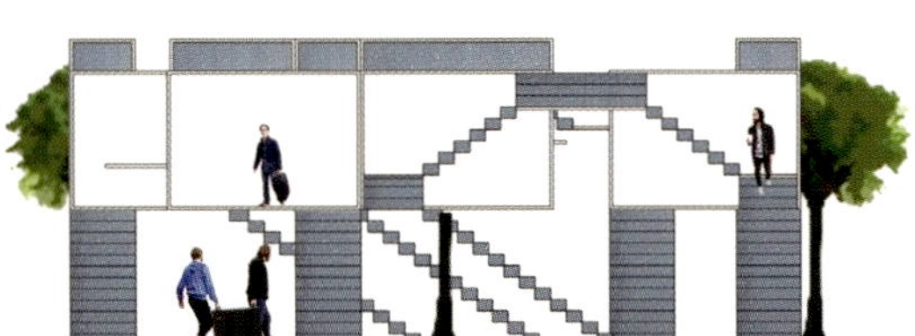

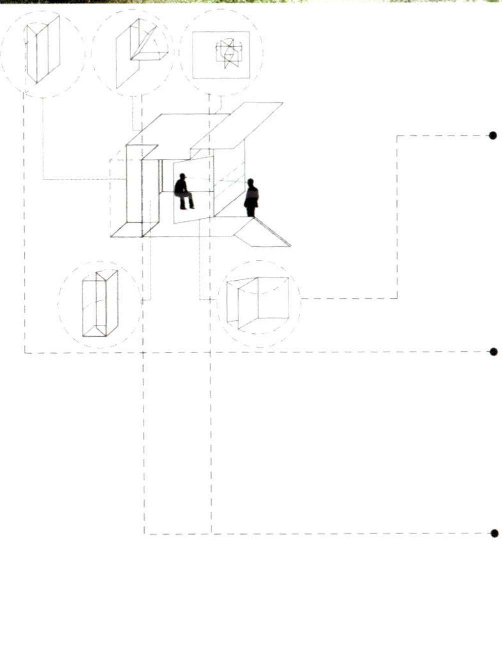

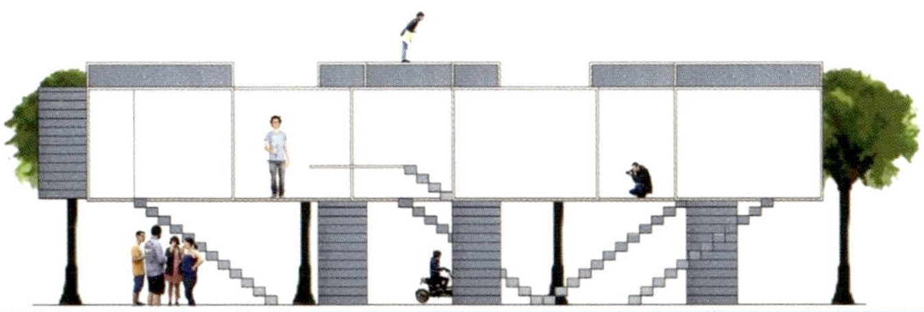

Step 1
Gravity-free

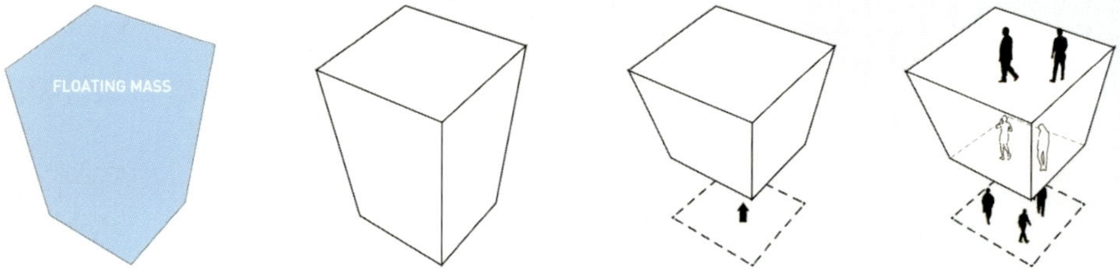

이 하나의 공간은 초현실주의 요소중에서 '무중력'을 착안한 공간으로 creator들과 기업 그리고 일반 사람들간에 커뮤니케이션이 일어나는 공간이자 creator의 개인 작업실이기도 하다.

Step 2
Creation

에셔의 작품에서 나타나는 순환과 복잡한 계단의 건축적 요소가
이 가변적 공간과 어우러져 협소한 공간을 최대한 활용하면서 다양한 Activity가 일어나는 공간을 창출했다.

Step 3
Develop

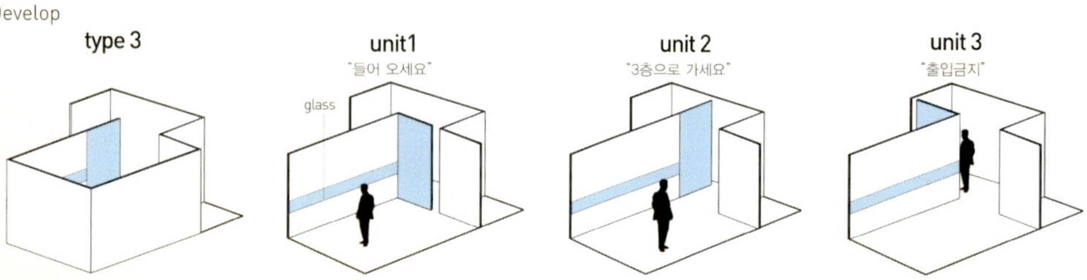

Creator와 방문객들의 커뮤니케이션을 위해 벽에 길다란 창을 내었고, 가변적인 벽을 이용해 공간의 출입 가능여부를 알린다.

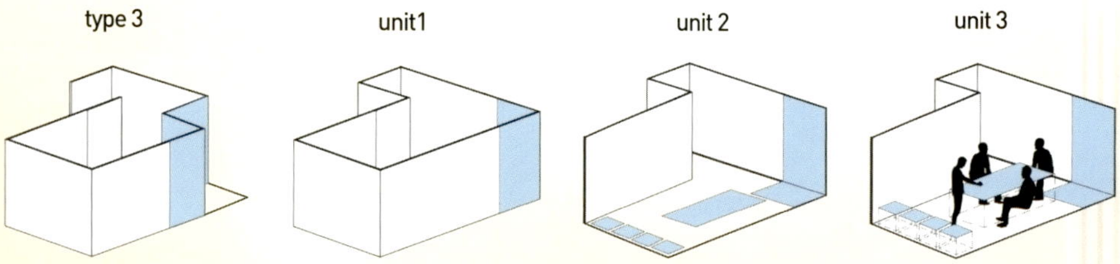

공간이 가변적으로 확대, 축소되면서 미팅, 회의의 기능을 수용한다.

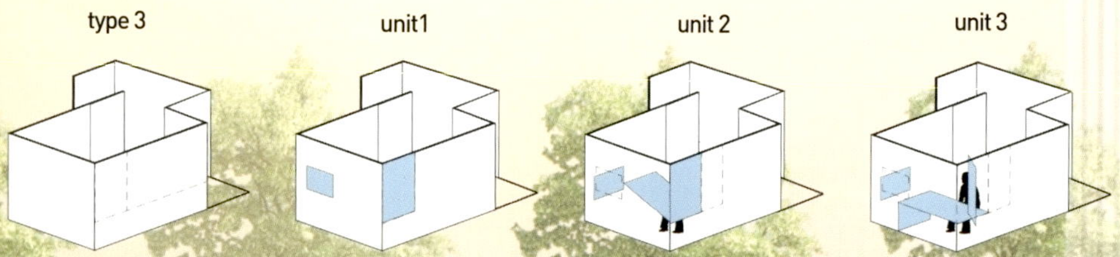

개인 Office공간으로 빌트인 가구를 디자인하여 개인작업, 업무를 가능하도록 설계하였다.

김시은 | Kim Si-Eun

CONNECT

현재의 공간은 다시 과거의 공간이 되고...
공간은 그렇게 사람, 문화, 환경 등에 맞춰 계속해서 변화한다.
그러한 흐름이 조화롭게 이어진 공간을 제안한다.

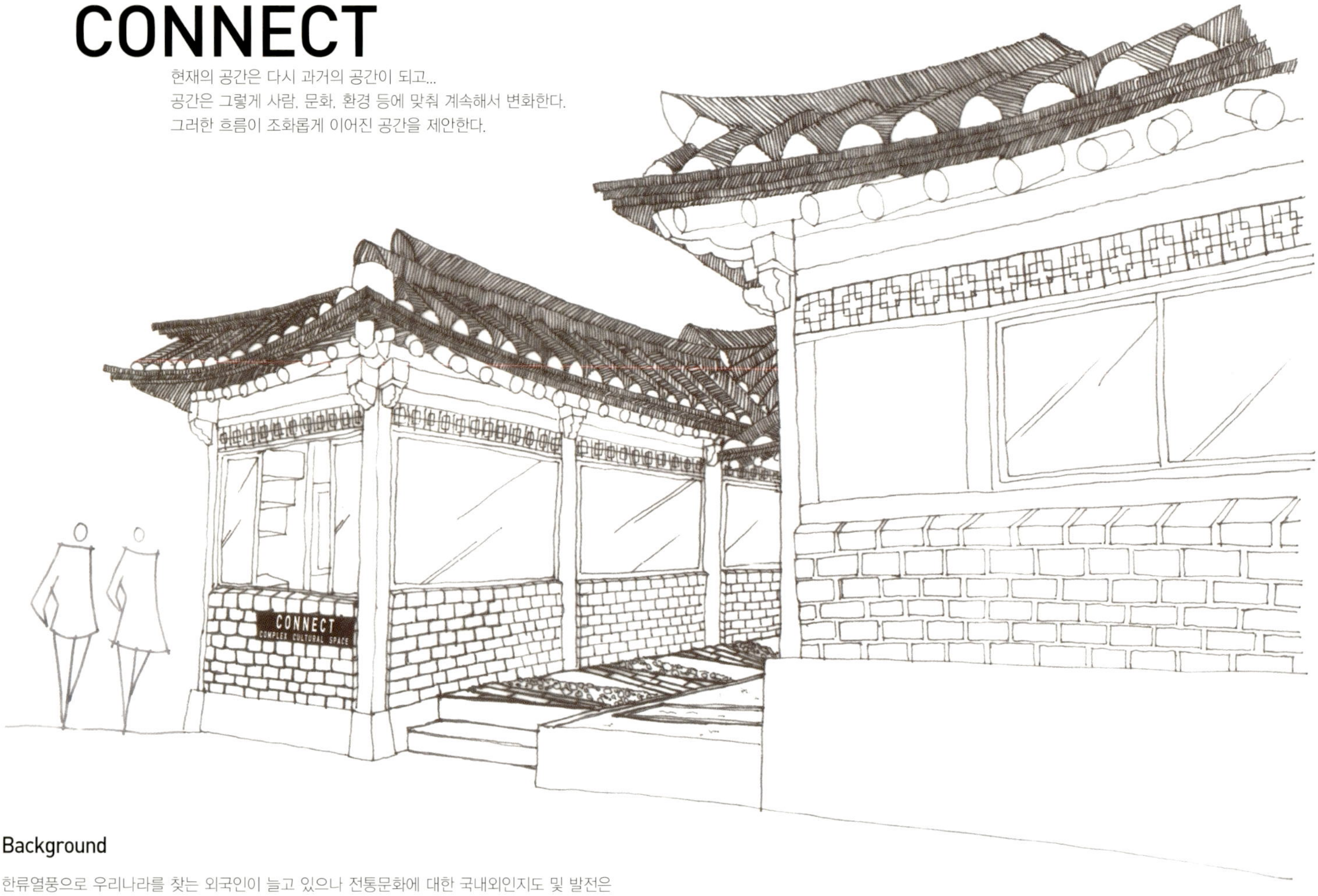

Background

한류열풍으로 우리나라를 찾는 외국인이 늘고 있으나 전통문화에 대한 국내외인지도 및 발전은 지체되어 있다. 전통문화는 콘텐츠, 관광 등 산업의 경제적 부가가치를 높일 뿐만 아니라 우리나라의 국가 지명도를 높이는 문화자원의 보고이다. 한국적인 전통문화의 가치를 스스로 알고, 그것을 세계로 확산한다면 자연스럽게 한국을 브랜드화할 수 있을 것이다. 따라서 이번 프로젝트에서는 내외국인이 전통문화를 자연스럽게 체험할 수 있는 공간을 계획하고자 한다.

Site

서울 종로구 화동 27-1

북촌은 경복궁과 창덕궁, 종묘 사이에 위치한 곳으로 전통한옥이 밀집된 서울의 대표적인 전통 주거지역이다. 한국적인 것을 보기 위해 외국인이 많이 찾는 곳이며 오랜 세월 동안에도 변하지 않은 과거의 길을 간직한 곳이다.

Item

1. 전통 차

차는 그 탁월한 색 향미와 효능으로 사랑받고 있다. 우리나라에서는 오래전부터 차를 마셔왔으며, 차 생활을 중심으로 특유의 문화가 피어났다. 한국의 차 문화는 오천 년 역사의 중심이고 바탕이다.

2. 닥종이 인형

한국의 얼굴과 옛 풍습을 잘 살릴 수 있는 닥종이 인형은 우리 전통 고유의 공예로써 무한한 가능성을 보여주고 있다. 닥종이 인형을 통해 한지의 우수성도 알리고자 한다.

Taget

한국 전통(전통차, 닥종이 인형)에 관심 있는 내외국인

Use

Cafe　　Gallery　　Workroom

카페, 갤러리, 작업실 등 성격이 다른 구성요소들이 한 공간에서 공존하며 즐거움을 주는 공간을 계획하였다. 따로 체험하기 위해 체험공간에 가거나 작품을 감상하러 갤러리에 가지 않아도 이 공간 안에서 다 이루어진다.

Concept

CONNECT: 잇다, 연결하다, 관련짓다

현재와 과거는 공존하고 시간이 흘러감에 따라 현재의 공간은 다시 과거의 공간이 된다. 공간은 그 시대에 맞춰 사람, 문화, 환경 등을 통해 계속해서 변화한다. 이러한 여러 요인이 조화롭게 이어진 공간을 제안해본다.

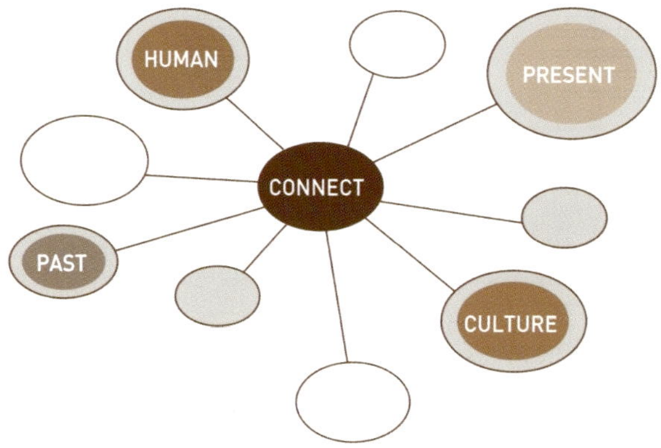

step1. 과거와 현대를 잇다.

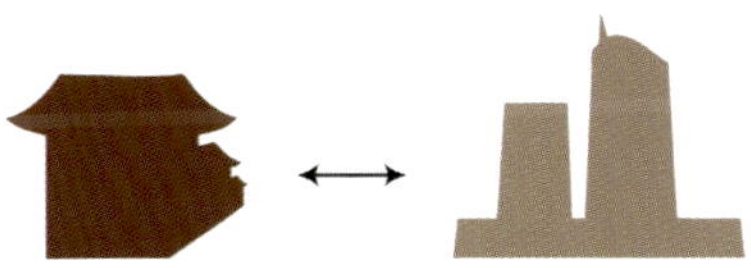

전통한옥 공간에 현대적인 요소를 가미

step2. 공간과 공간을 잇다.

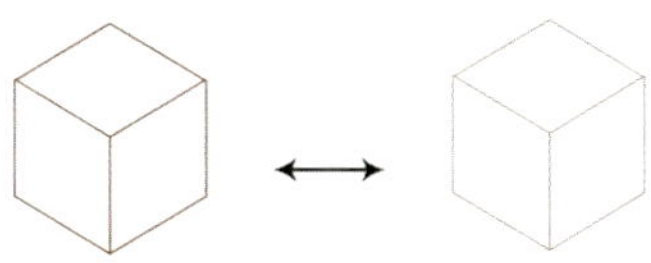

각각의 공간이 하나로 이어져 무한한 공간을 이룸

step3. 사람과 사람을 잇다.

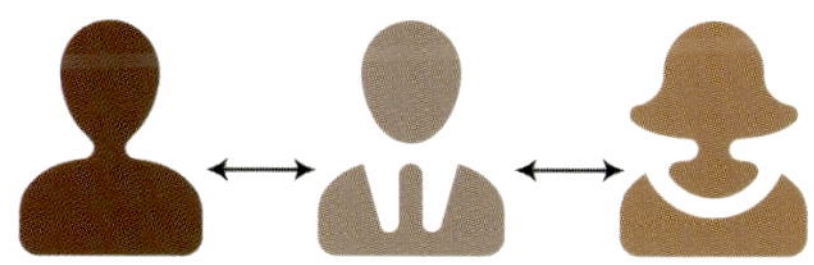

공간 안에서 다양한 경험을 공유하며 소통

Design

전통적인 요소를 넣어 가구를 제작하고 전통문양으로 장식하는 등 기존 한옥 공간에 현대적인 가구와 조명이 자연스럽게 어우러지도록 하였다.

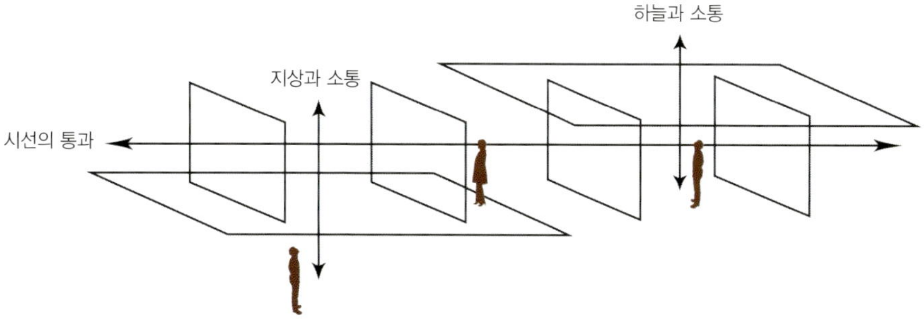

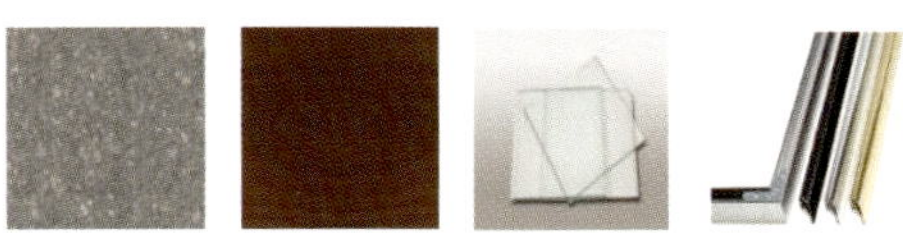

돌, 나무 등 전통적 재료와 유리, 철 등 현대적 재료를 같이 사용하였다.

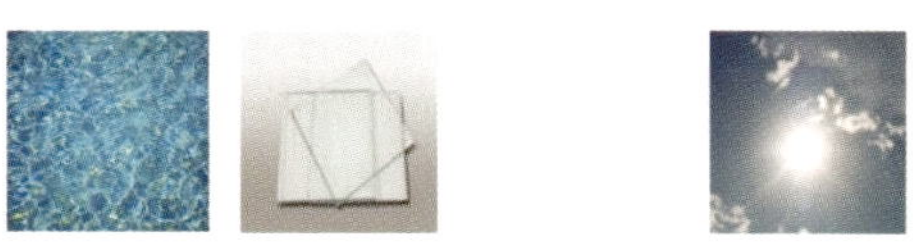

유리, 물, 한지 등 빛이 투과하는 물질로 경계를 만듦으로써 각각의 공간이 하나로 이어져 무한한 공간을 이룬다.

각각의 내외부 공간을 이어줌으로써 사람들 사이에 다양한 행위들이 같이 공유되고 융합할 수 있는 소통의 공간이 된다. 공간과 사람, 사람과 사람이 공간을 통해 교감하고 행위가 이루어지는 공간을 제안한다.

Plan

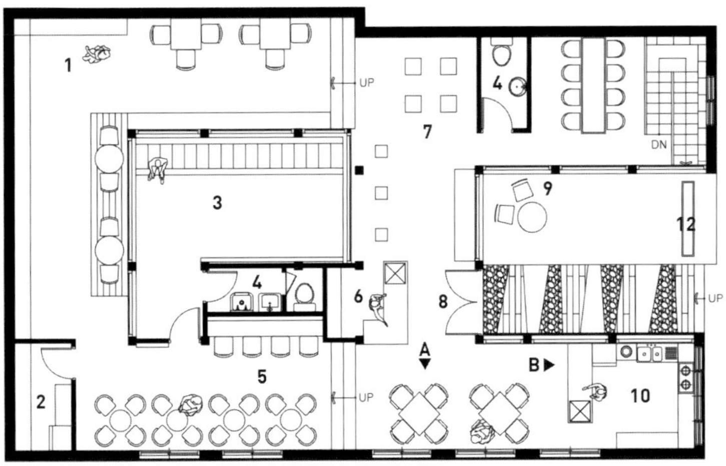

1'ST FLOOR PLAN

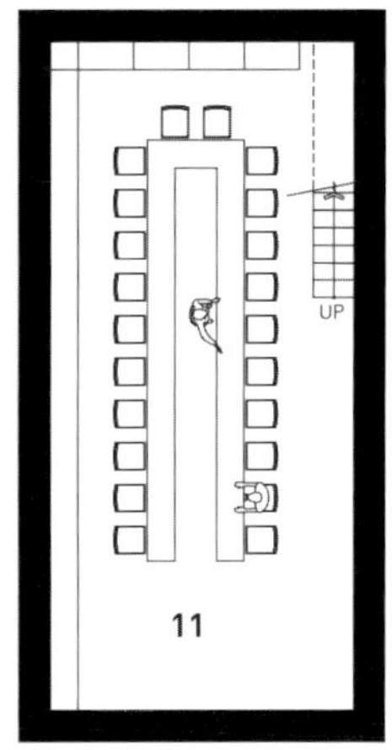

BASEMENT PLAN

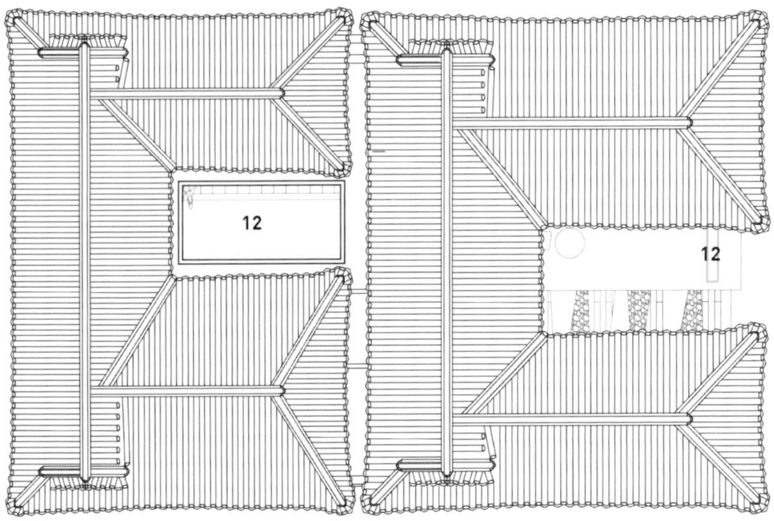

ROOF PLAN

1. CAFE & GALLERY
2. STORAGE
3. REST SPACE
4. TOILET
5. CAFE
6. INFORMATION
7. GALLERY
8. ENTERANCE
9. OPEN TERRACE
10. KITCHEN
11. WORKROOM
12. SKYLIGHT

N 0 1 3 6 10(M)

FACADE

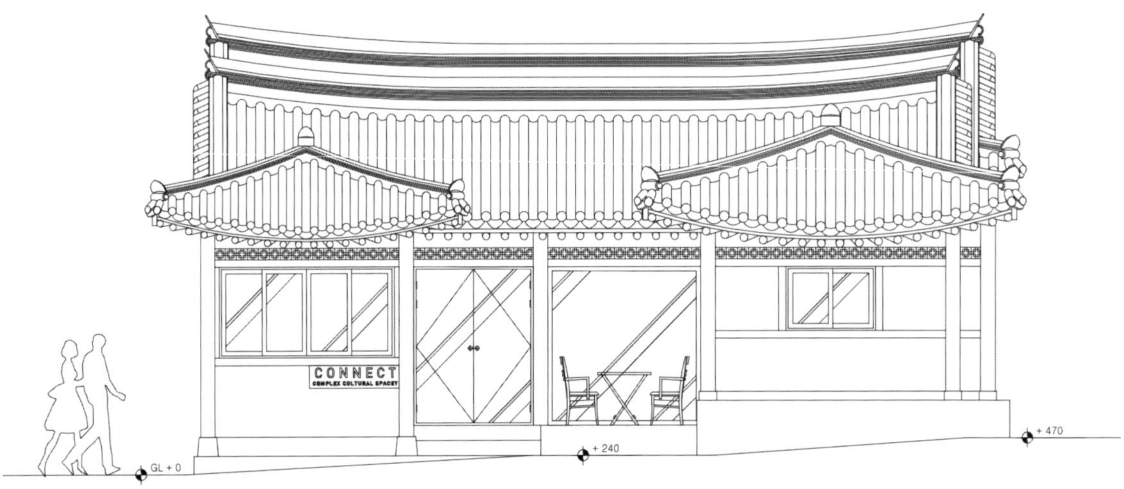

0 1 3 6 10(M)

Elevation

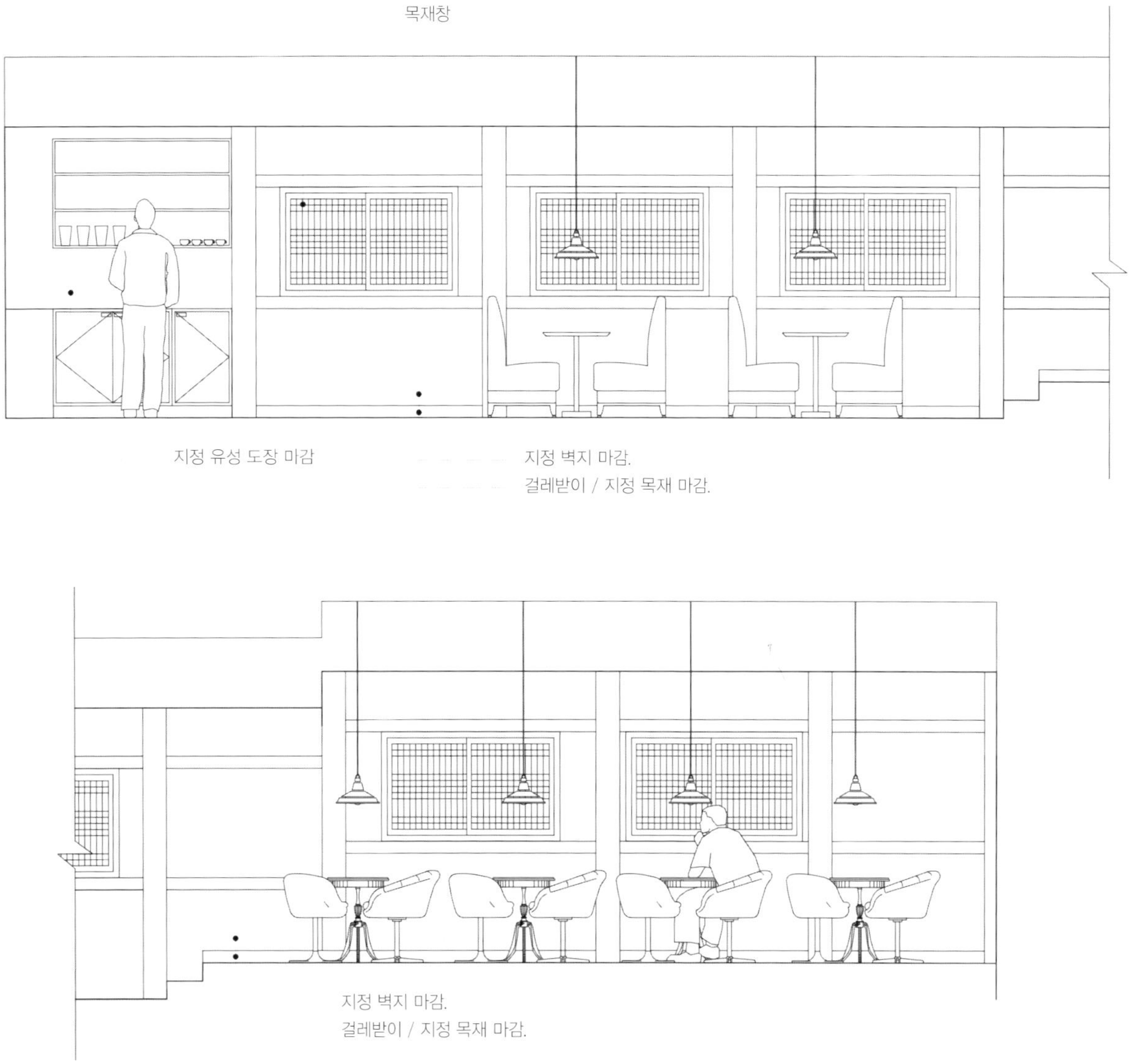

ELEVATION A

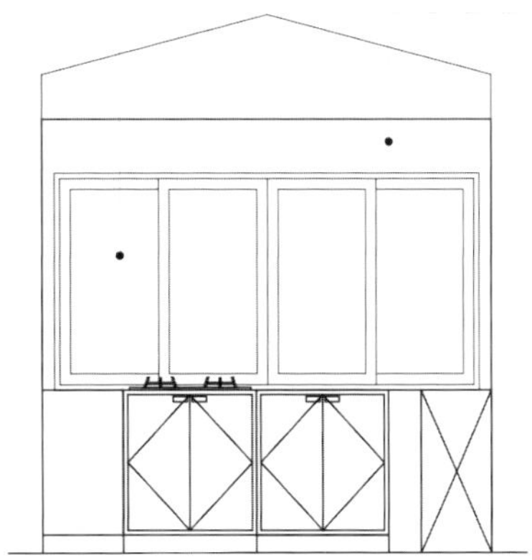

ELEVATION B

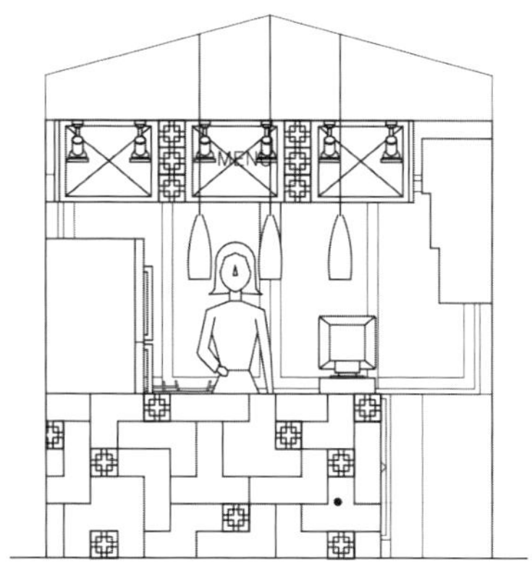

ELEVATION B'

Isometric

공간구성

적극적인 치장이나 채움보다 공간이 주는 여백의 단아함 또는 여유로움을 통해 공간이 존재하는 그 자체로써의 의미의 중요함을 강조한다. 이용자의 다양함을 반영하여 카페, 갤러리, 작업실, 판매공간 등을 함께 구성하여 공간의 다양성을 준다. 바닥의 레벨차이와 가구의 컬러를 이용해 공간을 구분한다. 전통을 알릴 수 있는 여러가지 프로그램을 구성한다.

천창

천창에 물을 얕게 채워 넣었다. 빛에 비친 물그림자의 변화에 따라 시간의 흐름을 알 수 있으며 공간의 빛 우물 역할을 한다. 공간의 확대감을 준다.

전시공간

흰색 페인트 마감. 비정기적 전시를 통해 고객들과 소통을 유도한다. 자연스럽게 전시를 보고 전시품 중 일부는 구매할 수 있도록 한다. 손님이 만든 작품도 전시에 포함하여 체험에 동기를 부여한다.

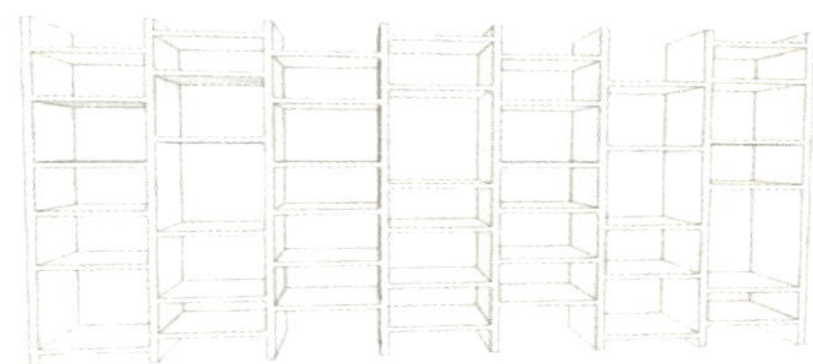

카페공간

들어서는 부분은 현대식 가구로 꾸며져 있으나 안으로 들어갈수록 전통식 가구로 꾸며서 과거로의 여행을 하는 듯한 느낌을 유도한다. 다양한 테이블과 의자를 사용하여 고객들에게 방문 할 때마다 새로운 경험, 다양한 경험을 제공하여 즐거움을 이끌어 낸다. 공적인 공간과 사적인 공간을 만들어 때에 따라 선택하여 사용할 수 있게 한다.

체험공간

전통 차와 닥종이 인형의 만드는 법을 체험할 수 있는 공간이다. 여러 가지 프로그램이 운영된다.

1. CAFE & GALLERY
2. STORAGE
3. REST SPACE
4. TOILET
5. CAFE
6. INFORMATION
7. GALLERY
8. ENTERANCE
9. OPEN TERRACE
10. KITCHEN
11. WORKROOM
12. SKYLIGHT

Perspective

A_ KITCHEN & CAFE

B_ CAFE

C_ CAFE & GALLERY

D_ REST SPACE

E_WORKROOM

Color plan

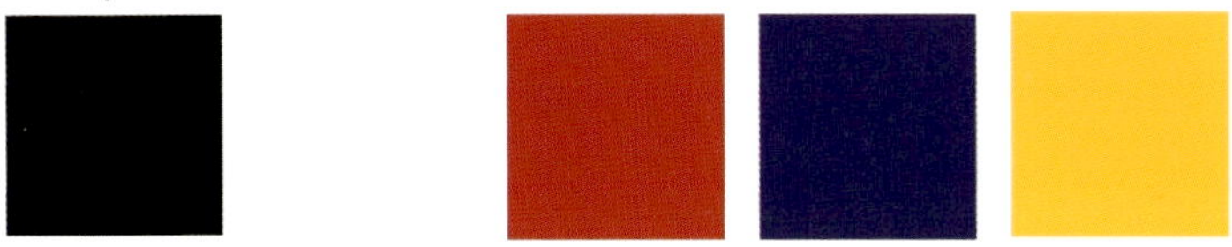

오방색

한국의 전통색으로 오행의 각 기운과 직결된 흑(黑), 백(白), 적(赤), 청(靑), 황(黃)의 다섯 가지 기본색을 말한다. 천정, 벽, 바닥을 무채색으로 통일감을 주고 각 공간마다 적, 청, 황색으로 포인트를 주었다.

최수진 | Choi Soo-Jin , 김아름 | Kim Ah-Rum

Mobile Architecture + Pop-Up Store

All fresh Pop up Store

FTA로 관세가 낮아지면서 수입과일 소비량은 2013년 21% 에서 계속해서 급증하고 있는 추세이다. 반대로 국산 과일 소비 비중은 줄어들면서 국내 과수 농가가 큰 타격을 받고 있다. 현재 우리나라 과수 농가가 도태 되어 가고 있는 문제점 해결을 위하여." 친환경 로컬푸드 운동" 지역에서 생산된 먹을거리를 지역에서 소비하고, 무차별적으로 밀려오는 글로벌푸드에 맞서 우리 농가를 보호하고 안전한 먹거리를 확보할 수 있는 다양한 활성화 방안이 모색 중 이다. 쉽게 접근할 수 있고 입소문 마케팅에 유리한 POP UP STORE 와 유동적이고 가변적인 모바일 건축을 과일가게에 접목시켜 침채되어가는 우리 과수농가에 활력을 불어 넣어줄 것이다.

Site

서울 중구 수하동 67 미래에셋빌딩 1층에 위치하고 있는 카페 마마스 청계천 점을 사이트로 정하였다. 을지로입구역, 종각역, 종로3가역, 을지로 3가역 등 서울 수도권으로 통하는 주요 교통시설이 주변에 밀집되어 있고, 주변에 청계천이 있어 유동인구 또한 많다.주변에 오피스상권이 많이 밀집되어 있어 주요 타겟층인 직장인 유동인구가 많다는 장점이 있다.

장소로부터 자유로운 모바일건축은 Site에 얽매이지 않고 다양한 장소에 시공 가능하다는 장점이 있다. 오피스 상권이 밀집되어 있는 강남, 여의도, 종로, 명동이 주요 타겟이며, 유동인구가 많은 구로,마포 서대문 일대에 Pop-Up Store를 설치하므로써 입소문 마케팅에 유리하고, 브랜드 특징을 자세히 알릴수 있는 팝업스토어의 장점을 통하여 All fresh의 홍보효과를 극대화 할수 있다.

Target

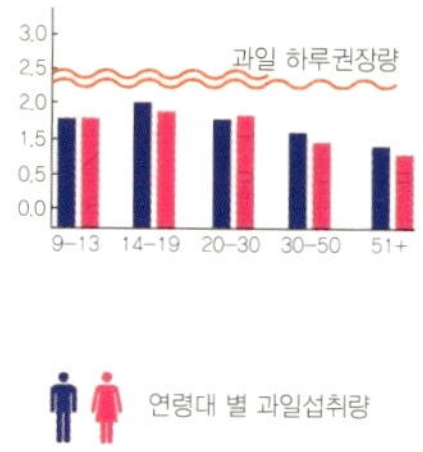

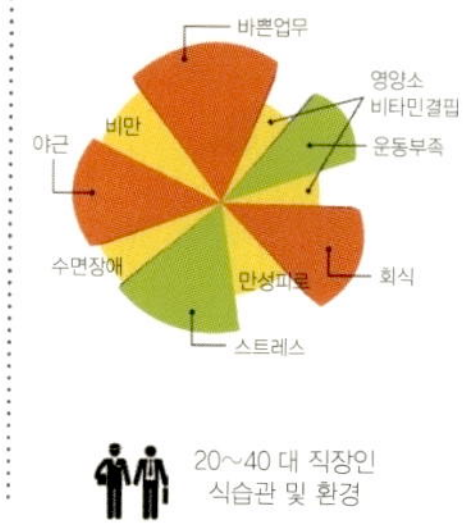

실제 우리나라 사람의 90% 이상, 그 중 20~40대에게 과일, 채소 섭취량이 특히 부족하다는 조사 결과가 있다. 바쁜 일상 속에서 불규칙적인 식습관과 영향 불균형이 생활화된 직장인이야 말로 가장 몸에 신경을 많이 써야 하는 현대인 중 하나이다. 바쁜 일상에서도 언제든지 간편히 접할 수 있는 생과일로 '과일 결핍증'을 극복하고 건강을 챙기길 희망한다.

Brand

국내 최고의 과일 재배산지와의 친환경 재배협약을 통해 농가의 이익을 돌보면서 소비자들에겐 합리적인 가격으로 맛있는 제철 자연과일을 제공하는 공정무역을 실현하는 과일 브랜드이다. 매일 판매 수량을 정해놓고 있으며 하루 지난 과일은 판매하지 않는게 브랜드 원칙이다.

기존의 과일가게Display방식과 다르게 Open된 냉장시스템과 손님이 직접 display하는 방식을 통하여 구매자와 방문자가 직접 디스플레이에 참여하면서, 과일을 구매하는 동시에 흥미를 유발한다. Open된 display를 통하여 다양하게 변화하는 디자인이 나타날 수 있다.

Concept

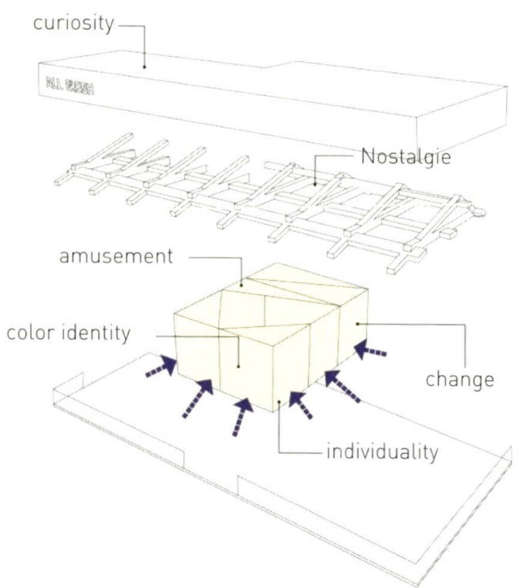

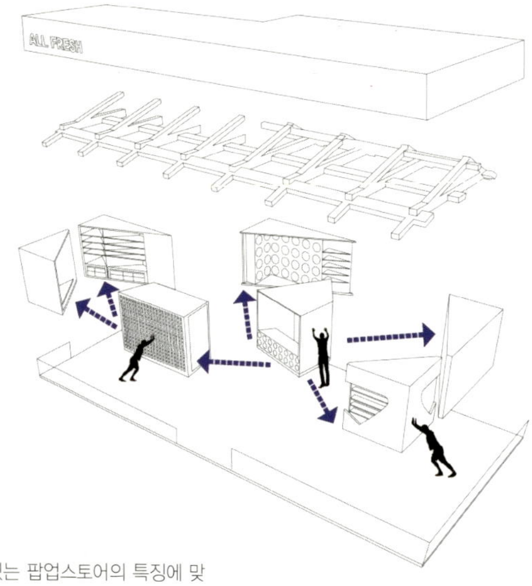

입소문 마케팅에 유리하며, 브랜드의 특징을 자세히 알릴 수 있는 팝업스토어의 특징에 맞추어 이동가능하며 각각의 디스플레이 공간을 하나의 유닛으로 적용해 그 각각의 유닛이 공간안에서 자유롭게 움직이고 사용자의 needs에 맞게 변화하는 공간을 계획 하였다.

기후나 환경에 순응하며 살아가는 유목민처럼 빠르게 변화해가는 사회 전반적인 분위기에 맞추어 건물은 축소되고 경량화 되고 있다. 축소되어 가는 공간을 최대한 활용 할 수 있는 Design이 필요하다. 하나의 공간 안에서 쪼개지고 나누어지면서 장소로부터의 자유, 형식으로부터의 자유, 움직임과 이동을 통하여 다양한 모습으로 변화 가능하다. 기후나 환경에 순응하며 살아가는 유목민처럼 다양한 환경에 적응하며 다변화 가능한 Design을 추구한다.

Nostalgie

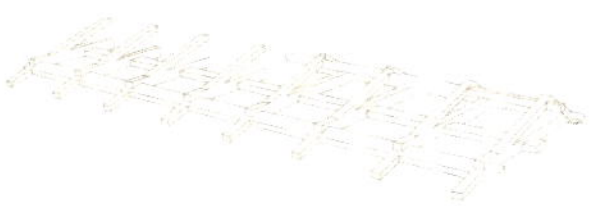

도심 속에서 바쁜일상을 보내는 현대인들에게 천정의 나무보를 이용하여 다락방을 연상시키며 향수를 불러일으킨다.

Pop - Up

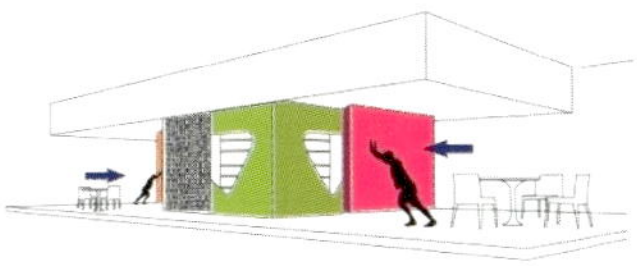

자유자재로 이동가능하며 사용자의 needs에 맞게 변화하는 공간을 계획한다.

Built-in

가구를 넣었다 벽에 Built-in하여 불필요한 공간을 최소화 시킨다.

Fresh

과일의 신선한 color를 이용하여 공간을 colorful하게 디자인 한다.

Space programming

시간에 따라서 벽체를 자유롭게 밀고 당기면서 다양한 공간이 구성될 수 있다. 벽체를 모두 밀어 닫혔을때에는 사용자의 필요에 맞게 공간을 효율적으로 사용할 수 있으며, store가 열렸을 때에는 공간이 확장되어 다양한 동선이 생성되면서 이용자들에게 부담없이 공간을 사용할 수 있도록 한다.

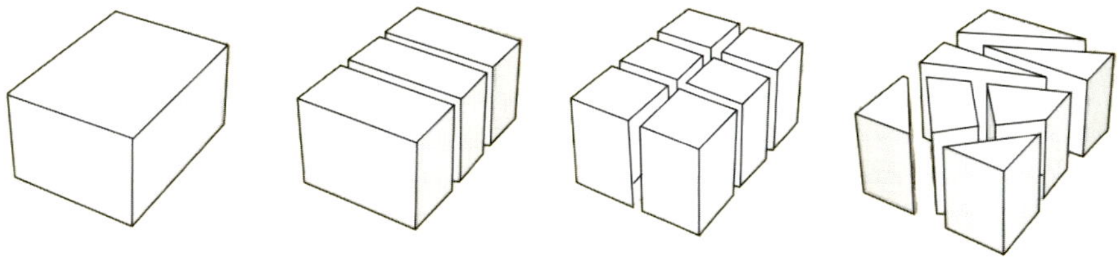

Floor plan

소비자의 needs에 따라 과일가게의 open과 closed시간에 맞추어 공간이 변화한다.공간이 자유롭게 열리고 닫히면서 site에 얽매이지 않고 공간을 더욱 더 효율적으로 사용 가능하게 한다. 모양이 자유자재로 변화하는 것은 빠르게 변화해가는 사회의 전반적인 분위기에 적응하며 다양한 공간을 연출가능하게 한다.

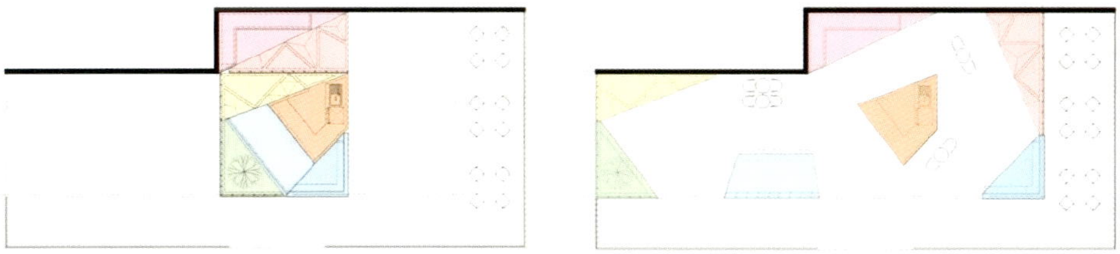

Exploded view

Nostalgie

도심 속에서 향수를 불러일으킨다 .

Roof

Simple한 Fresh의 이미지를 어디서나 적용 가능 하도록 단순화 하였다.

Fresh

신선한 과일의 **color**를 사용한다.

Ceiling wood beam

천정을 나무보로 디자인하여 도심속에서 향수를 불러 일으킨다.

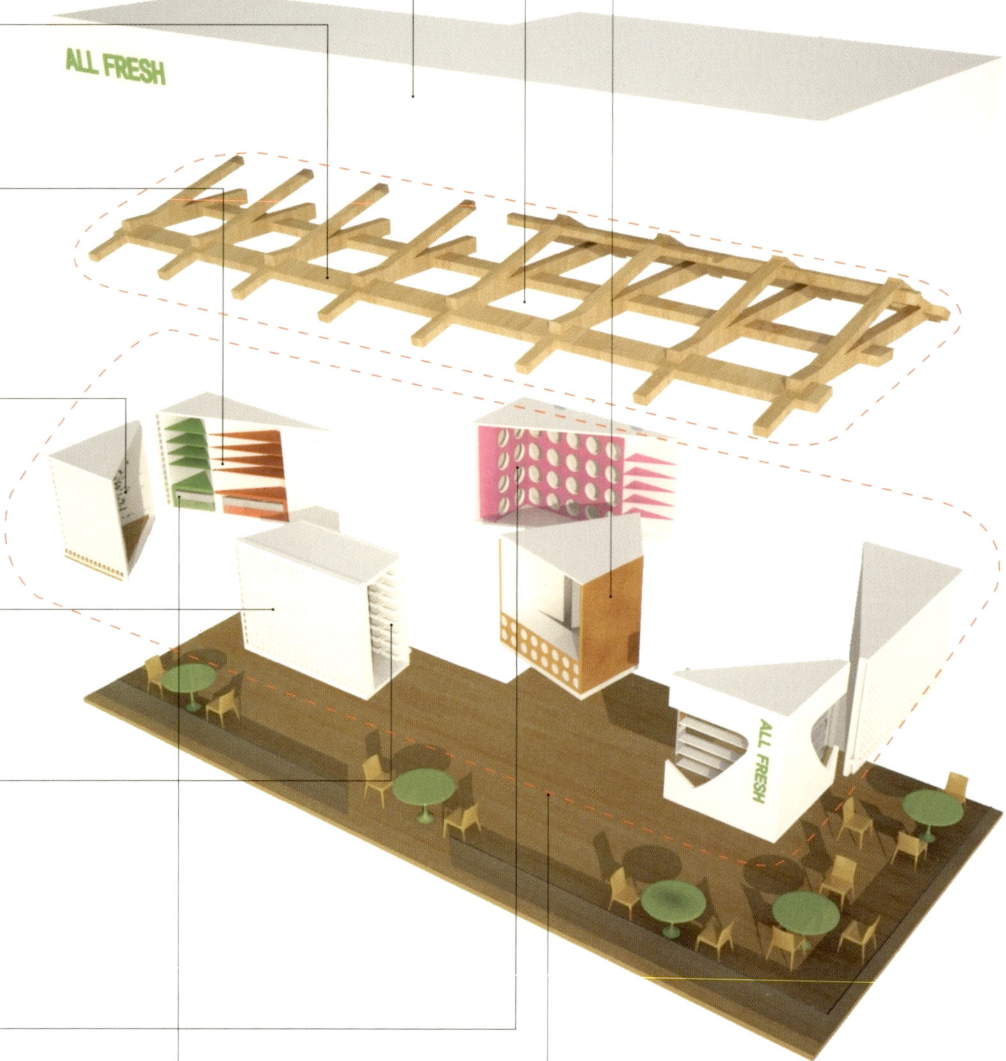

Shelf, Built-in table & chair

Display 선반 이외의 불필요했던 공간을 이용하여 테이블과 의자를 built-in 하였다. 공간에 맞게 테이블과 의자가 여러형태로 디자인 되었다.

Communication tree

기존의 디스플레이 방식과 다르게 작은 나무를 설치하여 나무에 다양한 과일을 매달아 놓는 디스플레이로 매장에 방문한 고객들에게 직접 나무에서 과일을 따는 즐거움을 제공할 수 있다.

LED

외부 벽에는 LED가 설치 되어 있으며, 센서가 있어 사람들이 지나다니는 것을 인식해 그형태대로 빛이 나온다.

PULL & PUSH mesh basket

Mesh 형태의 바구니를 이용한 display이다. 앞뒤로 자유롭게 움직일 수 있는 mesh바구니는 하나의 바구니 안에 다양한 종류의 과일을 담을 수 있고, 사용자의 의도에 따라 여러 표정의 display를 할수있다.

Refrigerator

refrigerator를 벽 내부에 built-in 하여, 공간을 최소화 하였다. 디스플레이 되어있는 과일 모양과 색에 따라 벽 디자인이 수시로 변화 하면서 다양한 분위기를 연출할 수 있다.

Pop-up

각각의 Unit들은 자유롭게 이동가능 하다.

Built-in

불필요한 공간을 없애고 사용자의 필요에 맞게 이동할 수 있다.

Shelf, Built-in Table & Chair
PULL & PUSH Mesh Basket
Communication tree
Built-in refrigerator

박소망 | Park So-Mang

BUILD SOMETHING UP

Site analysis

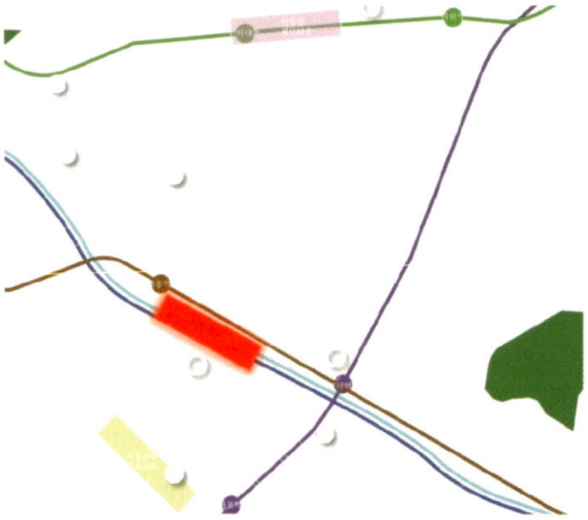

서울특별시 마포구 염리동 169-12(백범로 28길 17)

99.6m*83.55m = 183.15

accessibility

6호선 대흥역, 공덕역/아현동 웨딩타운,
마포 음식문화거리

Background

presentation of a problem

과도한 결혼 비용/웨딩푸어

solution plan

허레허식X/실용주의 웨딩

허례허식 | 지나친 부모의 간섭 | 보상심리 | 완전한 출가 | 개성표현 | 의미 회복 | 고착된 문화 탈피

고착된 결혼 절차 | 웨딩푸어 | 본질의 상실

space program - public sapce

연회공간 하객공간 하객맞이공간 놀이공간 동선

space program - private sapce

신부대기실 탈의실 하객 공간 동선 밥차

MON	A	새천년 체조
	N	마술쇼
TUE	A	구연동화
	N	시 낭독회
WED	A	새천년 체조
	N	스크린 영화 상영
THU	A	요리강습
	N	악기 연주회
FRI	A	Afternoon tea
	N	Wedding event
SAT	A	
	N	
SUN	A	
	N	

Concept idea

idea1. 오더메이드 웨딩/나만의 웨딩 스토리 만들기

idea3. 자유로운 형식의 웨딩
/시간과 장소에 구애받지 않는 자유로움

idea2. 하우스/파티 형식의 새로운 스타일의 웨딩

idea4. 다양한 공간 활용
/활용도가 낮은 곳에서의 다목적 이용 가능

Concept keyword

keyword1. 이동 가능한/경량화, 가설, 이동성

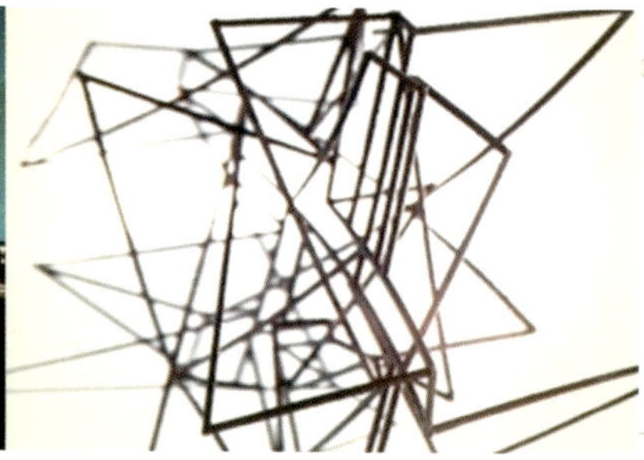

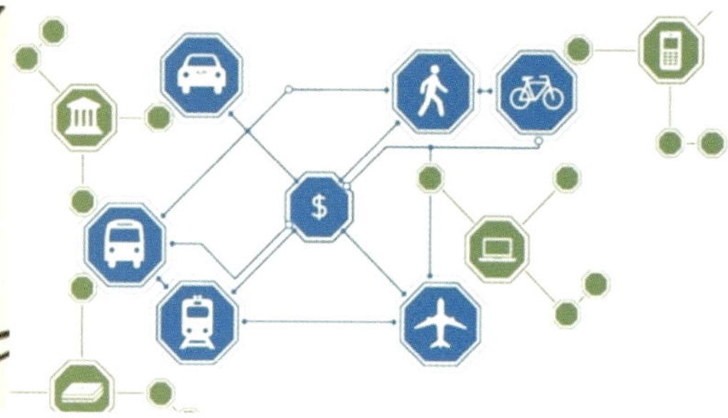

keyword2. 조립, 변형 가능한/유연한, 조립, 변형

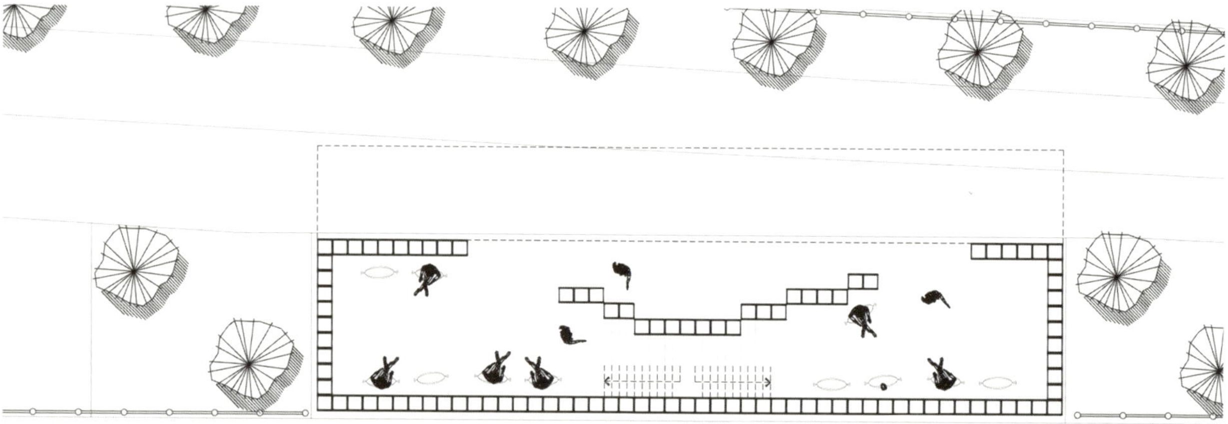

1st Floor plan

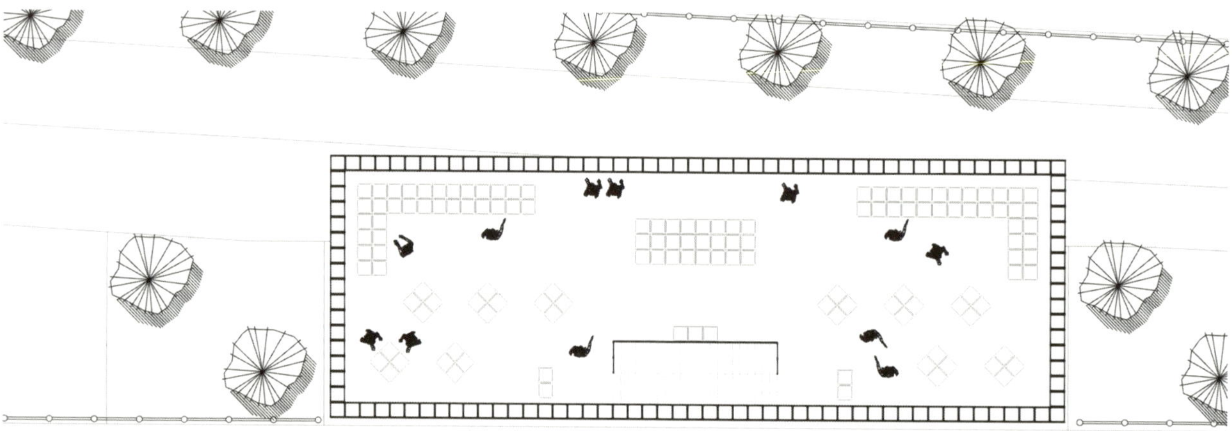

2nd Floor plan

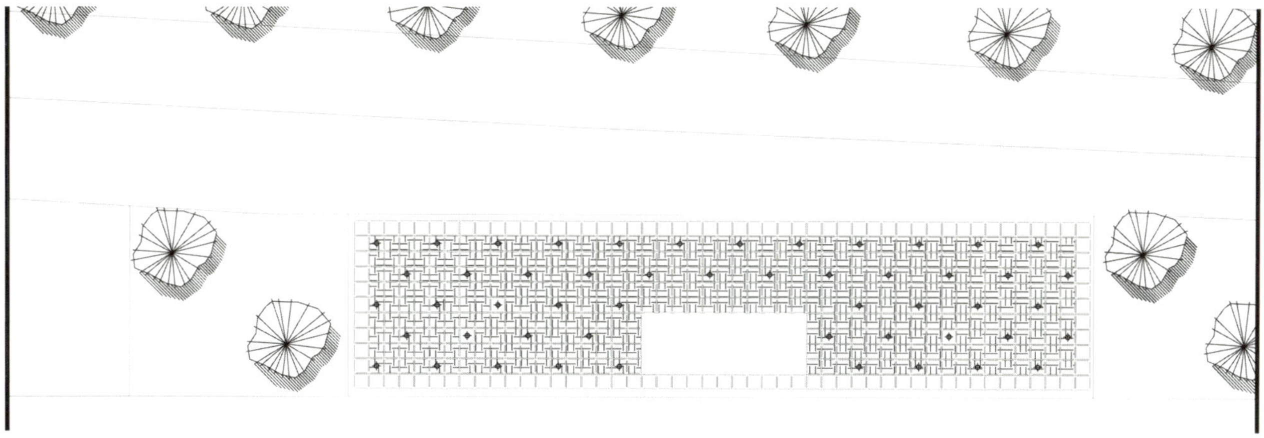

Celing Plan

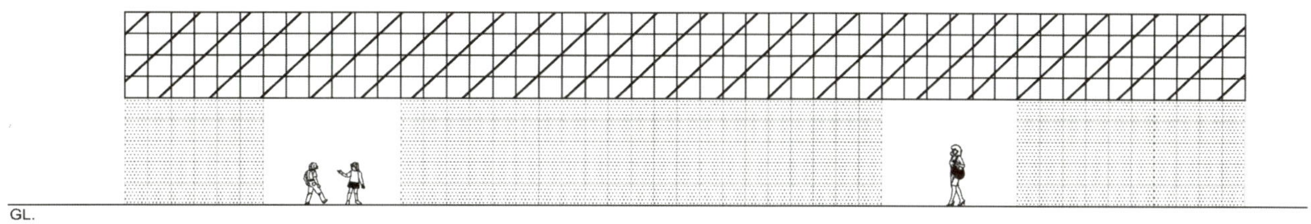

Facade

김혜미 | Kim Hye-Mi

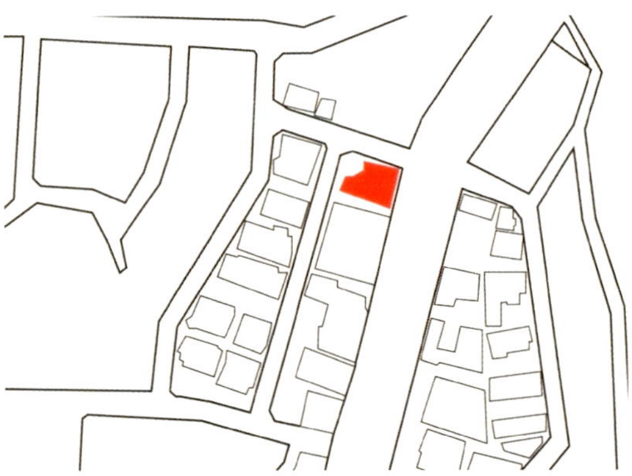

Site

서울특별시 마포구 서교동 362-2

2호선 홍대입구역 인근. 20~30대의 유동인구가 많고 음악이 끊이지 않으며 젊음의 거리라 불린다.

Background

전동 칫솔이 나와도 칫솔은 버려지지않았다.
자동 우산이 나와도 우산은 버려지지 않았다.
TV가 나와도 라디오와 영화는 사라지지 않았으며,
새로운 노래가 나와도 옛 노래는 끊임 없이 연주되고 있다.

새로운 것은 환영받지만 익숙한 것은 사랑받는다.

급변하는 사회에 다양하고 새로운 것이 끊임없이 나오고 또 많은 것들이 사라지지만 음악만은 영원히 사라지지 않고 세계인이 공감하고 소통할 수 있는 하나의 언어임에 틀림없다.

RE : make

Concept

레코드는 이제 만들지 않는, 사라진 것 중 하나다. 하지만 그 안에 음악은 아직까지도 남아있으며 지금에 와서는 원곡에 믹싱을 하여 새롭게 재탄생 시킴으로써 다르게 또 같게 이어져 오고 있다. 'Remake'란 예전에 있던 영화, 음악, 드라마 따위를 새롭게 다시 만들고 이때 전체적인 줄거리나 제목 따위는 예전의 것을 그대로 사용한다는 뜻이다. 날로 발전하는 사회에서 앞으로 새로운 것을 창조할 것만이 아니라 옛 것이 있기 때문에 지금도 있고 앞으로도 더 발전할 수 있는 이유임을 알아야 한다.

Motive

Record		Club
Analogue		Digital
7080		2030
Doceness	MUSIC	Fantasy, free
Coffee		Alcoholic drink
Pop		Hip-hop, elec
personal		society

21세기의 트렌드는 융합(mix)이다. 복합과 기능통합 단계를 지나 화학결합(Fusion)을 통해 새로운 변종을 만들어내는 결합인데, 이것은 음악에도 적용되고 우리에게 흔히 'Remake' 란 개념으로 자리 잡고 있다. 1948년 LP가 처음 등장했고 당시만 해도 소수 계층만이 누릴 수 있는 문화였지만 녹음과 제작 기술이 나날이 발전 하면서 많은 명반이 LP로 만들어졌다. 후에 음질과 휴대하기 편한 작은사이즈가 매력적인 CD가 등장하면서 LP는 더이상 제작되지 않았다. 그럼에도 LP시대에 있던 음악은 여전히 존재 하고 있으며 CD음악에 이어 2030시대엔 mixing이란 작업을 통해 원곡을 더 감각적이고 그 시대에 맞게 바꿔 듣기에 이르렀다.

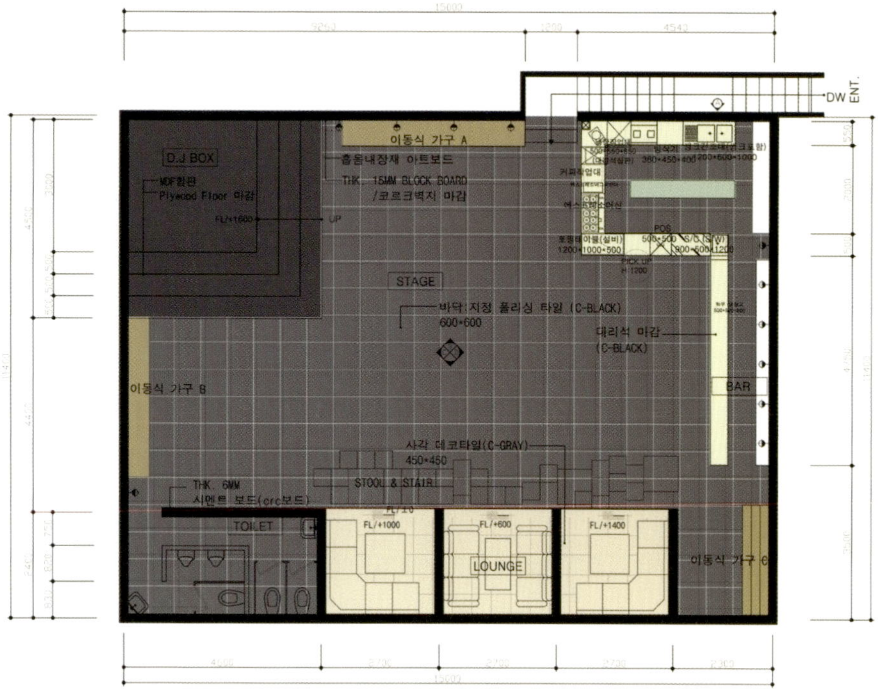

FLOOR PLAN
SCALE=1/60

Use & User

Day time - Record cafe

7080

Night - Club

2030

Material

Cork wall covering

지하라는 공간적 특성과 음악이 끊이지 않는 곳이란 걸 감안하여 내구성이 좋고 흡음, 방습이 풍부한 코르크 벽지를 사용

Transition

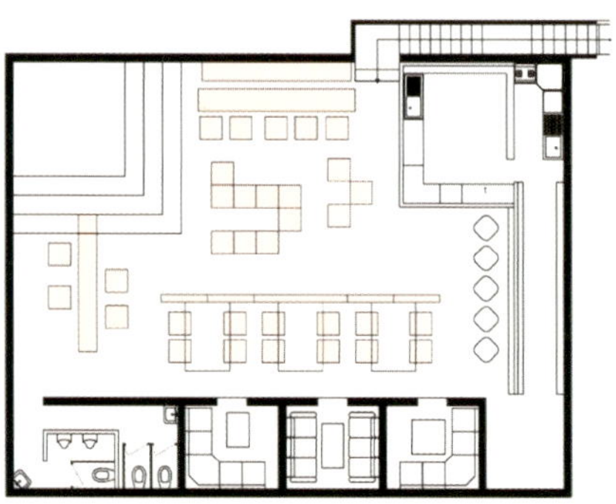

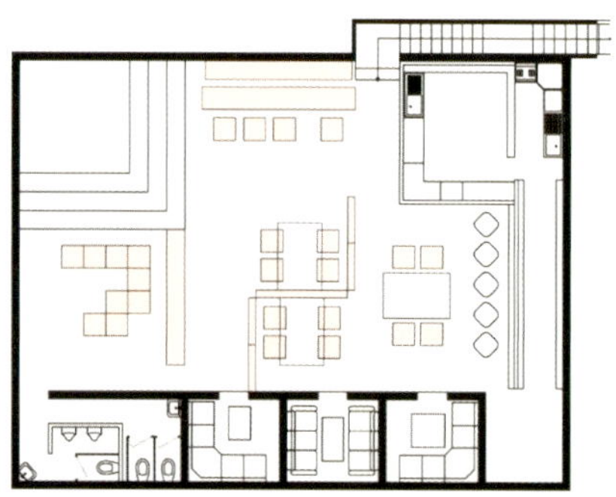

Rail - structure

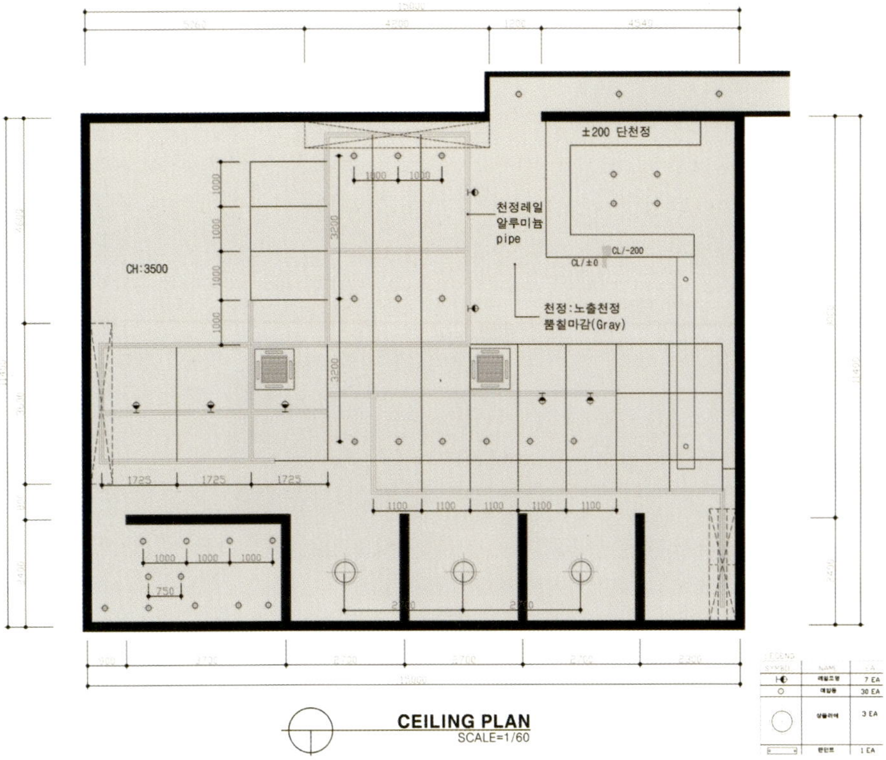

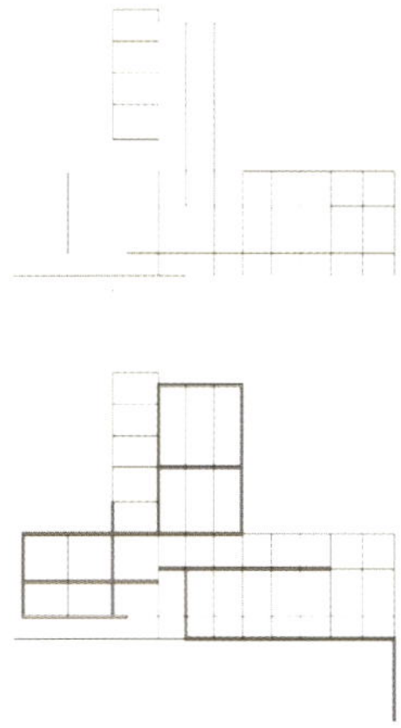

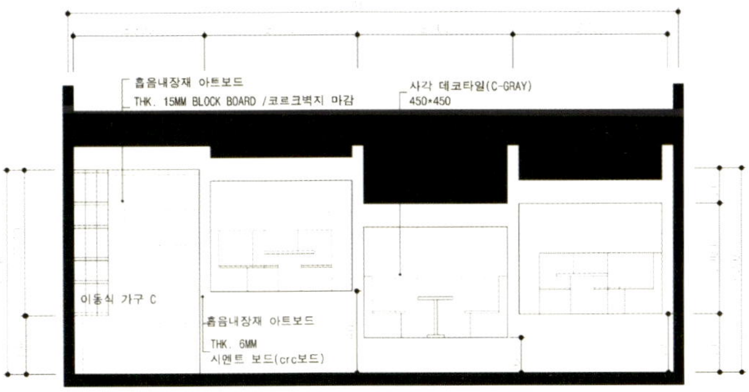

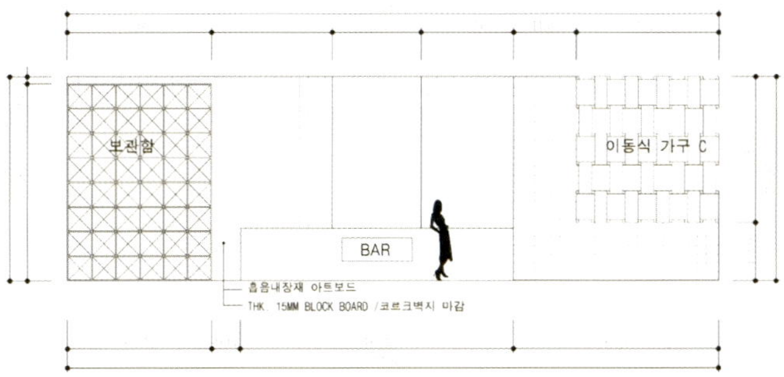

Isometric

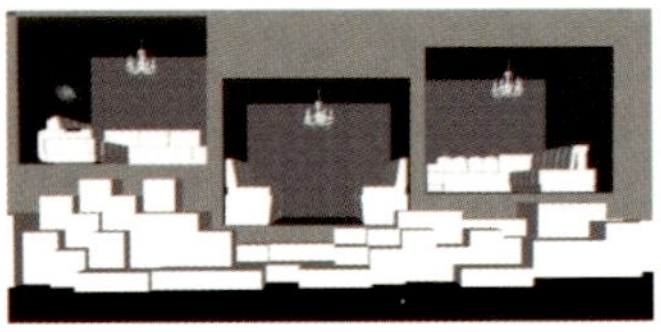

Lounge - Hall과는 달리 독립된 공간으로 낮엔 룸까페가 될 수 있고 밤엔 술을 마실 수 있는 공간.

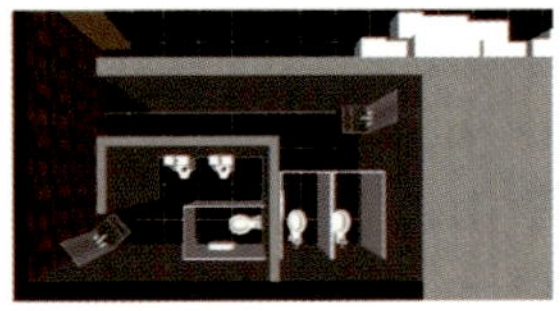

Toilet

DJ BOX - 낮에는 LP음악을 틀어주고 밤에는 믹싱음악을 틀어주는 DJ의 전용공간

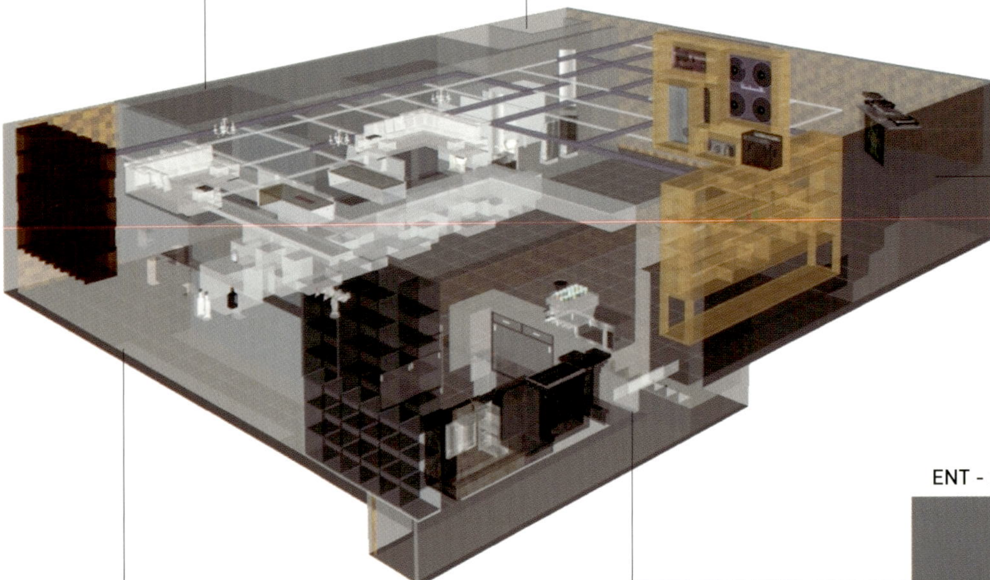

ENT - 지상에서 지하로 들어가는 입구

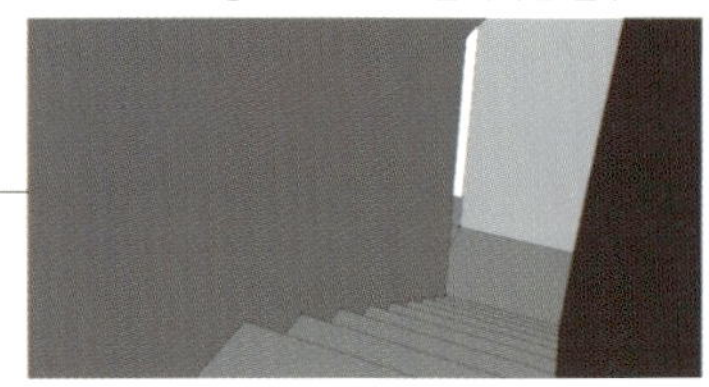

낮에는 주문을 받고 만드는 주방 겸 카운터가 되고 밤에는 클러버의 짐을 보관하는 락카룸이 되는 공간. BAR가 함께 연결되어있어 혼자 온 사람도 부담없이 즐기고 갈 수 있다.

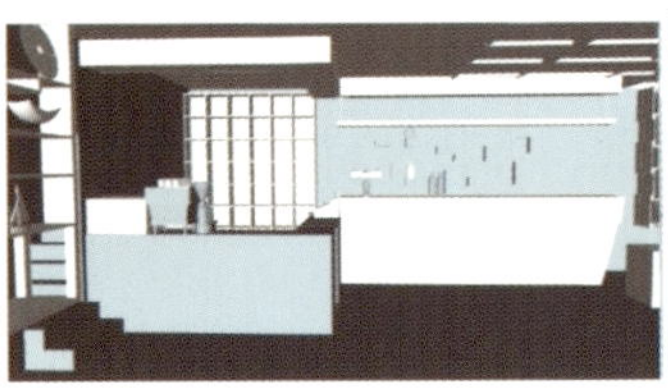

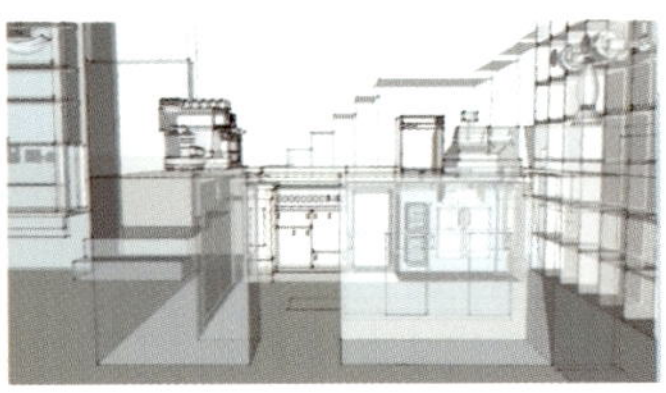

Moving furniture

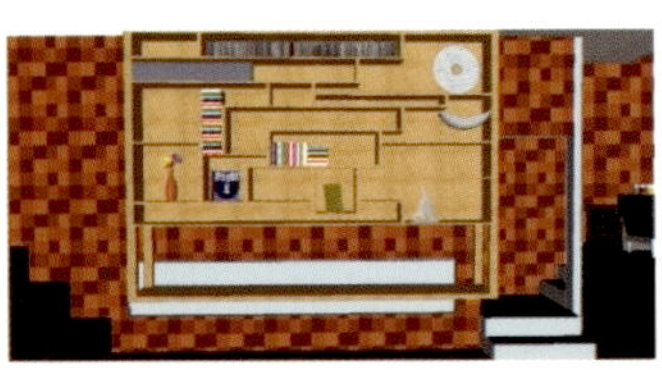

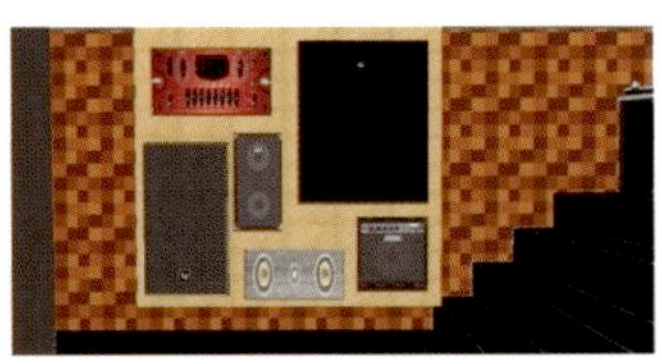

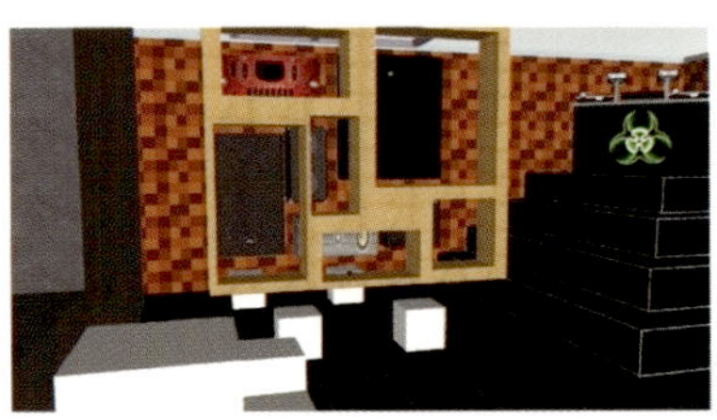

Space view

entrance view

main hall

moving wall & table, seat

이유리 | Lee Yu-Ri , 장혜선 | Jang Hye-Sun

Spa & Aesthetic Shop

제주도에서 만나는 화려함을 벗어버린 자연과 함께하는 온전한 쉼

Background

최근 안티에이징, 동안 열풍이 불면서 대중들의 에스테틱에 관한 관심이 커졌다. 과거엔 에스테틱과 스파는 부유층들의 스트레스 해소법으로 많이 인식되어 왔지만, 최근 자신을 위해 투자를 하는 뷰티족들이 늘어나면서 그러한 인식들이 점차 사라지고 있는 추세다. 우리 주변을 돌아보면 스트레스에 힘들어 하는 사람들, '삶의 질' 에 포커스를 맞추는 세대들을 흔히 관찰할 수 있는데, 이들은 스트레스로 인해 근육이 뭉치면 운동이나 찜질방으로 가기보다는 최고의 서비스를 받으며 고급스럽게 마사지를 받으려는 방법으로 스트레스를 해소하려는 경향이 강하다.

Site Analysis

제주특별자치도 서귀포시 안덕면 화순리 1888번지

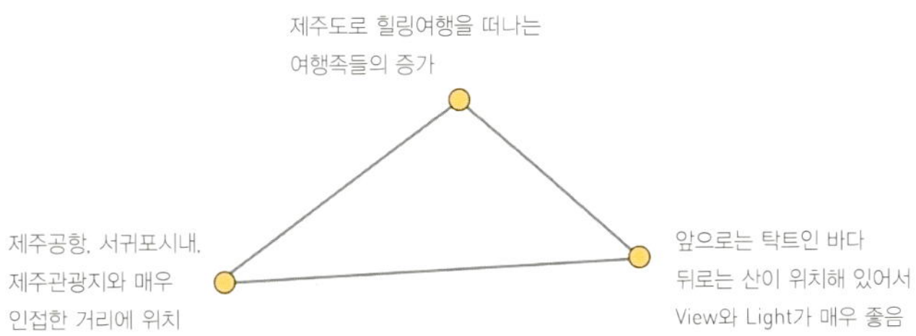

Purpose

아름다움에 대한 관심은 여자 뿐만 아니라 남성들에게도 큰 관심사가 되고 있다. 나를 가꾸는 시간을 통해 즐거움도 느끼고 삶의 여유를 즐기는 뷰티족들이 많이 늘어나고 있는 추세이기 때문이다. 이들은 에스테틱을 통해 스트레스 해소와 지친 일상에서 벗어나 잠시나마 삶의 여유를 즐기려는 경향이 크다. 그렇다면 이들이 에스테틱을 즐기기 위해 필요한 공간은 어떤 곳일까?

그들은 스파, 에스테틱 관리를 받을때는 짧은 시간이지만 지친 일상속에서 잠시 벗어나 누군가의 방해를 전혀 받지 않는 나 혼자만의 프라이빗한 공간 속에서 자유롭게 여유를 느끼고 싶어 할 것이다. 우리는 이들을 위해 오픈되어 있지만 개인의 프라이빗은 모두 지켜지는 공간속에서 이루어지는 다양한 활동들을 통하여 지친 일상에서 한박자 쉬어가며 삶의 여유를 느낄 수 있는 곳, 나를 가꾸며 얻는 소소한 즐거움, 에너지를 되찾을 수 있는 공간을 제공하려 한다.

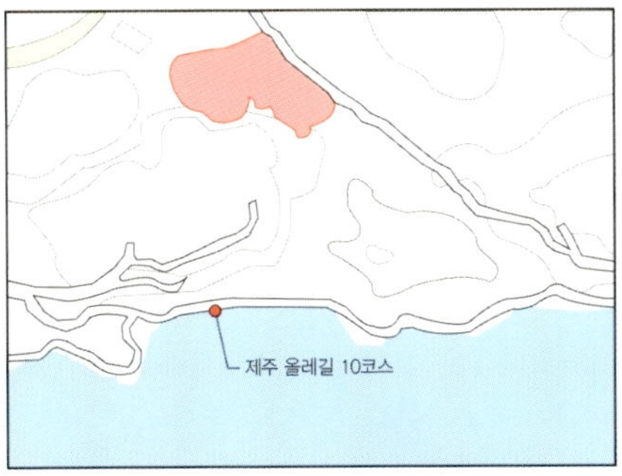

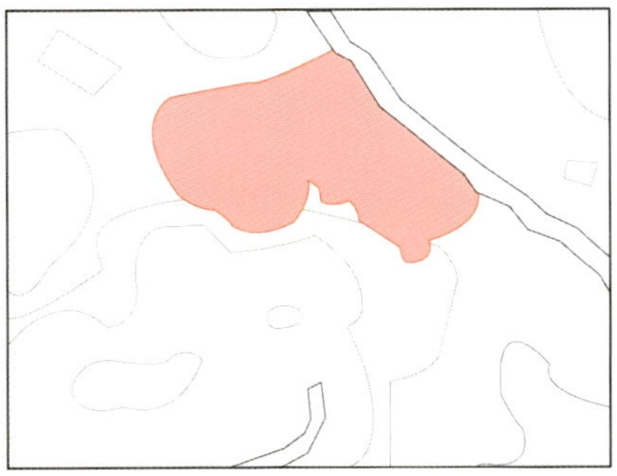

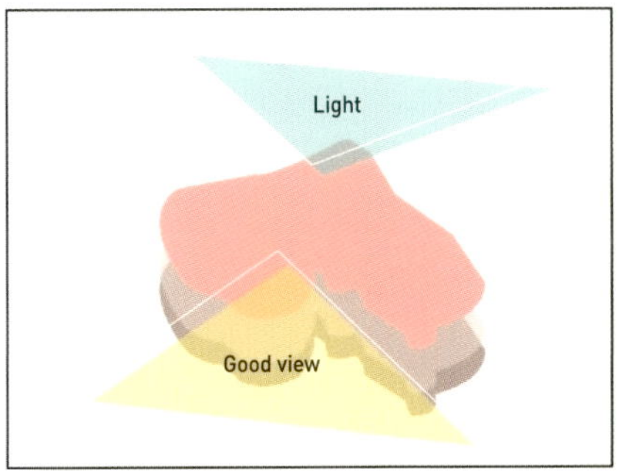

Design Process

큐브가 배치되는 형태에 따른 Private Line 형성과정

본 프로젝트를 통해 오픈된 공간 속에서 즐길 수 있는 개인의 프라이빗한 공간을 구성했다. 개인 또는 소수의 사람만이 이용하는 큐브형태의 각 공간들이 배치되는 과정에서 자연스러운 Private Line을 형성 하였고, 방문자들은 이 Private Line 속에서 누군가의 방해를 받지 않으며, 자유롭게 활동하게 된다.

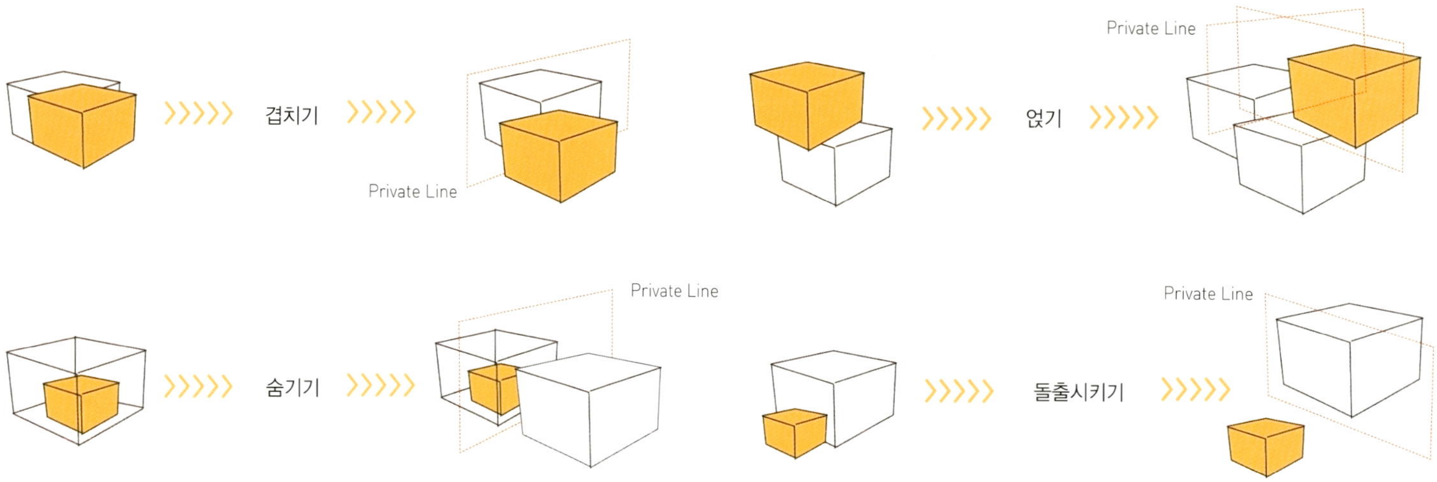

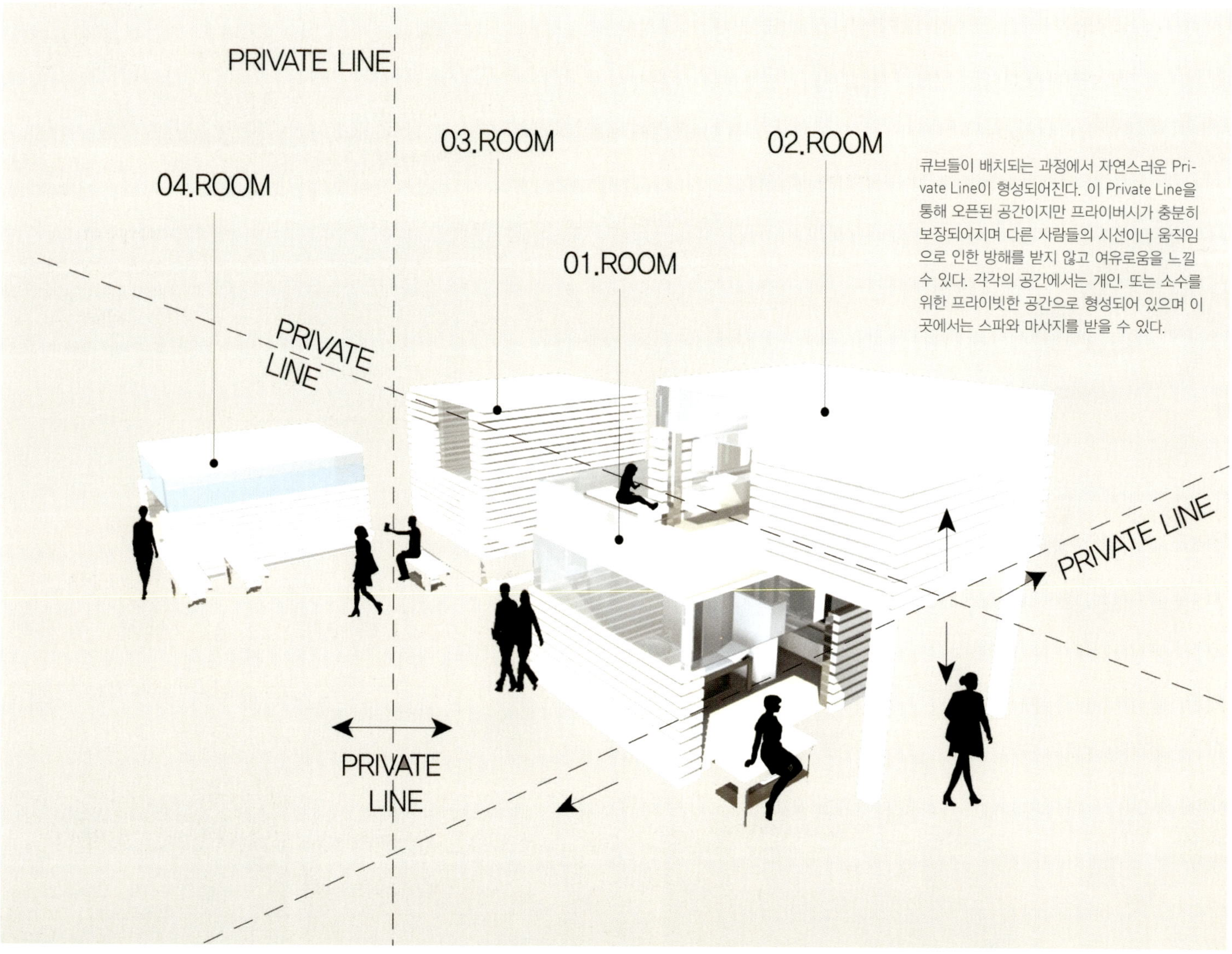

큐브들이 배치되는 과정에서 자연스러운 Private Line이 형성되어진다. 이 Private Line을 통해 오픈된 공간이지만 프라이버시가 충분히 보장되어지며 다른 사람들의 시선이나 움직임으로 인한 방해를 받지 않고 여유로움을 느낄 수 있다. 각각의 공간에서는 개인, 또는 소수를 위한 프라이빗한 공간으로 형성되어 있으며 이 곳에서는 스파와 마사지를 받을 수 있다.

Space Plan

Family Care Room
친구, 연인, 가족단위의
고객들을 위한 공간
VIP Care Room 2
더욱 더 프라이빗한 공간을 원하는 고객들을 위
한 2번째 VIP Care Room으로 아래 Body Care
Room의 천장을 발코니처럼 사용해서 야외에서
도 마사지를 받을 수 있다.
Body Care Room
1인이 사용하는 Care Room으로
주로 Body관리를 받는 고객들이 이용한다.
Spacial Care Room
VIP Care Room 1
더욱 더 프라이빗한 공간을 원하는
고객들을 위한 VIP Care Room.
C/S Room
직원과 고객의 1:1상담이 이루어지는 공간
이곳에서 상담을 받은 후에 2층 VIP실이나 1층
Suntan Zone으로 가게 된다.
Suntan Zone
선텐 기계와 스파풀이 준비되어 있어서
고객들은 이곳에서 바디관리를 받는다.
Office
에스테틱샵 직원들이
사용하는 사무실
Shop
에스테틱 제품, 스파관련 용품들을
전시, 판매하는 공간
VIP Waiting Room
VIP고객들이 사용하는 대기공간
TV, 컴퓨터, 음료가 준비되어 있어
자유롭게 이용가능하다.
Nail Zone
최대 6인이 함께 사용하는 공간으로
네일 아트관리를 받는다.

Floor Plan

1st Floor

2nd Floor

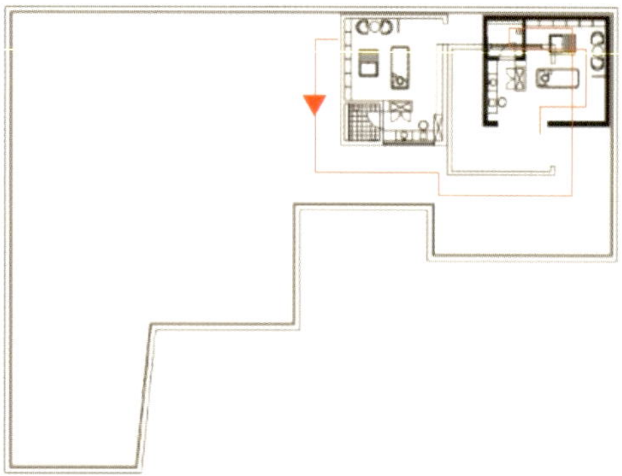

3rd Floor

Space 01

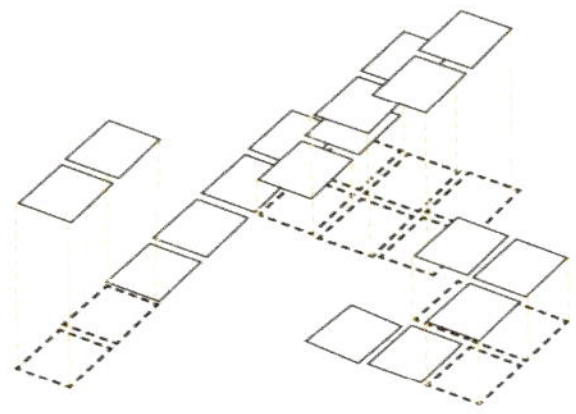

조각화된 매스가 공간안에 가구와 바닥만의 형태로 나타나며 가구는 실에 따라 가로와 세로의 개념으로 높낮이를 조절, 형태 변형이 자유자재로 가능하다.

Space 02

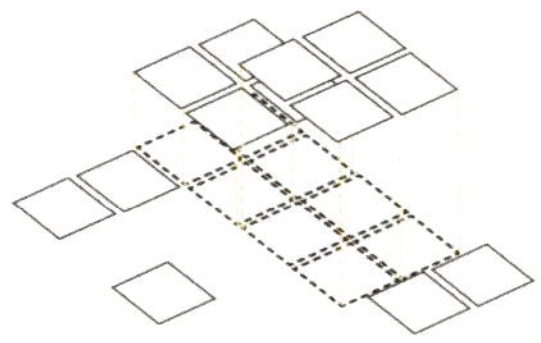

2개의 변형 매스로 이루어진 공간은 카운터와 VIP room을 소개하고 고객과 소통할 수 있도록 계획하였다.

Space 03

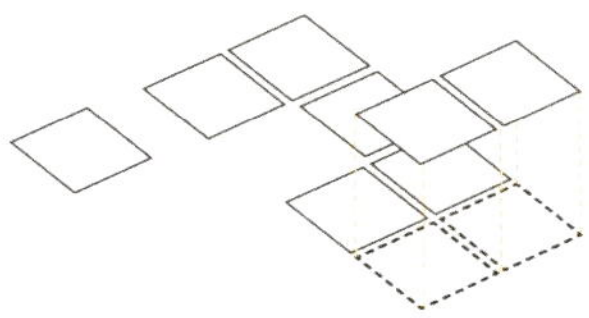

이 공간은 개인실 에스테틱으로 프라이버시가 존중되고 자유로운 공간이다. 열린공간은 경계를 최대한 줄이고 외부에서 내부로 자유로이 유입 가능한 동선으로 계획하였다.

Space 04

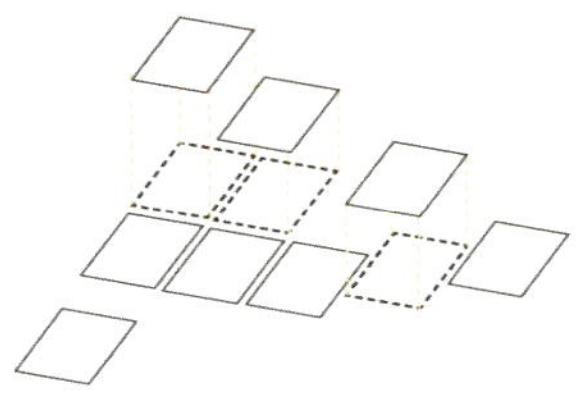

픽셀화된 매스가 바닥과 벽, 가구에 까지 연결되어 공간을 형성하며 픽셀의 레벨 변화로 인한 단의 형성으로 인해 형성되었다.

Space 05

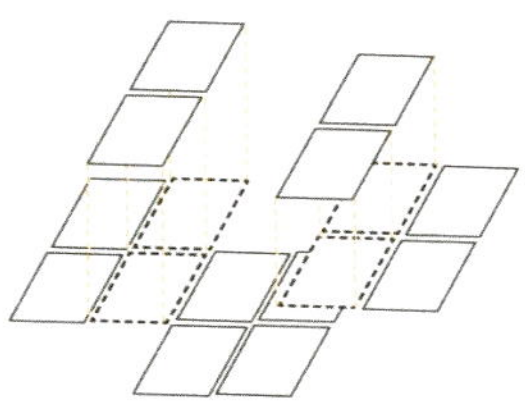

더욱 더 프라이빗한 공간을 원하는 고객들을 위한 2번째 VIP Care Room으로 아래 Body Care Room의 천장을 발코니처럼 사용해서 야외에서도 마사지를 받을 수 있다.

Visualization of hearing

이혜경 Lee Hae-Kyung

Background

과거 다방의 모습

현재 카페의 모습

예전부터 우리에게는 사람들과의 약속장소를 잡는다 하면 보통 다방같은 곳에서 커피나 차를 마시며 남녀노소 할 것 없이 이야기를 하고 시간을 보내는 등 오늘날의 카페와 같은 곳이 있었다. 그리고 라디오로만 들을 수 있던 음악을 다방에 DJ BOX가 생기면서 DJ에게 사연이나 신청곡을 부탁하면 LP판으로 음악을 틀어주는 라디오와 비슷한 광경을 다방에서 종종 볼 수 있게 되었다. 그리하여 다방이라는 곳은 젊은층부터 중년층까지 폭 넓게 이용이 됐다면 DJ Box가 생긴 후부터는 좀 더 젊은 사람들이 많이 이용하게 되었으며 음악적으로 마음의 안식과 휴식을 취하는 사람들이 많았다. 하지만 요즘은 서양의 커피문화가 들어오면서 급격히 우리나라에도 카페가 지나치게 많아졌다. 카페 옆에 또 바로 카페 이런식으로 같은 기능을 하는 곳이 불필요하게 많아지고 예전의 다방같은 곳에서 느낄 수 있는 정서는 온데간데 사라져버린 것을 볼 수 있다.

Purpose

과거 그룹 god 는 2005 년까지 활동 후 중단하였다가 최근 다시 컴백하여 팬들에게 추억을 회상하게 하며 활발하게 활동중이다.

예전과 오늘날의 달라진 것이 있다면 바로 예전은 아날로그 시대 오늘날은 디지털 시대라는 것이다. 모든 것이 사람 손을 거치지 않고도 디지털 적으로 이루어지나 음식에만 있는 손맛이 아닌 모든 과정에 사람의 손이 거치는 아날로그적인 손맛을 그리워 하는 사람들이 점점 늘어가고 있다. 그리하여 복고열풍도 많이 늘어가고 돌고도는 유행 덕분에 옛날 것(음악, 옷 스타일 등)이 다시 두드러 지기도 하는 실정이다. 그래서 예전에 아날로그 시대에 있었던 그 정서를 살려 현대로 갖고 와서 과거의 정서, 추억 등을 현재에도 전해져서 그 감정으로 힐링을 하는 그런 공간을 만들어 보려고 한다.

Site

서울특별시 마포구 월드컵북로 366 (상암동)DMC홍보관 내부

상암동 DMC에는 주변에 각종 방송사옥들이 몰려있는 관계로 각종 방송사 라디오 오픈스튜디오들도 더러 있고 상권도 발달되어 있다. 방송사옥들 뒷편으로는 학교들과 아파트가 몰려있다. 하지만 방송사옥들이 몰려있는 곳에는 주민들이 쉽게 다가갈 수 없도록 그 경계가 너무나도 뚜렷하다 못해 출퇴근 시간대 이외에는 거리에 사람조차 잘 다니지 않아 삭막하기도 하다.

Site Analysis

과거 상암동의 모습

현재 상암동의 모습

미래 상암동의 모습

상암동 DMC는 2002년부터 새천년 신도시 사업으로 방송, 영화, 게임, IT등 디지털 문화 엔터테인먼트 중심으로 국내 최고 디지털 미디어 집적지로서 지금도 개발사업은 진행중에 있다.

주변으로 지하철역도 가깝고 여러곳으로 가기에 주변 교통상황도 편리하며 DMC의 상징이 될 수 있는 랜드마크 빌딩을 통하여 사업 목적을 극대화하고 복합비즈니스센터로서의 적합한 용도로 유치하려한다.

DMC가 완공되는 2016년에는 800개 이상의 기업의 입주와 함께 6만 8천여명이 근무할 것으로 추정되며 이로 인한 생산 유발과 부가가치의 증대는 서울의 경제 활성화와 고용증대에 이바지할 것으로 기대된다.

Target

상암동 직장인들　　　10 대

보이는 라디오와 카페를 접목시킨 곳에 타겟층은 보이는 라디오에는 평소 다른 방송국 라디오에 초대되는 게스트들중에는 아이돌이 많은 비중을 차지하고 있다. 아이돌들의 팬은 10대,20대가 대부분이기 때문에 팬과 더 가까워 질 수 있는 곳으로 10대를 타겟층으로 잡았고 주변에 방송사뿐만 아니라 상권이 많아 직장인들이 많은 것을 고려하여 타겟층으로 잡게 되었다.

Concept

청각의 시각화 : 공감각

청각을 이용한 음악 → 시각적으로 건물에 나타내다

과거의 아날로그적 → 현대의 디지털화

공간의 프로그램적인 의도에 맞는 음악 한곡을 정하여 그 음악을 건물의 모습으로 나타내고자 하였고 과거에 있었던 다방에 DJ Box를 되살려 현대적으로 바꾼 공간이다.

Design Motive

미러볼

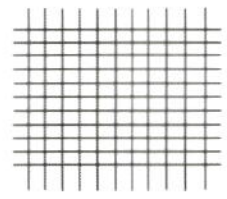

grid

material(mirror)

이퀄라이저

이퀄라이져의 주파수를 통한 진동과 파동의 떨림을 모티브로 하여 디자인에 적용시켰다.

Design process

故김광석의 '바람이 불어오는 곳'

곡의 느낌 주관적으로 해석　– 곡의 가사에서 느껴지는 느낌이나 의미　– 공간에 부여

곡의 형태적인 해석　– 악보에서의 형태(음의 높낮이, 박자, 쉼 등)　– 디자인에 부여

故김광석은 젊은 나이에 세상을 떠난 뒤 더 많이 사람들에게 알려져 지금까지 우리에게 잊혀지지 않고 기억되고 있는 가수이다. 내가 태어나기도 전부터 활동하기 시작하여 내가 아주 어렸을적에 고인이 되었는데 이 노래를 선택한 이유는 위에서도 말했듯이 막상 살아있을 때는 유명하지 않아서 힘든 시절을 보냈다는 이야기를 들었다. 하지만 고인이 된 후 더욱 더 알려지면서 사람들은 노래의 진가를 알게 되었고 유명해지면서 그의 노래속에 추억이 담겨있고 생활속의 소소한 이야기가 들어있다 해서 대구에 한편에는 김광석의 거리까지 만들어져 있다고 한다. 내가 설계하려는 곳은 라디오라는 음악과 함께하는 카페인데 사람들은 카페에 와서 일상의 소소한 이야기들이 많이 오고 간다. 그리고 김광석은 그 시절의 사람들 부터 현재 세대까지도 많이 알고 있는 가수이기 때문에 아날로그적 감성을 디지털화 하는 현대에 맞게 해석하여 표현하기에 걸맞는 가수이고 또 노래라고 생각이 되어서 선택하게 되었다.

곡을 해석하고 그 해석 과정에서 나만의 규칙을 정하여 공간에 그리고 디자인 적으로 부여하였다.

박자

음의 높낮이

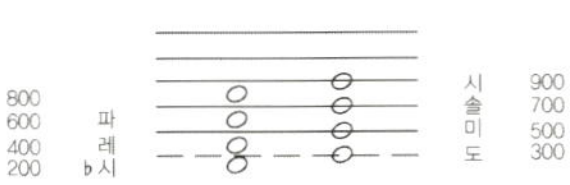

→ 기타코드

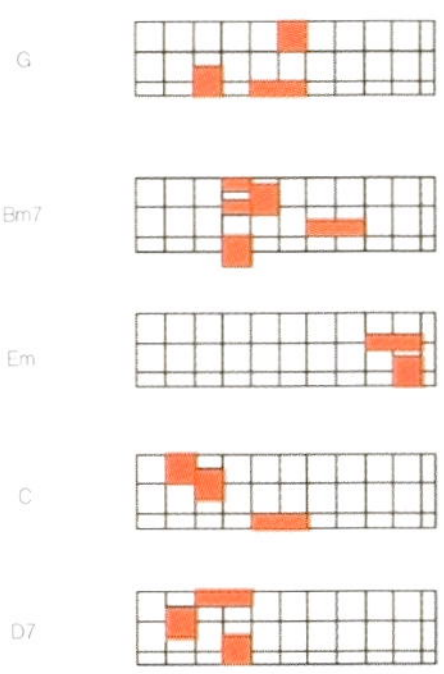

→

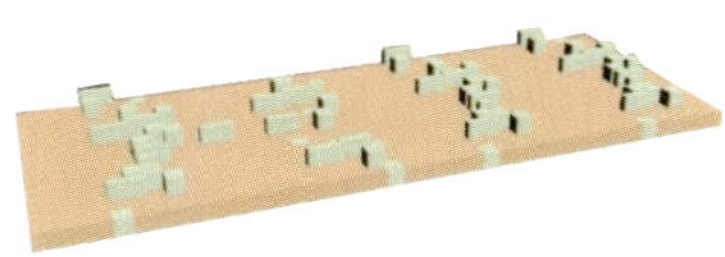

음정, 박자, 기타코드로 만든 나만의 규칙을 적용하여 나타낸 패턴의 한 면을 만든 뒤 그 면으로 바닥, 천정, 벽체 등에 적용시킨다.

Design에 담겨진 의미

과거 아날로그 시절에 많이 모으던 레코드 판에 있는 홈에는 음악에 파동이 담겨 있다.
전축의 바늘이 홈을 지나갈때 기계적인 진동이 일어나는데 그 진동으로 인해서 음악이 흘러나오는 것이다.
음악마다 파진 홈의 갯수나 높낮이 등이 다 달라서 모두 다른 음악이 나오는 것이고 이런 원리를 이용한 디자인이 바로 음악을 레코드의 파진 홈처럼 나타낸다 하여 시각의 청각화 즉, 'visualization of hearing'이다.

'바람이 불어오는 곳'을 선택한 이유?

故김광석님의 바람이 불어오는 곳 은 이번에 설계하는 공간인 보이는 라디오와 카페라는 복합적인 공간에 기능과 의미에 적절하게 부합하는 노래라서 선택하게 되었다. 기능적으로는 라디오와 카페라는 공간은 기본적으로 사람의 마음을 편히 해주고 힐링시켜주려는 의미에서 적합하고 의미로서는 라디오와 카페 모두 과거 아날로그 시대에서 지금 현재 디지털 적으로 변하여서도 잘 쓰이고 있는 것인데 김광석님의 노래는 과거부터 지금까지 이어져 오고 있다는 공통적인 면에서 잘 맞다고 생각해서 선택하게 되었다.

Plan

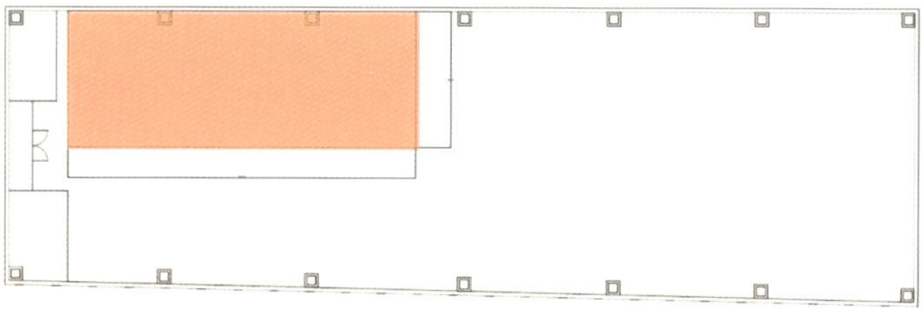

전체 사이트 내부 북서쪽에 위치한 공간 평면도

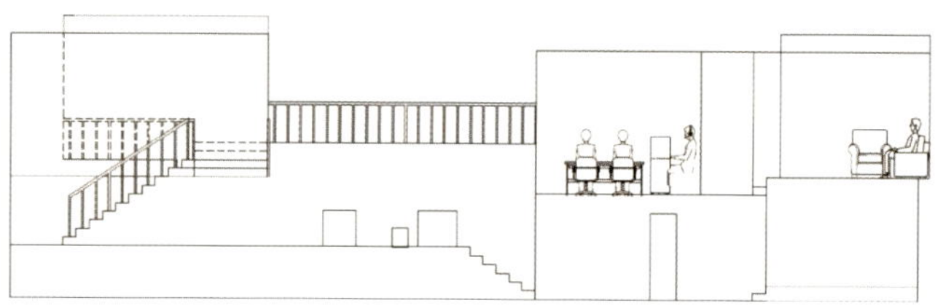

1 층부터 복층레벨까지의 단면도

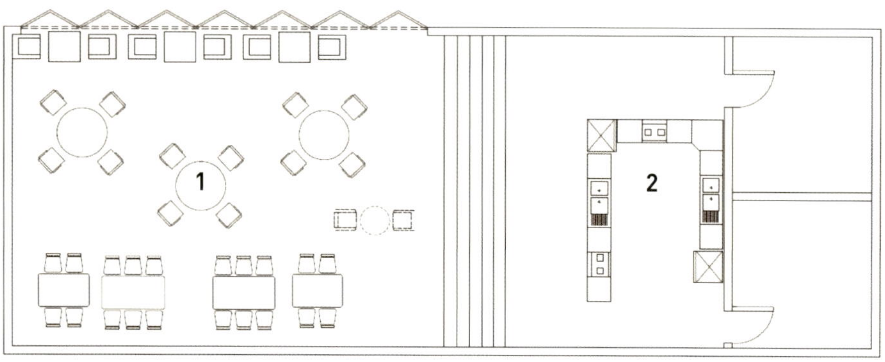

1 층 평면도

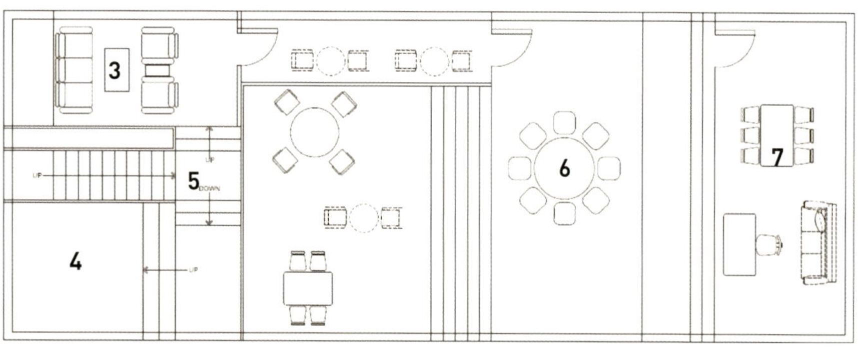

복층레벨 평면도

1. 카페 공간
2. 카페 주방
3. 다락방 느낌의 아늑한 카페 공간
4. 다락방 느낌의 아늑한 카페 공간
5. 계단실
6. 라디오 부스 및 무대
7. 다락방 느낌의 아늑한 카페 공간 및 라디오 방송 부스

Space program

1. 카페 공간

2. 카페 주방

5. 계단실

3. 다락방 느낌의 아늑한 카페 공간

4. 다락방 느낌의 아늑한 카페 공간

6. 라디오 부스 및 무대

7. 라디오 방송 부스

7. 라디오 방송 부스

6. 라디오 부스 및 무대

떨림, 소리를 그리는 것

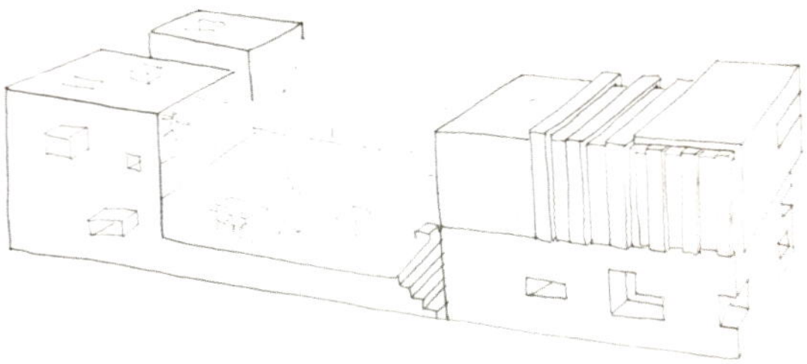

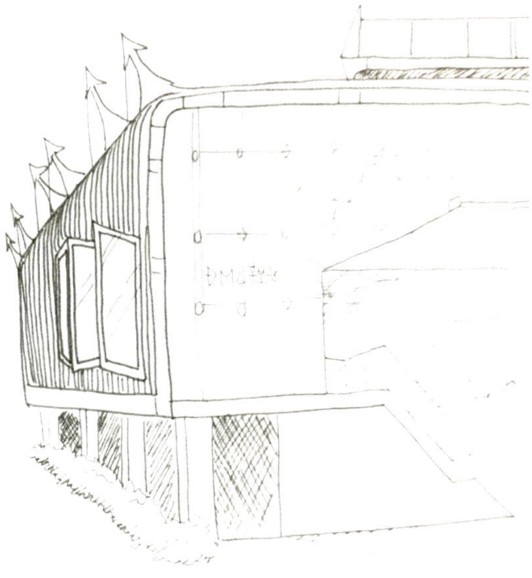

정보배 | Jeong Bo-Bae

관객과

관객들이 다시 찾아오고 싶어 지는 공간.

배우를 잇다.

배우들이 꿈을 펼치고 싶은 공간.

Space program

소극장 : 수준높은 공연 애호가들에게 새로운 경향의 공연을 소개하기 위해 만들어진 객석 300 석 미만의 규모가 작은 극장.

공연의 연출이나 장치에 대한 제약이 많지만 작품성이 높이 평가되는 작품들은 오랜기간 소극장공연을 이어 가고 있다. 공연만 하고있는 기존 소극장과 달리 관객, 배우, 연출가들이 서로 소통하는 공간으로써 서로의 친밀감을 높이고 더 나은 공연문화의 방향을 함께 찾아 나갈 뿐만 아니라 서초가 새로운 소극장 문화 지역으로 자리를 잡을 수있는 첫번째 단추가 되도록 한다.

Site analysis

서울특별시 서초구 서초 3 동 1708-B1/1F
280 ㎡ / 약 82 평

공연문화 지역으로 유명한 대학로와 홍대에는 수 많은 공연들이 쏟아져 나오고 있지만 공간은 턱없이 부족한 추세이다. 이에 새로운 돌파구를 찾아 강남에 새로운 공연문화지역이 형성되고 있으며 대극장을 중심으로한 상업뮤지컬의 메카로 발전 중인 동시에 작은예술공연들을 즐기는 마니아들을 중심으로 소극장이 서초동에 생겨나고 있다. 대학로 – 홍대 – 서초동으로 이어지는 문화예술삼각벨트를 유도하여 관객의 걸음을 옮겨 문화예술의 균형 발전에 이바지 하고자 한다.

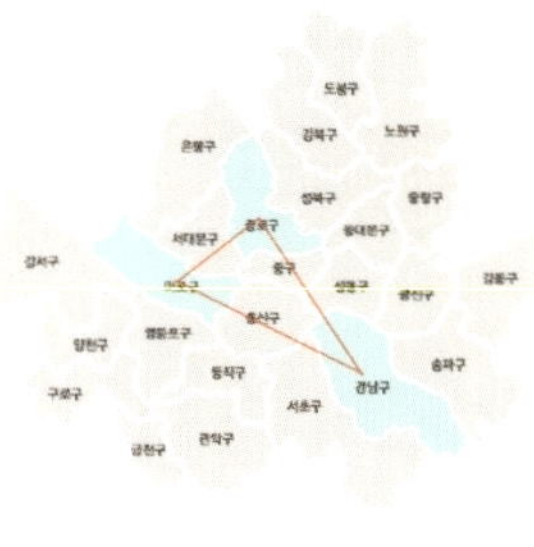

OFF-OFF 대학로 IN 강남

Background

현재 우리는 뮤지컬,연극,콘서트,이벤트성 공연등 넘처 나는 공연문화 속 에서 살아가고 있다. 그런 공연 문화 속에서 점점 늘어나는 대극장의 상업성공연을 지양하고 예술성을 추구하며 관객과 배우 그리고 연출자들이 서로 이야기를 나누고 지속적인 만남을 가지고 싶어하는 공간. 때로는 느낌표로, 때로는 물음표로, 때로는 쉼표로, 때로는 침묵과 열정,함성이 가득한 공간으로써 새로운 공연문화 지역의 시작점이 되고자 한다.

Target

현실무게에 짓눌려 살아가는 현대인들에게 잠시 자신을 돌아보는 여유와 휴식, 새로운 삶의 시각을 제공하고자 한다. 관객들에겐 만남의 장소로 배우들에겐 꿈을 펼칠 수 있는 공간으로 연출가들에겐 더 나은 공연 문화를 만들기 위한 해답을 찾을 수 있는 공간이 된다.

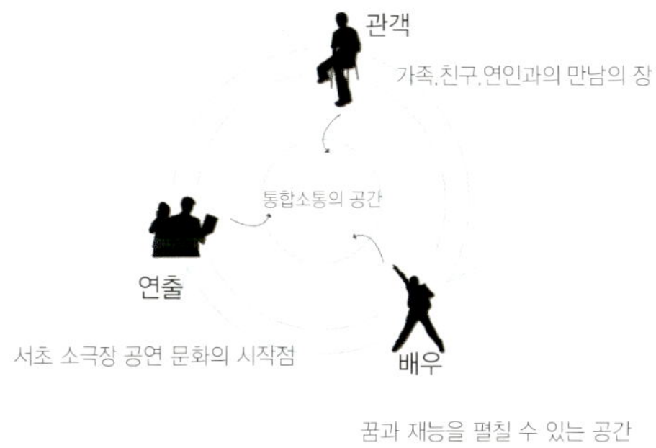

Keyword

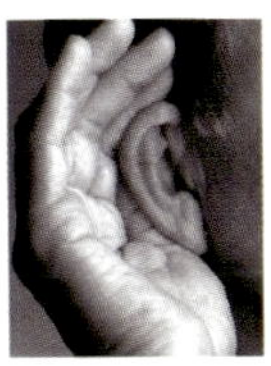

소리 다양성 울려퍼지다 진동 변화 역동적 반사 퍼져나가다

소리란 물체의 진동에 의하여 생긴 음파가 울려 사람 귀에 들리는 것으로 우리 눈에는 보이지 않지만 시각과 더불어 언제 어디서나 우리와 늘 함께 하고 있는 것이다. 관객들의 청각을 만족시키기 위하여 곡선이 가진 유연함을 이용해 소리의 반사와 울림의 성질을 극대화 시켜 청각을 자극하는 공간을 디자인을하고자 한다.

Concept

파동 (Wave)

공간이나 물질의 한 부분에서 생긴 주기적인 진동이 시간의 흐름에 따라 주위로 멀리 퍼져 나가는 현상을 의미한다.

새로운 공연문화지역으로 자리 잡고 있는 서초가 시간의 흐름에 따라 주위로 퍼져나가 온전한 소극장문화의 중심지가 되고자하는 취지에서 공간을 계획하려고 한다.

Design process

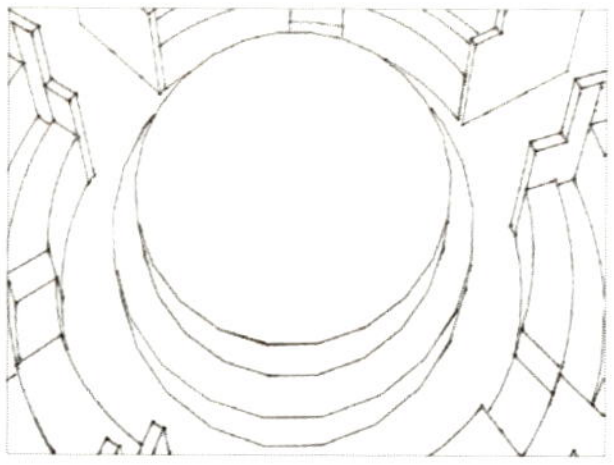

파동이 퍼져나가는 중심이 가진 원형을 실내 중심에 무대를 생성한다.

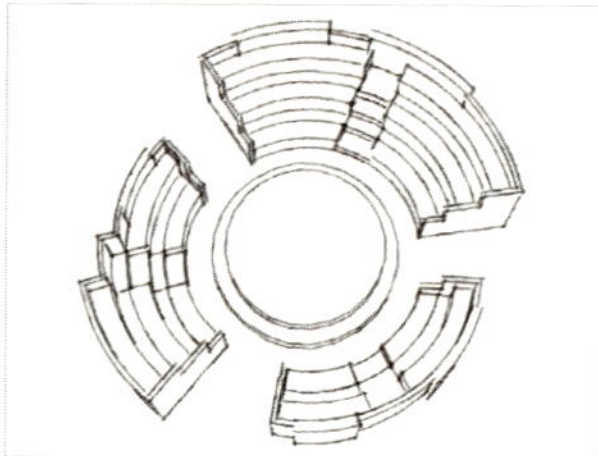

진동이 퍼지는 형태를 객석으로 만들어 중앙 무대에서 부터 퍼져나가는 형상을 띄도록 한다.

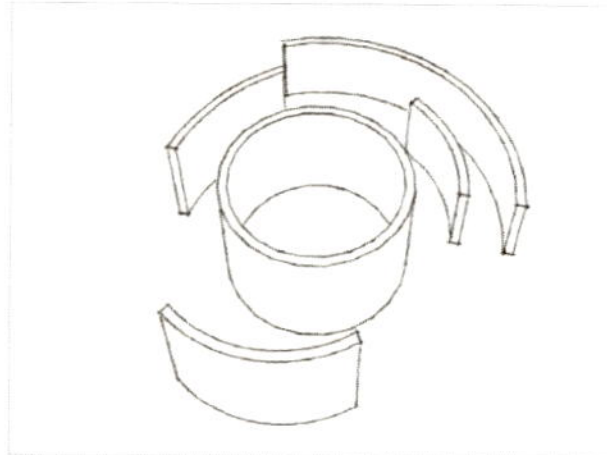

천장에서 사용되는 스크린장치에도 파동의 형태를 이용하여 원형 극장 전체에 커다란 파동이 느껴 지도록한다.

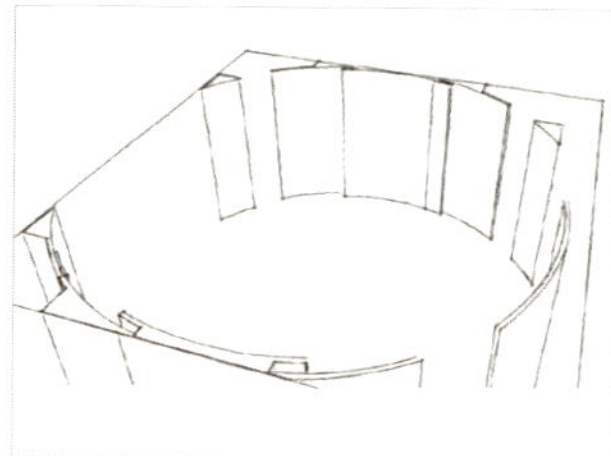

공연장 내부의 벽을 곡선의 형태로 하여 소리를 반사 시키고 커다란 원안에 들어 온듯한 느낌이 들도록한다.

높은 천장고를 활용하기 위해 곡선이 가진 역동성을 가구의 크기를 다르게하여 천장 가구를 사용한다.

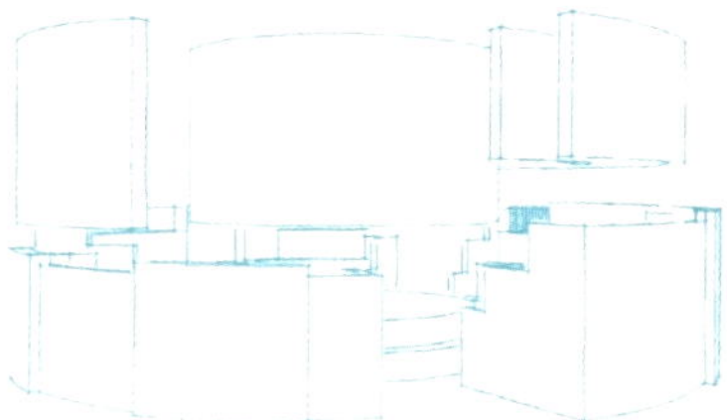

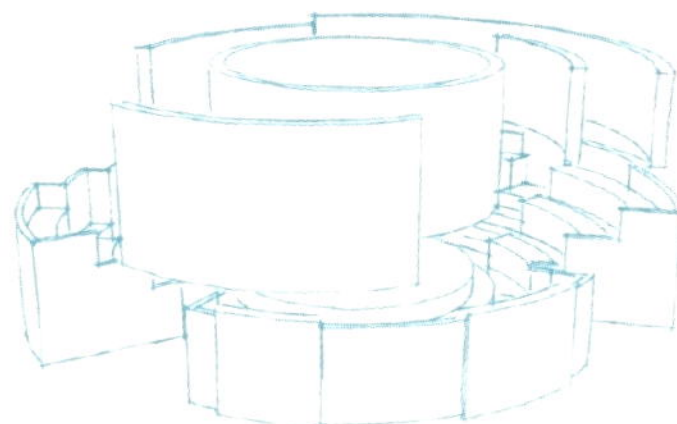

천장장치가 내려오면 밖에서 봤을때 하나의 원기둥안에 들어가는 것 처럼 보이게 된다.

Plan

1층과 지하로 이루어져 있으며 1층에는 매표소와 대기실이 자리 잡고 있고 지하는 약60평으로 원형극장과 화장실,사무실,오퍼실,창고등이 자리 잡고 있다.

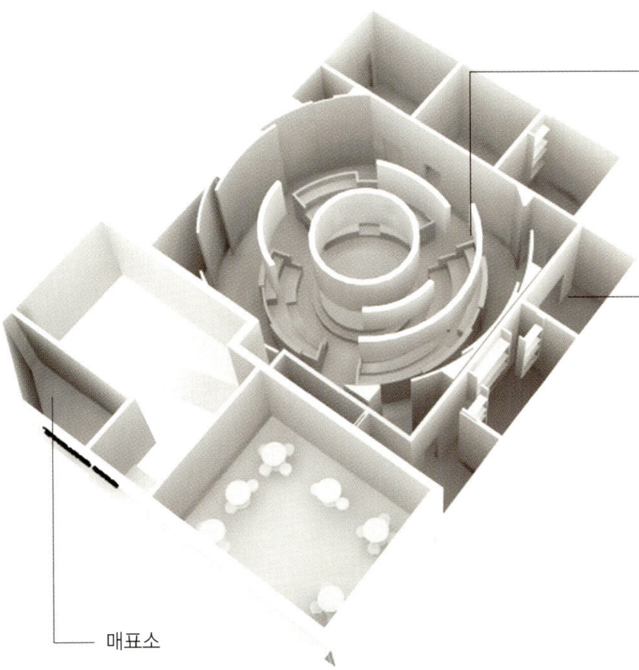

원형극장

공연이 이루어 지는 공간으로 배우와 관객과의 소통이 이루어 지는 공간

창고 , 화장실 , 분장실 , 사무실 , 오퍼실

공연이 이루어 지는 공간을 중심으로 'ㄷ'자 형태로 각실이 자리 잡고 있다. 작은 크기들이기 때문에 공연장이 가진 높은 천장고를 활용하여 천장 가구 들이 자리 잡고있는 공간

대기실

공연 시간전에 관객들이 편히 기다릴수 있는 공간으로 관객들 끼리의 소통의 공간

매표소

사람들이 가장 먼저 접하게 되는 공간으로 스텝과 관객이 처음으로 소통하는 공간

material

친근한 소재인 목재와 패브릭 소재의 카페트 타일을 사용하여 흡음성을 높이고 따뜻한 느낌이 들도록 한다.

대기실공간에 노출콘크리트를 사용하여 조명을 활용한 분위기있는 공간이 되도록 한다.

자기질 모자이크 타일을 부분적으로 기존벽에 붙여 변화와 리듬감을 표현하도록 한다.

Facade

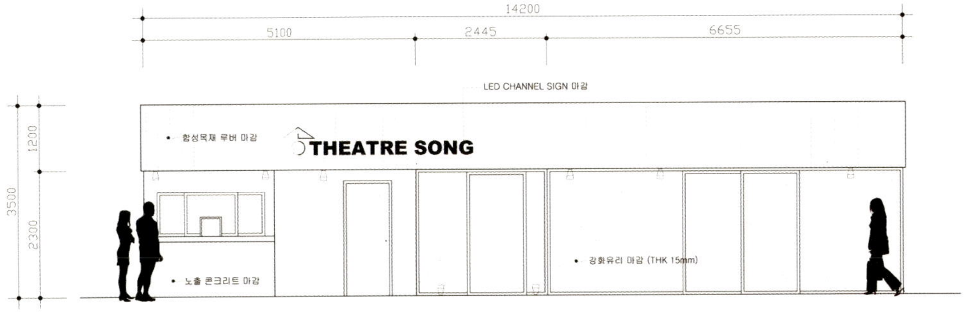

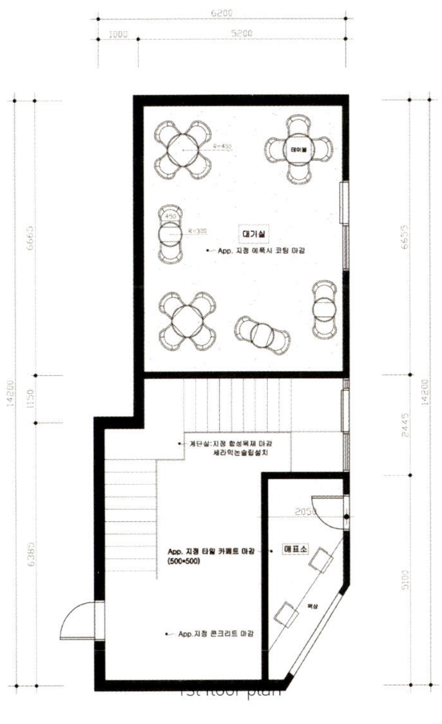

Office elevation

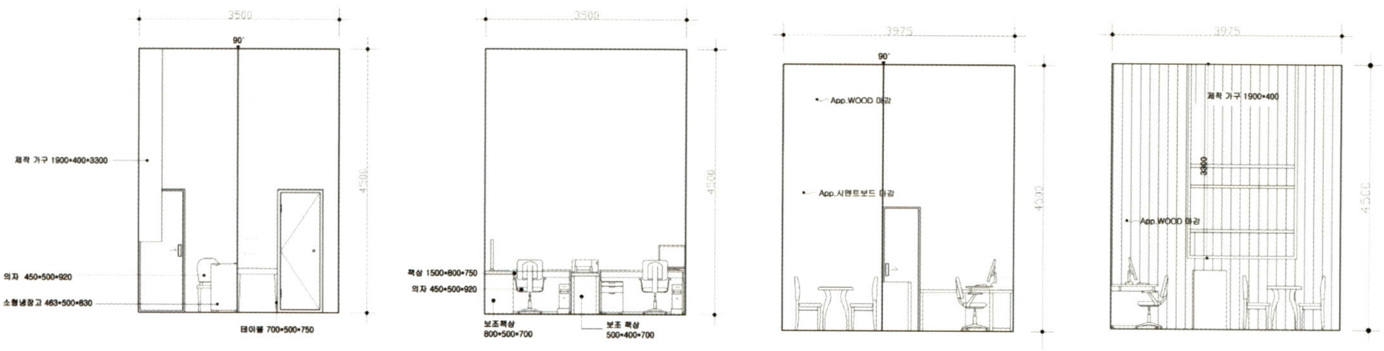

Toilet elevation

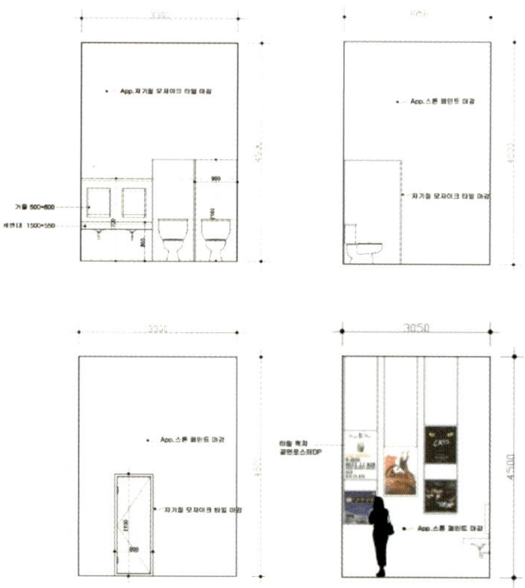

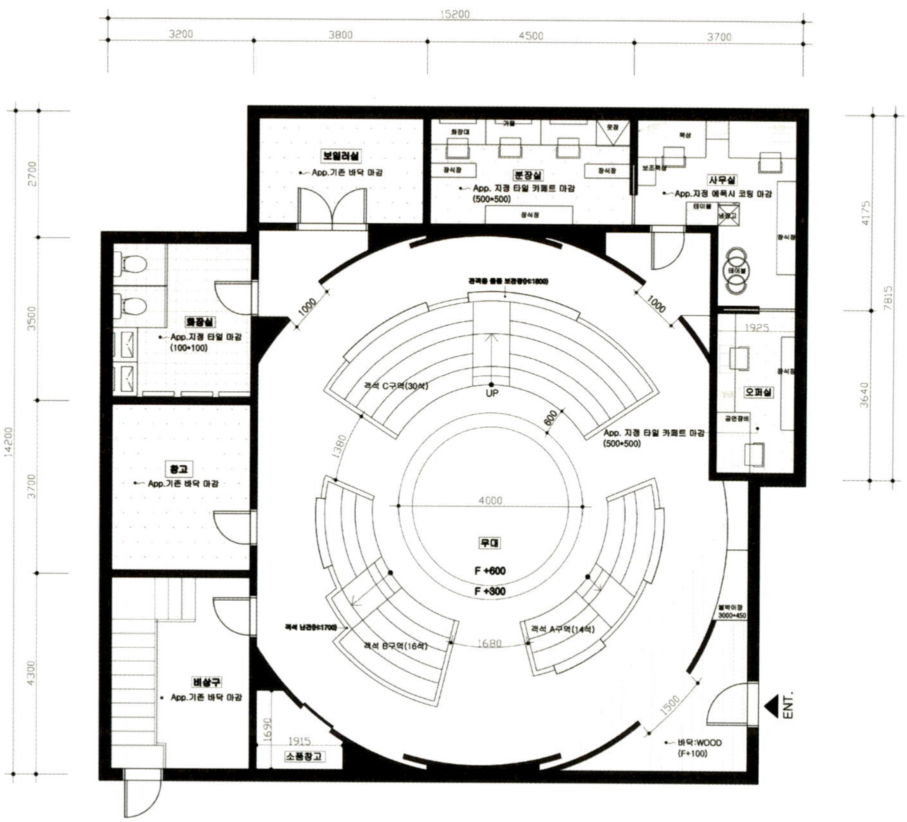

B1 floor plan

Seat detail

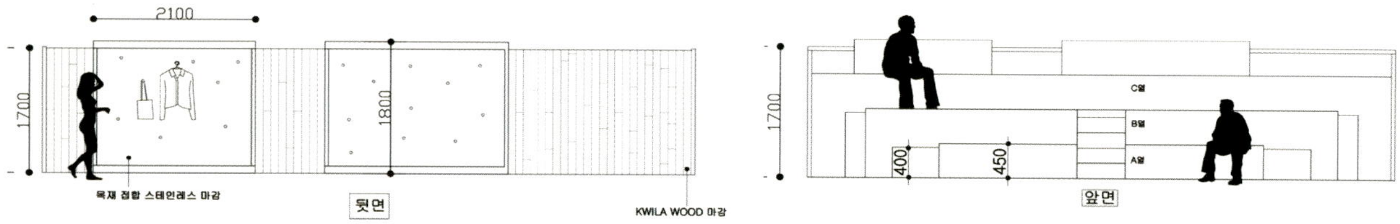

Interior image

야외 공연장에서 흔히 볼 수 있는 원형극장형태를 소극장 내로 가져와 관객과 배우사이의 거리를 좁히고 자유롭게 앉아서 관람할 수 있도록 하였다.

박종배 | Park Jong-Bae , 이기정 | Lee Ki-Jeong

Save Animal, Save Green, Save Life

Single Life Style

2035년에는 34%에 이를 것이다.

우리나라 1인가구는 현재 25%이다

싱글족은 탄탄한 경제력과 디지털 활용능력을 바탕으로 독신문화를 만끽하는 독신주의 세대를 가리킨다. 이들은 자의식이 강해 타인에 의해 방해 받는 것을 싫어하며, 디지털시대에 걸맞는 높은 기술력을 보유하고 있으며 탄탄한 경제력으로 소비능력도 풍부하다. 싱글족은 혼자 사는 것 자체를 즐기기 때문에 결혼이라는 제도에 연연해 하지 않 으며 자신들만의 독특한 문화를 구축해 나간다. 과거 혼자 사는 사람들의 삶이 동정의 대상이었다면, 현시대의 싱글족은 하나의 문화로 자리 잡아가고 있다. 이런 싱글족 의 증가로 반려동물의 수도 증가 추이에 오르고 있으며 반려동물 시장도 블루슈머 로 떠오르며 성장하고 있다. 이러한 반려동물을 키우는 싱글족을 반려족으로 부르는 신조어도 생겼 으며 그들의 니즈를 충족시킬 곳이 필요하다.

SINGLE

Site analysis

1인가구는 여타 가구집단에 비래 도심과 대중교통 지향성이 강한 것이 특징이다. 따라서 도심 및 부도심, 역세권 대학가 등이 주요한 주거입지가 된다. 현재 서울에서는 지하철 2호선을 근간으로 하여 1인가구 밀집지역이 분포 되어 있으며 앞으로도 이러한 경행은 강화될 것으로 예상되고 있다. 따라서 1인가구를 위한 다양한 주거와 지원기능을 체계적으로 육성하기 위한 공간전략의 하나로 지하철 2호선을 중심으로 하여 그 주변에 이른바 싱글벨트를 형성하는 방안으로 나오고 있으며 그런면에서 지하철 2호선 낙성대역에 위치한 사이트를 정하게 되었다.

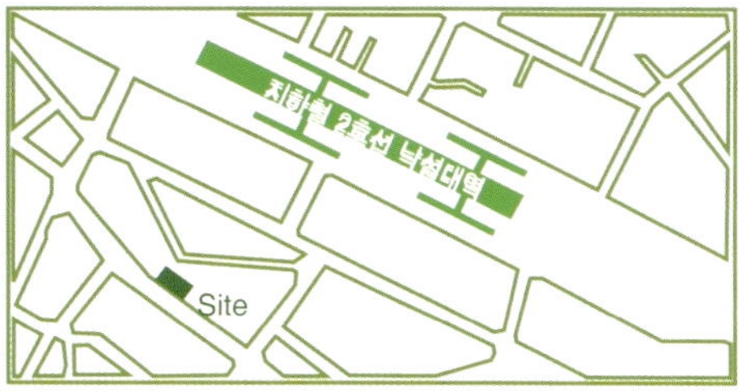

완결된 형태 위주의 마스터 플랜을
제시하기보다는 공간 자체의 진화 가능성에
대응할 수 있는 전략

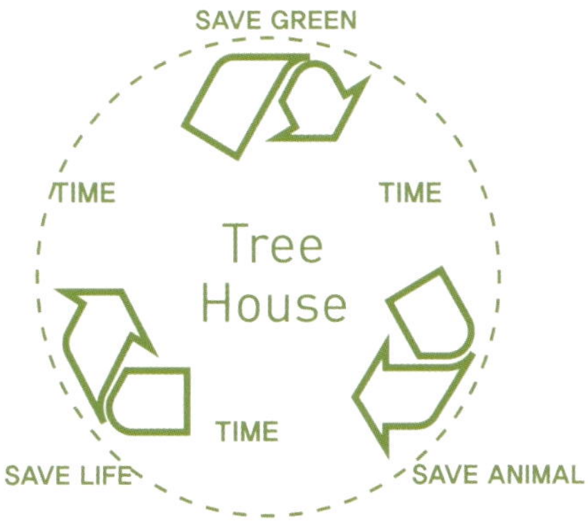

Concept

Tree House

Design Concept

1 "완결된 형태 위주의 마스터 플랜을 제시하기보다는 공간 자체의 진화 가능성에 대응할 수 있는 전략" 을 구축하는 일에 디자인의 초점을 둠

2 인공적 환경과 자연적 환경, 내부와 외부, 개별과 집단 사이의 긴밀한 연관성에 대한 최초의 동시대적 표현이며, 조경 설계의 새로운 패러다임을 개척하고 있음

3 주택의 형태보다는 그 내용과 기능의 새로운 설정에 지향점을 둠

봄여름가을겨울를 거치며 인공적인 건물에 자연적인 나무덩굴의 변화로 완결된 형태의 마스터 플랜이 아니라, 진화하는 조경 설계의 새로운 패러다임을 보여준다.

고정된 외피가 아닌 진화하고 있는 건축의 외피

2층에 위치한 배란다는 잠시 휴식을 취하며 보이는 건물을 보며 자연과 하나되어 진화하는 모습을 보며 여유를 갖는다.

자신만의 시간을 보낼 수 있는 개인공간으로 싱글족의 자기 개발에 도움을 주는 공간으로 자리잡는다.

반려동물로 키우고 있는 강아지들의 잠자리가 있고 씻을 수 있는 시설들이 준비되어 있는 곳이다.

펫시터를 하고 있는 주인의 오피스 공간으로 사람들과 동물들이 쉽게 드나들수 있다.

사람의 생활공간과 동물들의 놀이터를 잇는 다리역할의 계단으로 소통의 매체가 되는 곳이다.

강아지들과 산책하며 시간을 보낼 수 있는 놀이터로 동물과 사람만이 아니라 자연도 함께 할 수 있는 공간으로 자연이 나타나는 곳이다.

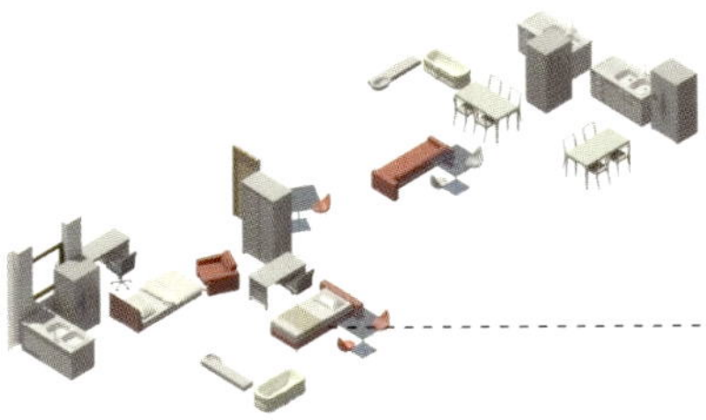

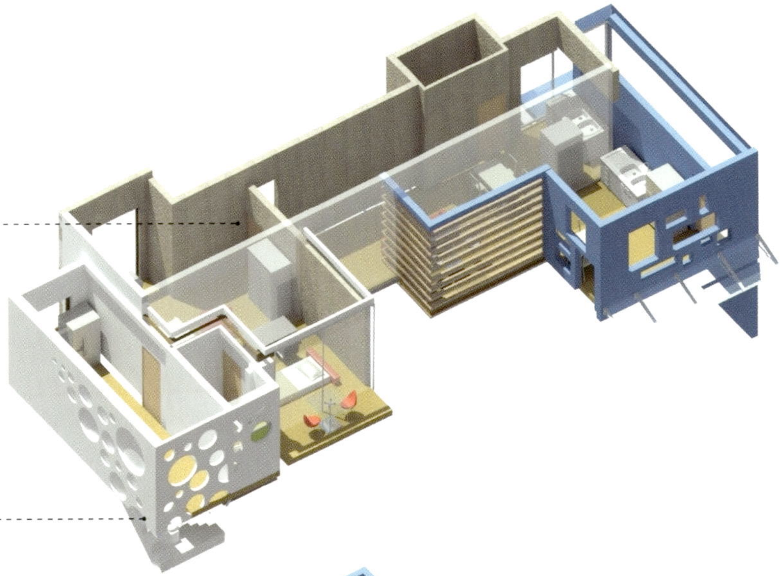

LIFE

사람이 생활하는 공간으로 개인의 프라이버시와 자기 개발의 중심으로 싱글 라이프 스타일의 주된 공간이다.

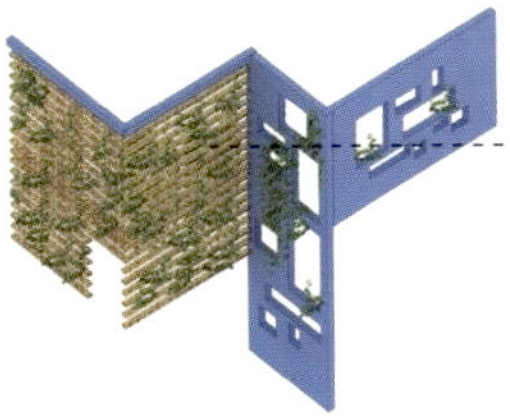

GREEN

계절마다 변화하는 건물의 외피를 느낄 수 있는 곳으로 완성된 형태가 아닌 진화하는 건물을 느낄 수 있다.

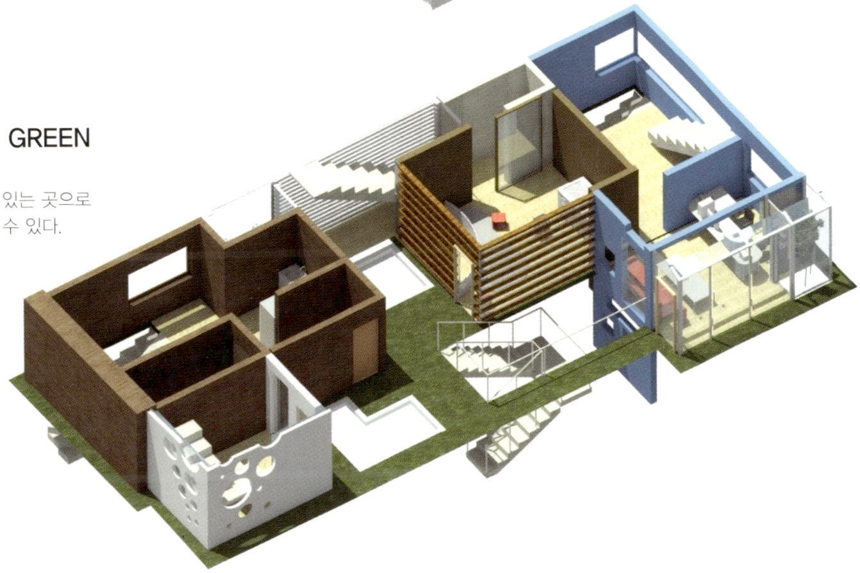

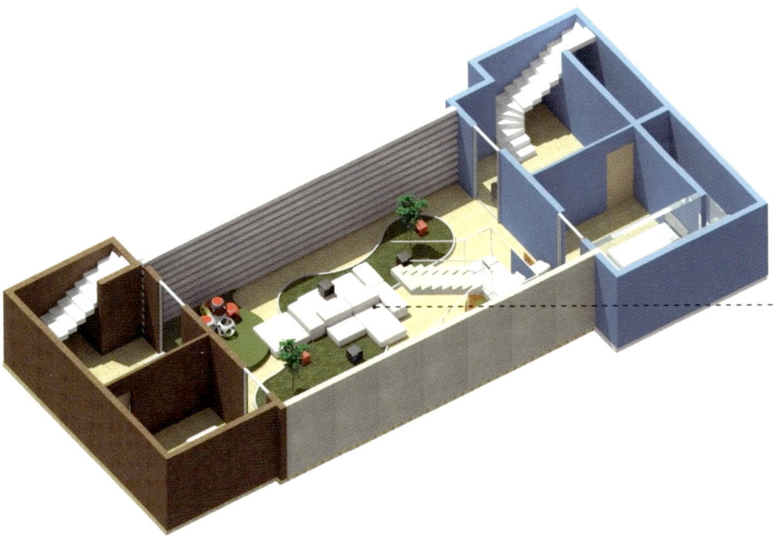

PLAY

강아지들과 뛰어놀 수 있는 공간으로 사람, 동물, 자연이 하나되어 공존할 수 있는 쉼터이다.

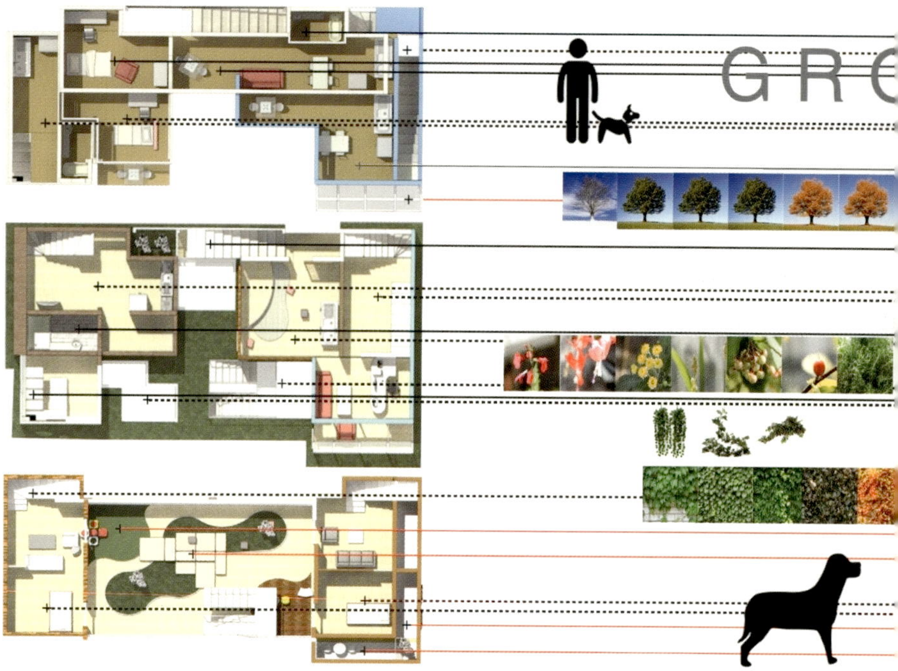

Floor Plan

2F Plan

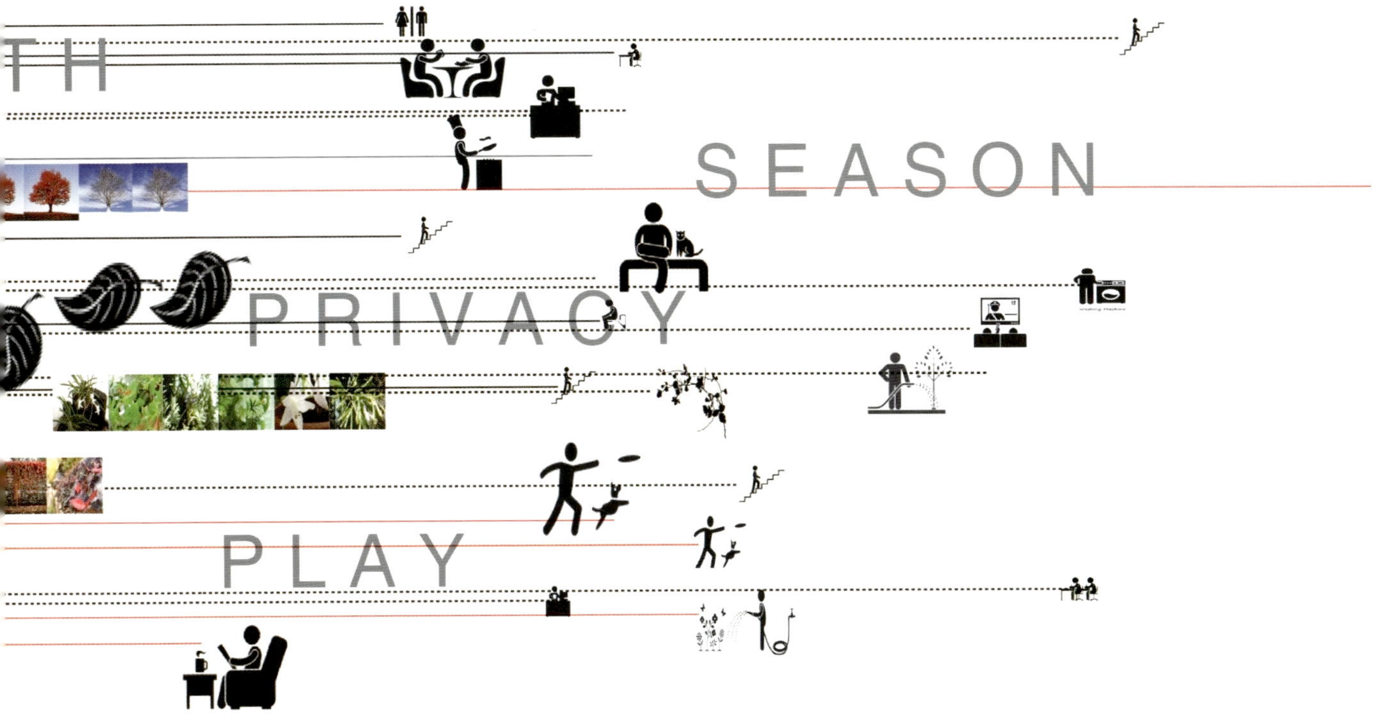

1F Plan

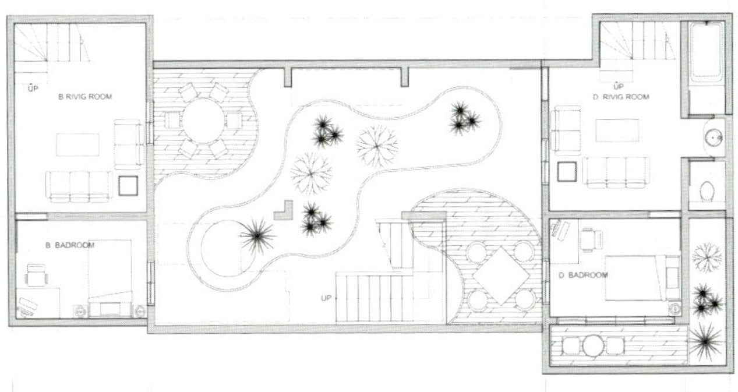

B2F Plan

박소영 | Park So-Young, 신기랑 | Shin Ki-Rang

Crossing and cut off the eyes

디자이너와 소비자(고객)가 서로 소통할 수 있는 공간

Site : 가로수길 around the conner

서울시 강남구 압구정로 12길 24 (신사동 532-5)

- 상업공간과 주거공간의 밀집 지역 (인테리어 품목 판매에 유리한 조건)
- 3호선 신사역, 압구정역과 근접 (대중교통의 접근성 용이)
- 한남대교, 올림픽대로 등 도로망이 발달, 트렌디한 거리 (유동인구가 많음)
- 많은 상점들이 밀집되어 있는데 반해 인도가 매우 좁아 통행이 불편함

가로수길의 많은 상점들과 다르게 코너에 위치해 있어서 2면이 노출되는 장점이 있고, 두 갈래로 나뉜 길에서 더 많은 사람들의 유입이 이루어질 수 있다.

Brand : kittybunnypony

- 패턴 · 패브릭 전문 브랜드 키티버니포니
- 실생활에 어우러지는 다양한 패브릭 제품 제작 · 판매
- kbp collection으로 국내 · 외 디자이너들과의 콜라보레이션을 통해 다채로운 협력 작업을 진행
- 창의적인 디자인과 실용성, 합리적인 가격
- 스튜디오에서 예약제로 고객과의 개인 상담 서비스를 제공
- 주로 Multi shop에 입점하여 판매되고 있으며, 전문적인 오프라인 판매 공간이 없다.

Brand SWOT : kittybunnypony

STUDIO KBP

www.kittybunnypony.com

Strength	Opportunity
독창적인 디자인 실용적인(일상생활과 친근한) 품목 구성 맞춤 서비스 제공으로 고객만족도를 높임 국내외 디자이너들과의 콜라보레이션으로 다양한 디자인 창조	높아진 문화의식에 맞춘 인테리어 분야의 활성화 오프라인 매장을 조성함으로써 브랜드 인지도 상승 트렌드를 창조하고 주도 가능
Weakness	**Treat**
패턴에만 집중되어있는 디자인(디자인의 한계) 낮은 브랜드 인지도 오프라인의 전문적인 매장 부재 트렌드에 민감한 제품 판매	같은 분야의 활성화로 브랜드의 희소성 감소 패턴 아이템의 한계

Space program : target

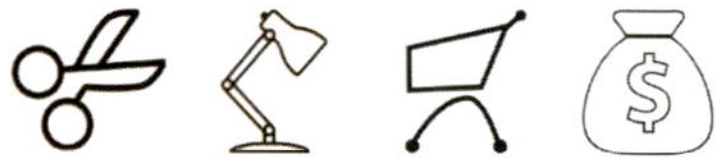

디자이너와 소비자(고객)을 각각 타겟으로 하여 필요한 공간을 조사하고 사람뿐만이 아니라 공간과 공간 역시 소통할 수 있게 한다.

상업공간의 특성상 최종 목적이 되는 이윤창출을 위해 기존 타 브랜드 매장들과는 다른 색다른 디스플레이를 통해 고객의 눈을 사로잡고 한 눈에 볼 수 있도록 설계하여 오래 머물러도 피로하지 않은 공간을 구성.

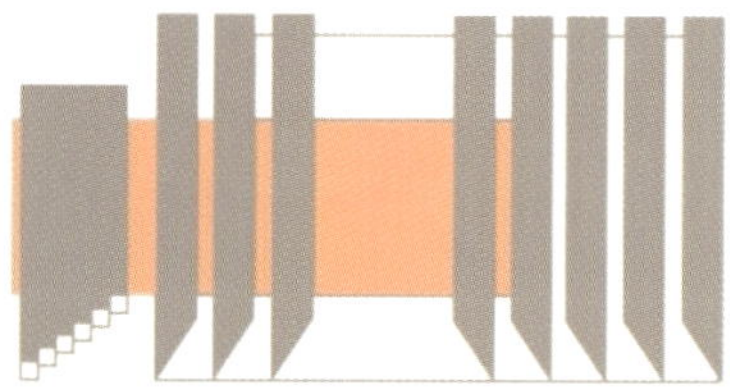

target 1 - designer
디자이너의 작업실(스튜디오), 1:1 상담실

디자이너 작업실(스튜디오)를 스킵 플로어 형식으로 두어 1층과 2층 모두 접근성이 높고, 전면 통유리를 사용하여 외부와의 개방감을 준다. 또한 앞 부분을 켄틀레버 형식으로 돌출시켜 내부의 소통뿐만이 아닌 외부와의 소통 역시 원활하게 한다.

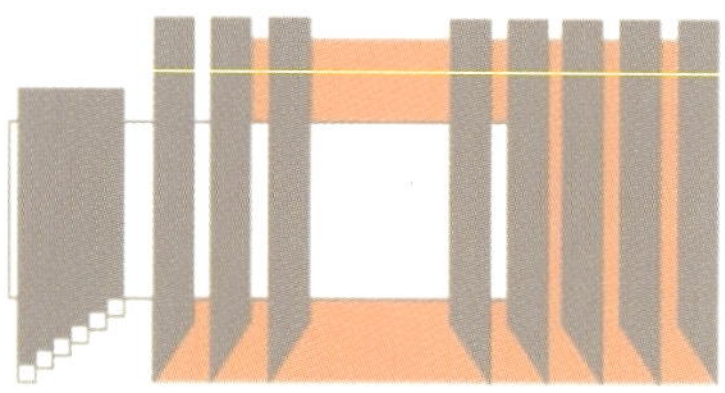

target 2 - consumer
전시 및 판매 공간(매장), 리폼 & 수선 공간

1층과 2층으로 구성된 전시 및 판매 공간(매장)은 소비자의 시선을 한번에 끌어모을 수 있도록 유리벽으로 이루어져 있으며, 각도가 서로 다른 유리벽체들과 불투명한 프레임이 시선을 차단하고 방향을 제시한다.

crossing and cut off the eyes

Design motive : the eyes

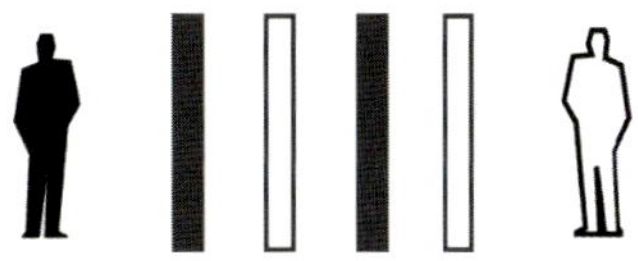

두 면이 노출되는 사이트의 장점을 살려서 보는 위치에 따라 다른 시야를 가질 수 있고, 움직이면서 달라지는 위치를 통해 새로운 시야를 확보할 수 있다. 크게 왼쪽과 오른쪽 사선으로 두 방향의 시선 축을 교차시킴으로 인해 외부의 시선이 자연스럽게 내부로 흐르도록 유도한다. 벽체를 투명하게 하여 밖에서도 호기심을 갖고 볼 수 있도록 구성.

Design process

: crossing and cut off the eyes

시선 축의 교차를 바닥 패턴으로 이용하여 자연스럽게 흘러들어오는 시선을 표현하고, 소비자의 동선을 일직선으로 제시함으로써 매장에 들어왔을 때 한 눈에 다양한 컨텐츠를 접할 수 있게 한다.

외부에서 들어오는 시선을 내부의 벽체와 동일한 방향으로 두어 방해받지 않게 하면서 반대편의 디스플레이를 볼 수 있다.

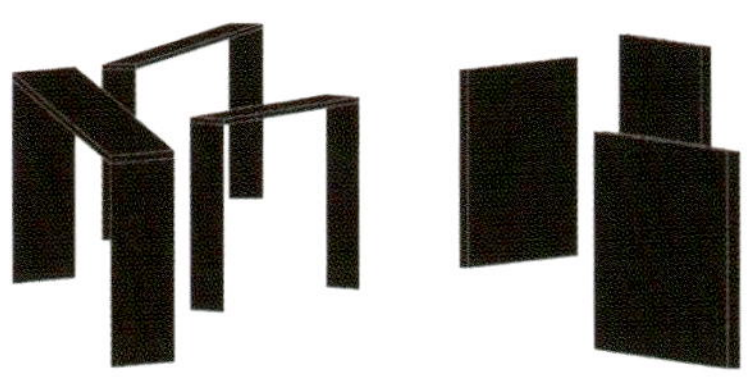

시선 축 위에 프레임 형식으로 된 벽체를 올려 벽면을 제품 전시로 이용하고, 각기 다른 각도로 기울여서 시선의 차단과 교차를 극대화시킨다.

Material : glass, frame

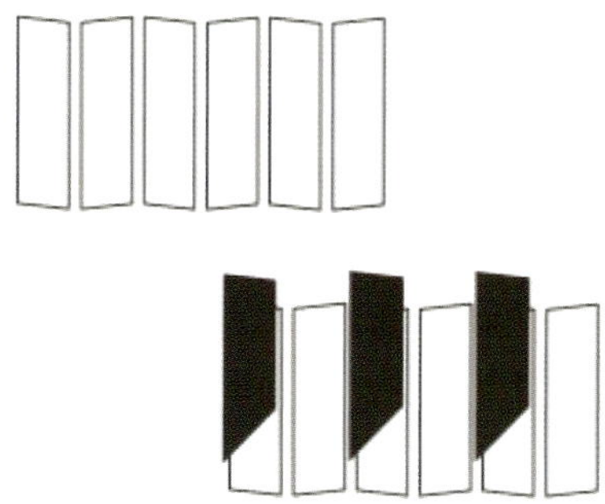

전체적인 소재로 투명한 유리를 사용하여 시각적인 소통을 드러내고 부분부분을 프레임으로 차단하여 지나친 개방감을 줄여줄 수 있다. 프레임으로 가려진 부분에 대한 호기심을 자극할 수 있고, 양쪽 측면을 반대로 두어 반대편에 닿는 시선까지 조절이 가능하다.

Space program

plan : floor 1, 2, skip floor

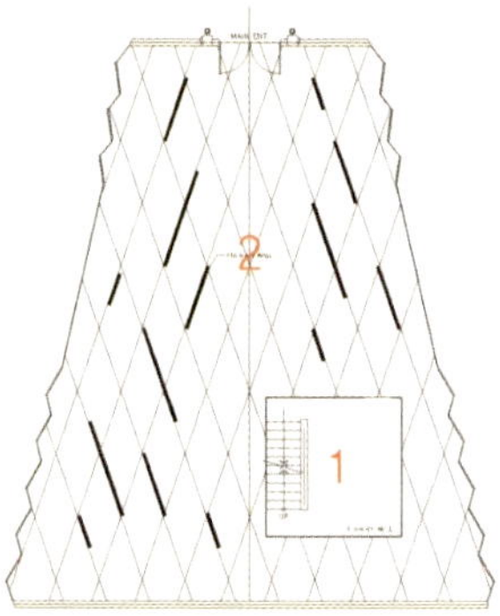

floor 1

1 계단실
2 판매 및 전시공간

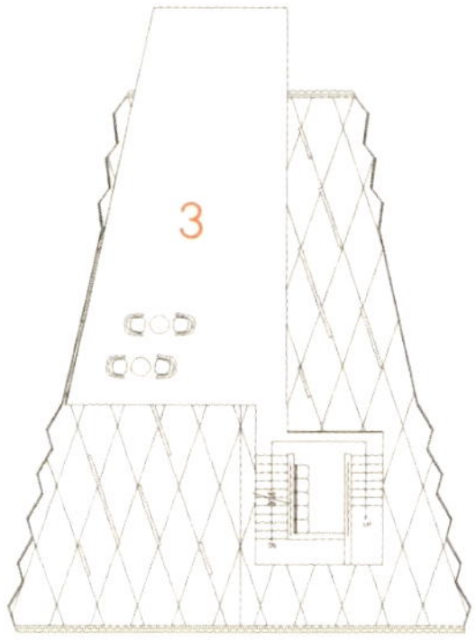

skip floor

3 디자인 스튜디오 & 상담실

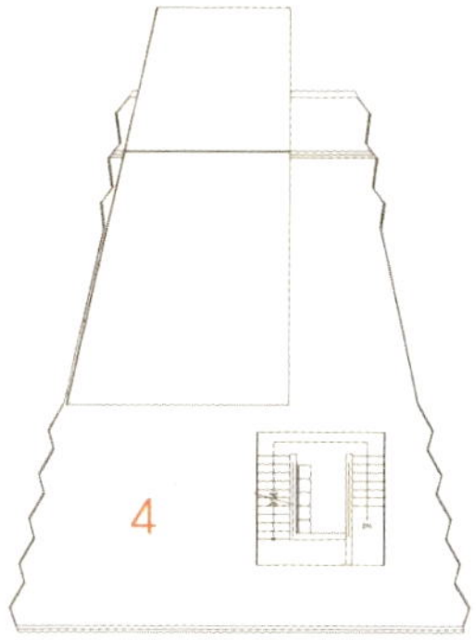

floor 2

4 가구 전시공간

1층은 전시 및 판매 공간으로 바닥에 시선 축을 연장시킨 패턴을 이용하여 내부의 벽체를 올리고 연결하여 프레임을 만들었다. 내부의 시선 축과 평행하게 올려진 벽체는 외부에서 들어오는 시선을 방해하지 않도록 같은 방향으로 되어 있으며, 제품을 전시하여 활용한다.

스킵 플로어 형식으로 이루어진 디자이너 작업실 및 개인 상담실은 1층과 2층, 계단 등 가장 접근성이 좋은 공간으로 소통을 위한 디자이너의 공간이다. 1층과 2층 사이에 걸쳐있어 자유로운 이동이 가능하다.

2층은 가구를 이용한 전시 및 판매 공간으로 부피가 큰 인테리어 제품들을 가구와 함께 매치해 보고 고를 수 있도록 되어있다. 고객 맞춤형 공간이며 1층 매장보다 친근감 있는 공간이다.

Elevation

Axonometric

1 계단실
2 판매 및 전시공간
3 디자인 스튜디오 & 상담실
4 가구 전시공간
5 Frame

조경찬 | Jo Kyung-Chan

Background

옛날부터 국내외 봉사를 후원하고 봉사 활동을 하며 브랜드의 가치를 높이는 국내외 기업들이 많이 있다. 하지만 정작 봉사를 받은 나미비아 여성들은 그 당시 후원만 가능할 뿐 그들의 삶이 지속시킬수 있는 나이가 됐을때 배운 것이 없어서 할 수있는 일이 제한되어 있다. "PENDUKA"라는 브랜드는 그들의 자립심을 기르고 그들이 한발한발 삶을 개척 할 수 있게 도와주는 브랜드로 나미비아 여성들은 제품을 만들고 그제품은 수출되어 판매되게 된다 판매된 제품은 다시 나미비아 여성들을 후원하고 그 나미비아 여성들은 다시 제품을 만든다. 그로 인해 나미비아 여성들의 삶의 질이 개척된다.나미비아 여성들의 삶의 질을 높여주는 이 브랜드의 가치를 높이고 브랜만의 특징을 보여줄수있는 매장을 디자인 하고자한다.

아프리카 사막에서 피어난 나라,
NAMIBIA

Target

국내외 봉사 활동에 관심이 많고 사회적 기업에 많은 지지를 보내고있는 20~30대 젊은 여성들이 주 타겟이지만 국내외 봉사 활동에 관심있는 모든 사람을 타겟으로 함

Grain Between

결의 사이 – 또 다른 모습을 보다

Brand

PENDUKA(펜두카)는 남아프리카 나미비아에서 살아가는 빈민, 장애 여성들을 위한 공동체 이름이자, 'Wake up'을 뜻하는 나미비아 말이다. PENDUKA(펜두카)는 가난과 병 때문에 선천적으로 일할 수 있는 능력과 기회를 부여 받지 못한 여성들에게 그들이 가지고 있는 재능을 살릴 수 있도록 구체적인 방향을 제시해 주고, 스스로 살아나갈 수 있는 힘을 키워 준다.

Brand Pursuit

나미비아 여성 누구든지

빈민가의 나미비아 여성이라면, 건강,교육에 상관없이 장애인이건 비장애인이건 교육을 받을수있고, 브랜드를 통해 자립해 나갈 수 있도록 도와준다.

철저한 브랜드 협력

지속적으로 사업을 확장하고 기부를 받아 현지 내에 기관이나 단체의 도움을 통해 브랜드를 더욱 키우고 더 많은 여성이 혜택 받을 수 있도록 한다.

언제나 그들편에 서서

사회적 약자인 여성들을 돕고 그들이 언젠가는 자립할 수 있게 지속적으로 지원하며 그들의 가치를 높임으로써 상품의 질을 더욱 높일 수 있게한다.

Site

site

accessibility

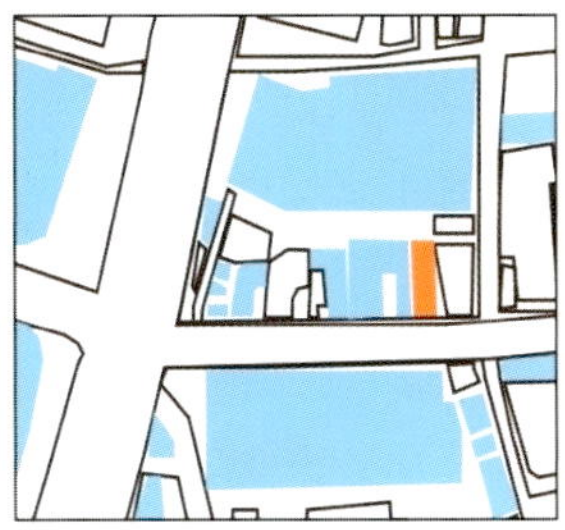

business district

서울시 종로구 명동1가 이니스프리 매장

대다수가 의류 점포로 분포되었고 브랜드숍 위주이다.
유동인구150-200 만명 추정 그 중65~70%가 10-20대 여성 나머지는 직장인과 외국 관광객이다.
주변 대중교통을 통한 접근성이 우수하다.

Proposal

구매자가 직접 자신의 의류를 만들어 전시하는 형태로 기존 상업 공간과는 다르게 자신의 제품을 만들고 전시하는 형태의 상업공간을 제안한다.

Brand	Material	Keyword	Concept
PENDUKA	Stone - Sandstone	결	Grain Between
		+	
	Fabric - Thread	선	

Facade

Motive

반복

가변

켜

엮임

이중성

Isometric

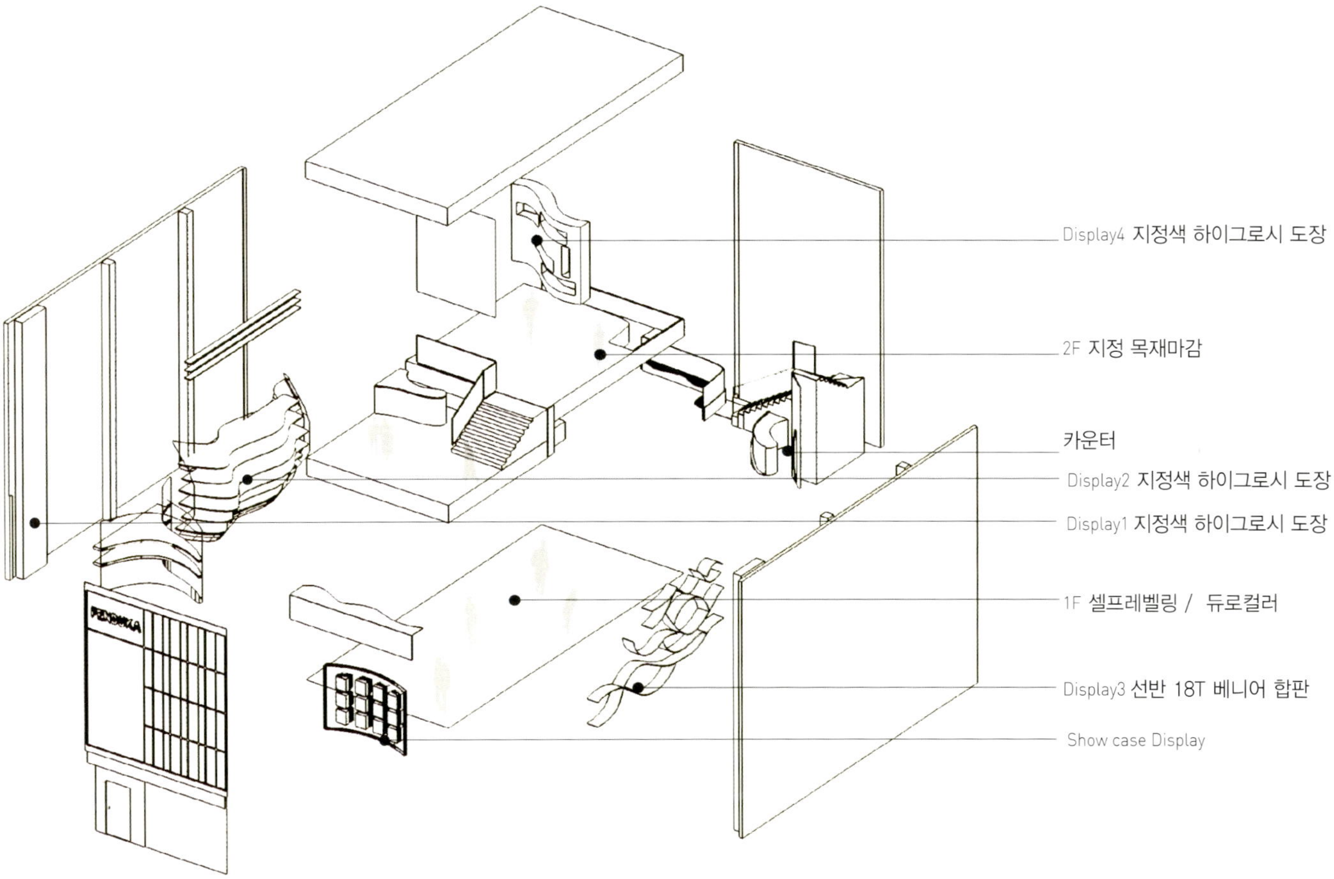

轉 : 계단을 통해이뤄지는 공간의 연속과 시야의 차단을 통해 공간의 느낌이 전환되는 곳

結 : 공간의 이야기가 끝나면서 결의 공간이 다시 起의 공간으로 이루어진 곳

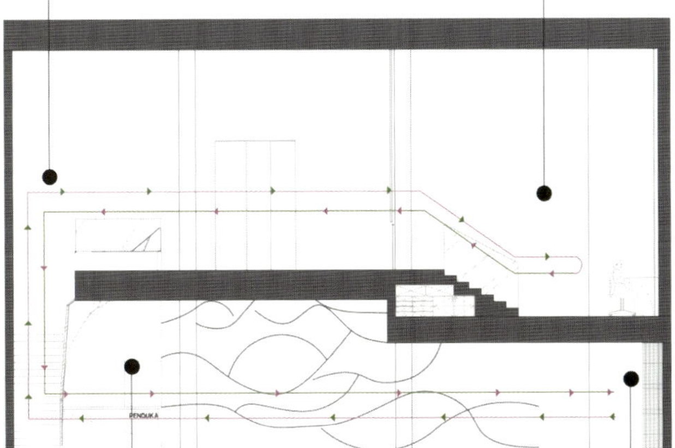

承 : 높은 천청고를 통한 공간의 확대화로 공간의 이야기가 전개되는 곳

起 : 건물의 입구 부분으로 공간으로 이야기의 시작되는 곳

起承轉結 : 기승전결로 공간의 이야기가 시작되고 이야기를 통한 공간의 연속성으로 공간이 처음부터 끝까지 이어졌다가 끝에서부터 다시 시작되는 기승전결로 이루어진다.

Material

Stone - Sandstone

모래가 뭉쳐서 단단히 굳어 진 암석. "PENDUKA" 브랜드의 지역인 나미비아의 속의 제일 오래된 사막 속 붉은 사암의 유기적 특성을 공간에 적용

Fabric - Thread

고치, 털, 솜, 삼 따위나 화학 원료를 써서 가늘고 길게 뽑아 만든 것. 실의 특유의 가변성과 실에 의해서 공간이 이중적인 모습을 가지는 것을 공간에 표현

Process

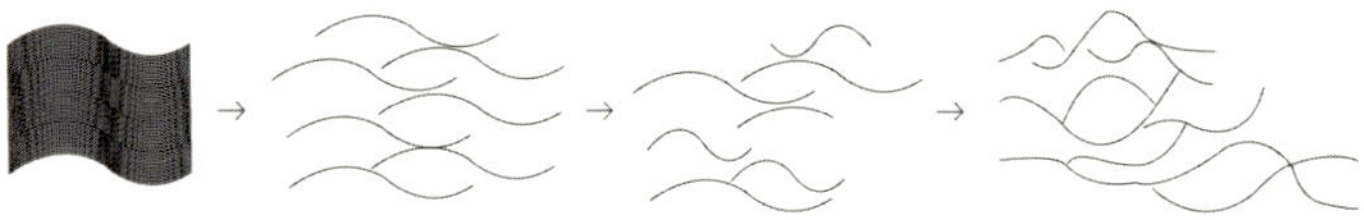

사암의 형태적 느낌을 반복시키고 변형시킨다.

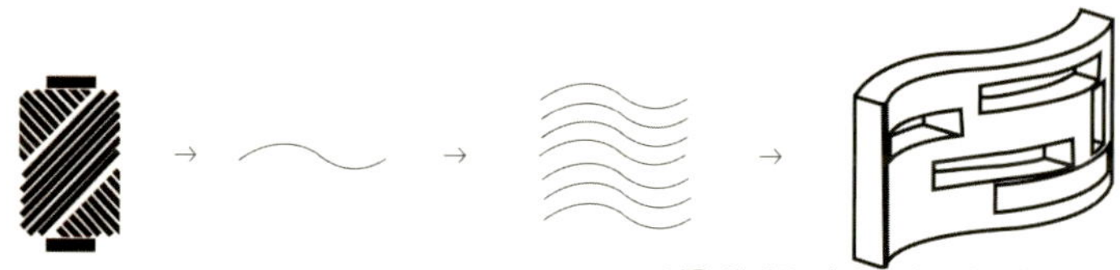

실을 입체화 시키고 반복시킨다.

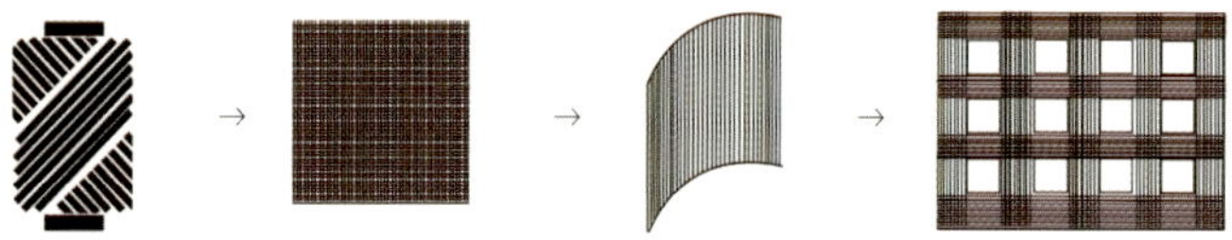

재료인 실을 반복시키고 엮어낸다.

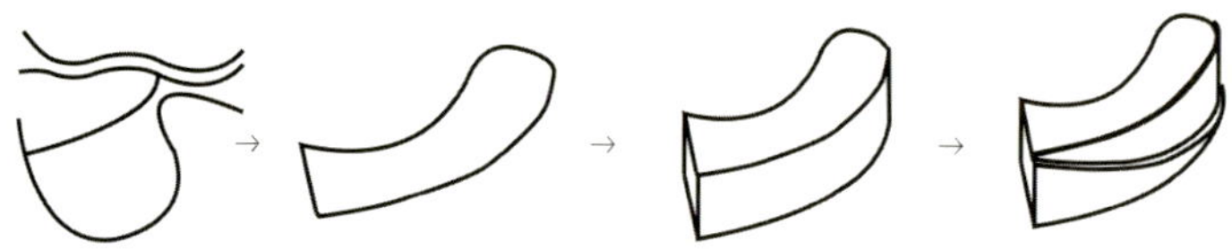

사암의 형태를 단순화하여 변형 시킨다.

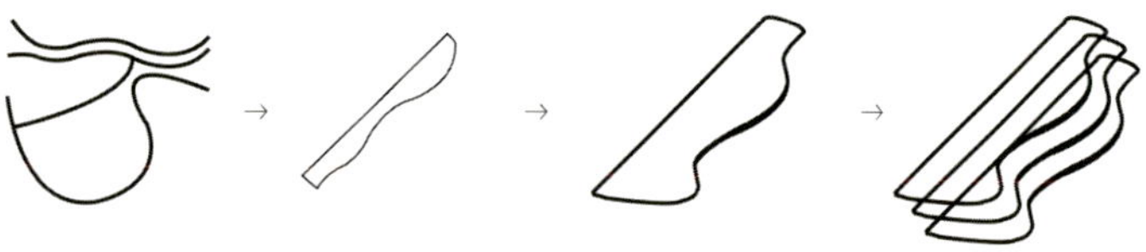

사암의 형태를 단순화시키고 쌓다.

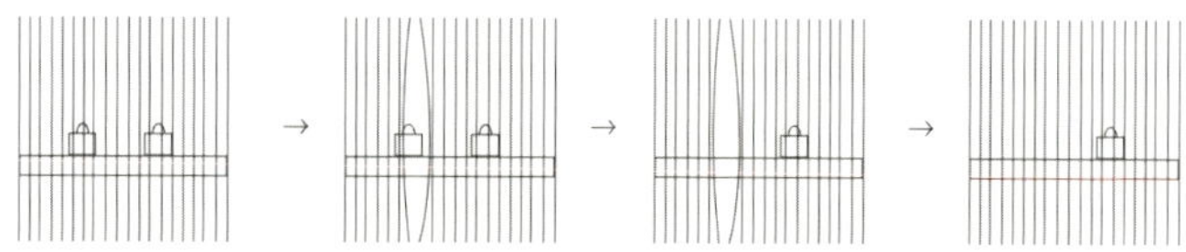

Plan

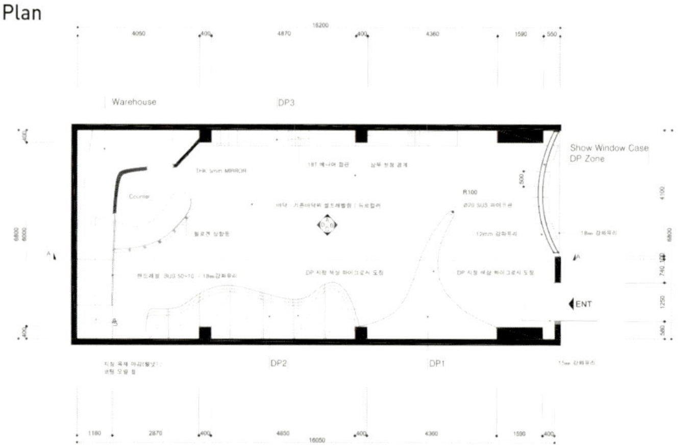

1F FLOOR PLAN
Scale 1/60

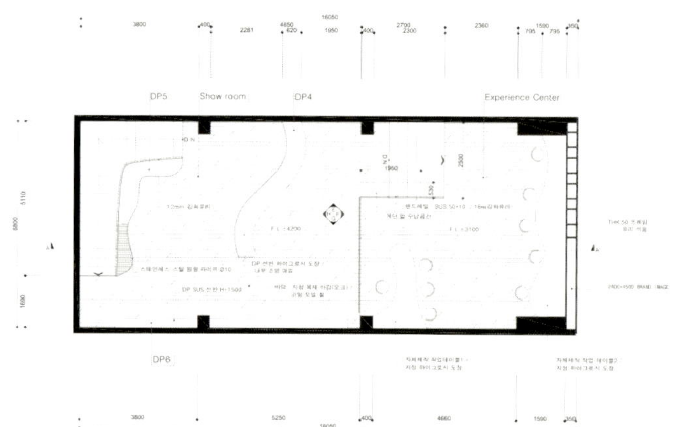

2F FLOOR PLAN
Scale 1/60

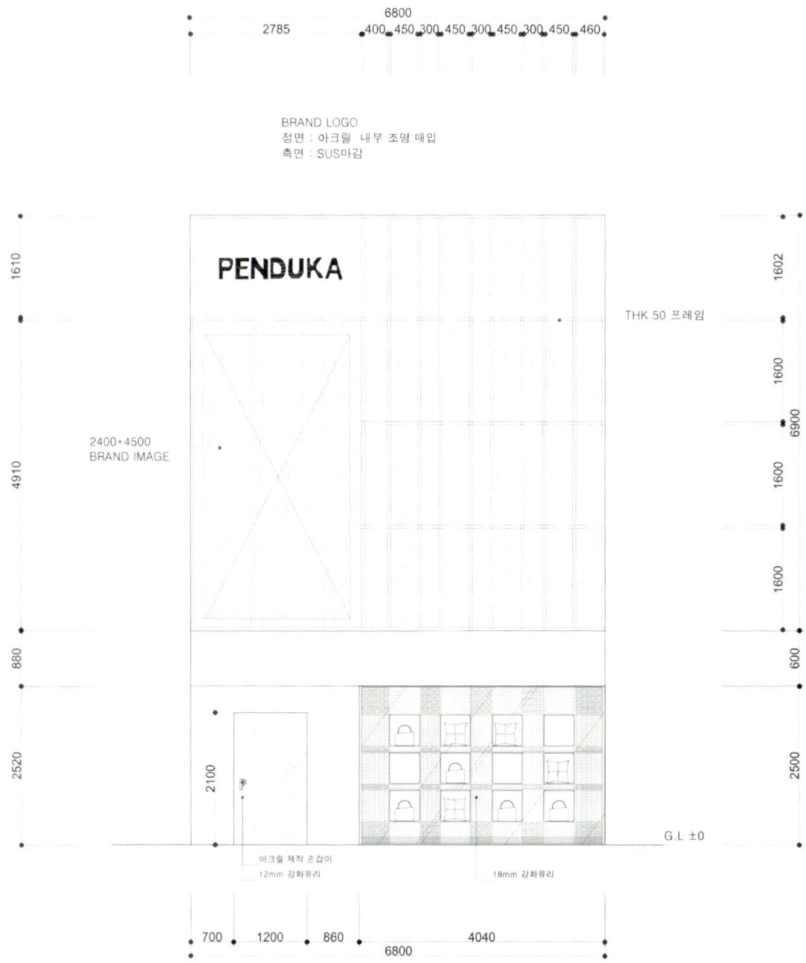

FACADE
Scale 1/50

Elevation

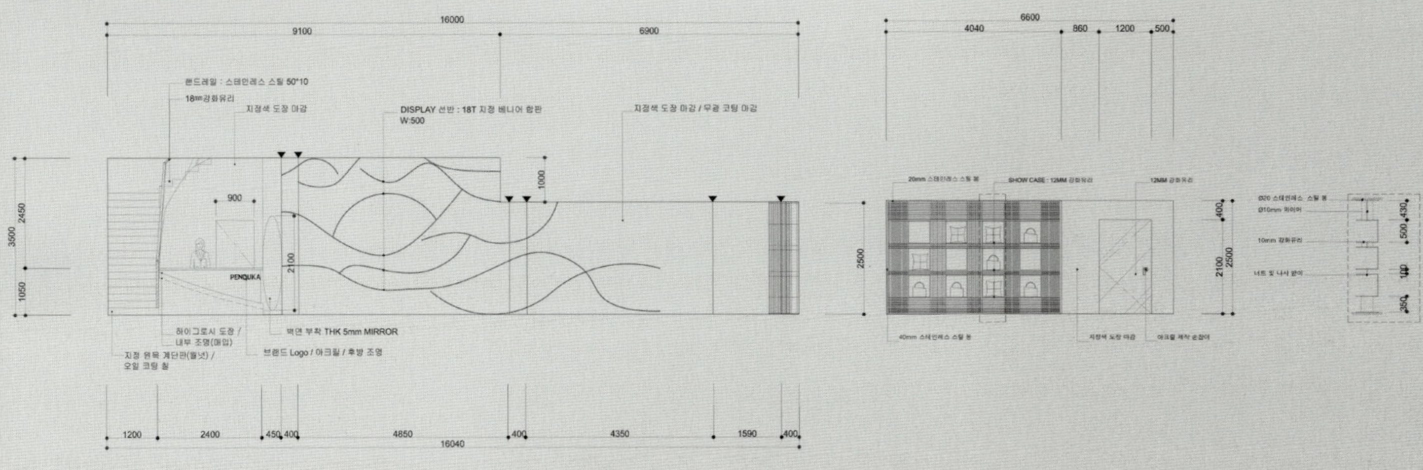

김태호 | Kim Tae-Ho, 임대홍 | Lim Dae-Hong

Trace of Our History

진실된 역사의 흔적을 추적하다.

Background

요즘 일본의 역사 교과서 왜곡 중국의 동북공정등 우리나라 역사를 왜곡하는 일들이 점차 더 일어나고 있다. 그러나 우리나라 청소년들의 역사에 대한 교육 시간은 더 줄고 다른 과목에 치여 제대로 교육이 되지 않는 모습이다. 그 결과 청소년들은 3.1운동을 삼점일 운동 6.25전쟁이 북침으로 아는가 하며 야스쿠니 신사의 참배의 의미를 잘 모르는 것으로 나타났다. 이러한 역사인식 부족이 계속 된다면 우리나라 역사가 왜곡이 아닌 다른나라의 역사가 되는 결과가 나타날 수 있다. 그래서 역사의 진실을 알려줄 수 있는 역사관을 만들어 경각심을 주고 역사가 어렵고 지루한 것이 아닌 쉽게 다가가고 쉬며 느낄 수 있는곳으로 만들어 보려한다.

User

최근들어 역사 왜곡이 국제적인 문제로 커지고 있다. 우리나라 국민뿐만 아니라 외국인들도 왜곡된 역사가 아닌 진실된 역사를 알아야 잘못 되어지는 역사를 바로 잡을 수 있다. 그리고 우리나라 청소년층의 역사 인식 부족 상태가 대두되고 있는데 우리나라의 미래인 청소년층의 역사 부족이 시급하기에 주 타겟층을 청소년과 외국인으로 정하였다

Site

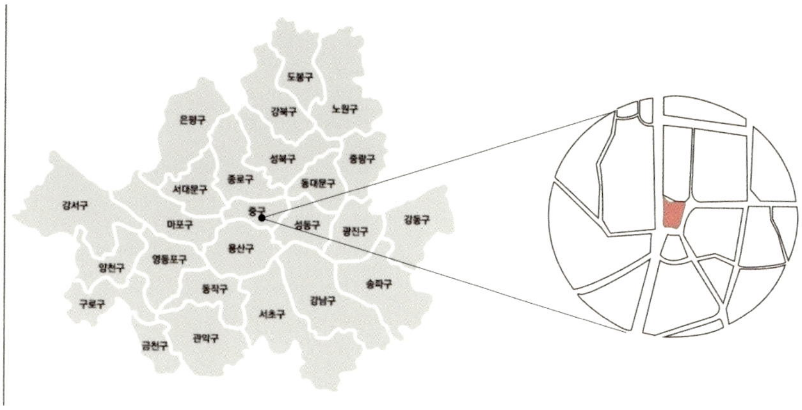

서울특별시 중구 태평로 1가 31 서울광장

서울광장은 많은 사람이 오고가며 이벤트적인 공간과 시위와 집회의 장소등으로 많이 이용되어 현재 우리의 모습들을 잘 보여주는 공간이다. 또 과거에는 조선총독부가 있었던 장소로 과거의 아픈 역사를 담은 공간으로 현재와 과거의 역사를 담은 공간으로 생각되어 시청광장을 사이트로 정하였다.

유동인구

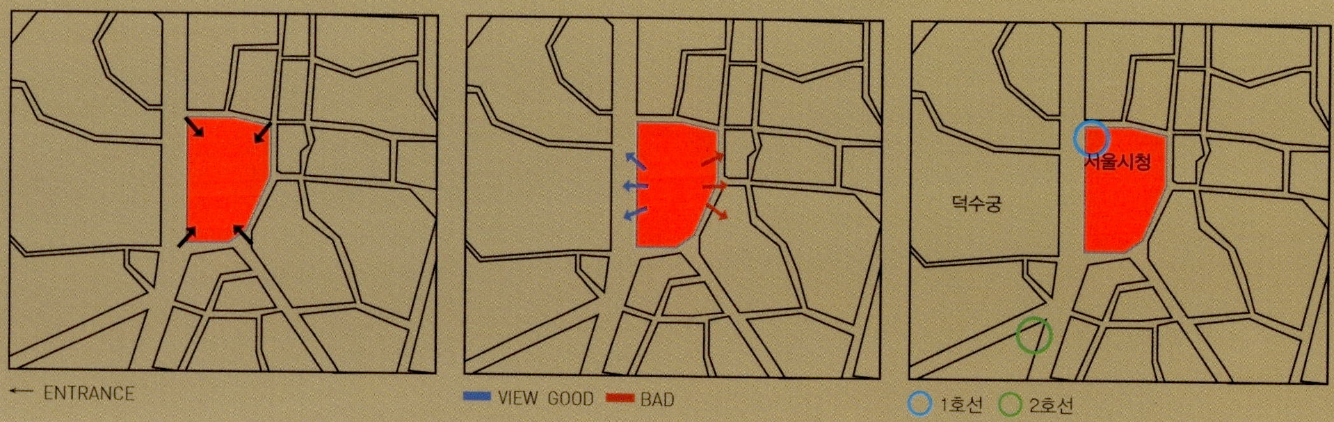

SWOT Analysis

S

인구가 많아 이목 끌기가 좋으며 주변에 문화재와 서비스 공간들이 많다.

O

편의시설들이 부족하고 차량 소음공해가 심하다. 햇빛 피할 수 있는 휴식장소 없다.

W

휴식공간을 제공하고 밤에는 공연해주어 각종 시간때에 사람들을 끌어드릴 수 있다.

T

주변 상권에 각종 소음피해들을 줄 수 있다. 자칫하면 교통의 혼잡성을 줄 수 있다.

Concept

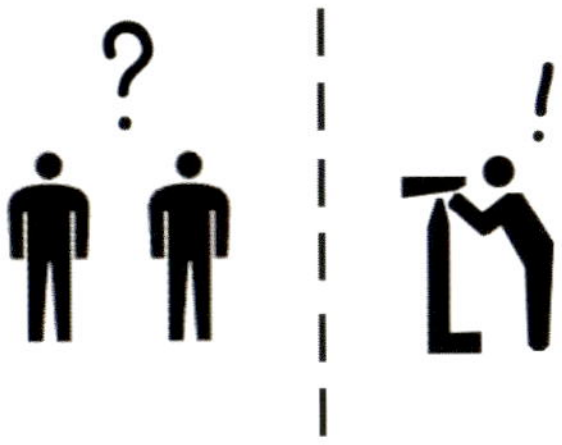

현 청소년층들과 외국인 관광객에게 잘 모르는 우리나라의 역사들을 쉽게 다가갈 수 있도록 할 수 있는 공간이 필요하다.

+

한 시대를 걸어왔던 흔적들을 따라 찾아가 그 시대를 떠올려 볼 수 있다.

=

역사의 발자취

Needs

INTEREST

REST

SEARCH

FEEL

Material

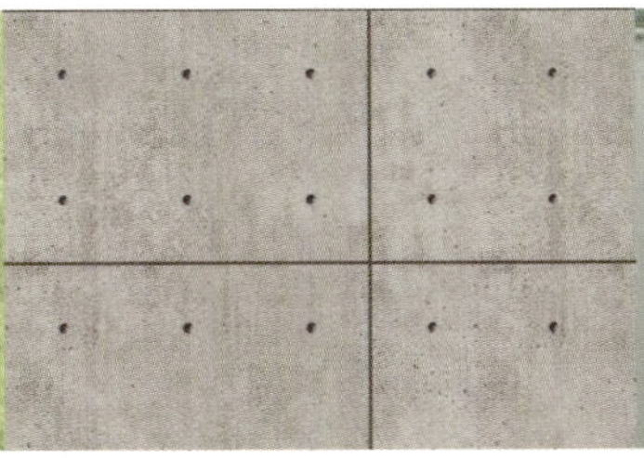

철근

철근의 거친 구조물은 그 당시의 아픔과 일제의 만행의 모습을 표현하고자 하였다.

캔터키블루그라스

계절에 꺾이지 않고 사시사철 푸른 모습은 독립투사들의 의지와 투지를 보여주고자 하였다.

노출콘크리트

3.1운동이라는 주제를 담고있는 역사관에 수 많은 희생의 무거움과 아픔의 느낌을 주려 노출콘크리트를 사용하였다.

우레탄

완전하게 반사되지 않는 우레탄 바닥을 이용하여 불안하고 불안정했던 시대의 모습을 보여주고자 하였다.

Space plan

공간			
제 1 공간	일제강점기 우리의 억울했던 우리나의 심정을 표현하는 공간	우리나라가 일제로부터 자유를 억압받았던 어두운 과거를 상징	물 소리를 이용한 전시방법
제 2 공간	3·1 운동의 흘렸던 피와 타들어가는 심정을 표현하는 공간	일제에 대한 분노를 표출하지 못하고 억누르고만 있어야했던 우리나라를 상징	불빛이 깜박깜박 거리는것을 통한 연출방법
제 3 공간	3.1운동에서 잊혀지지 말아야할 아픔	수많은 희생이 따랐었던 3.1운동의 어두운 면을 잊지 말아야 하며 앞으로 가야될 길을 상징	빛과 연기를 이용하여 전시

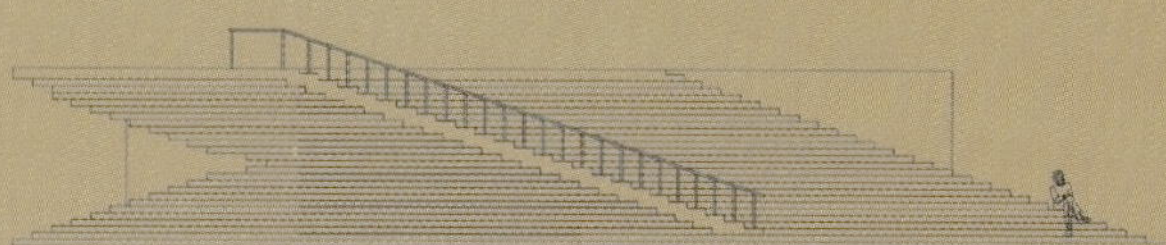

ELEVATION 1

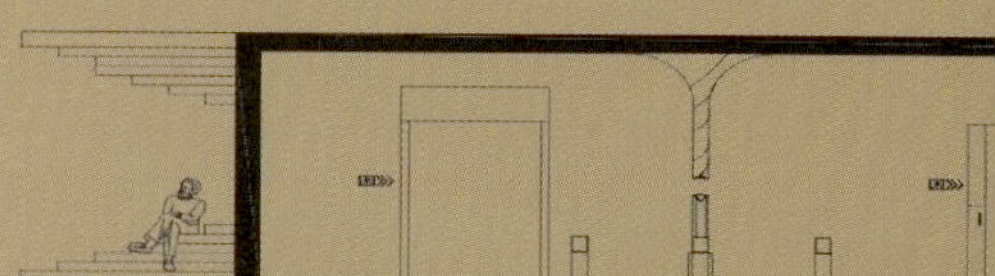

ELEVATION 2

Isomatric

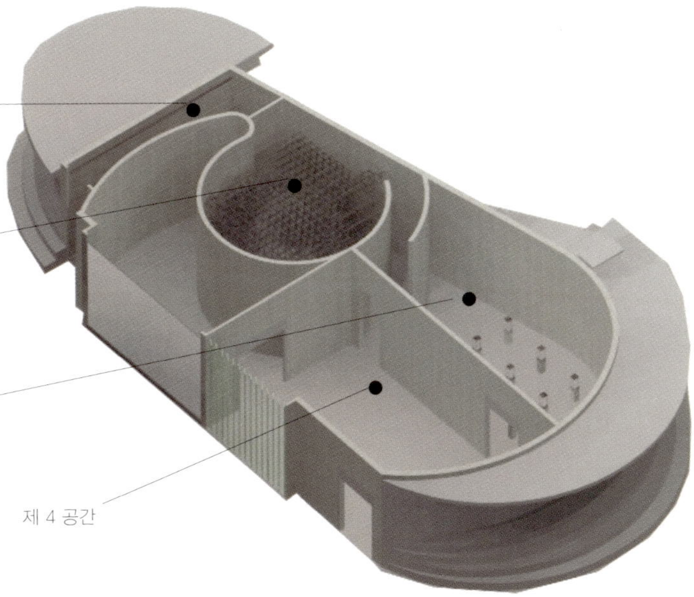

Plan

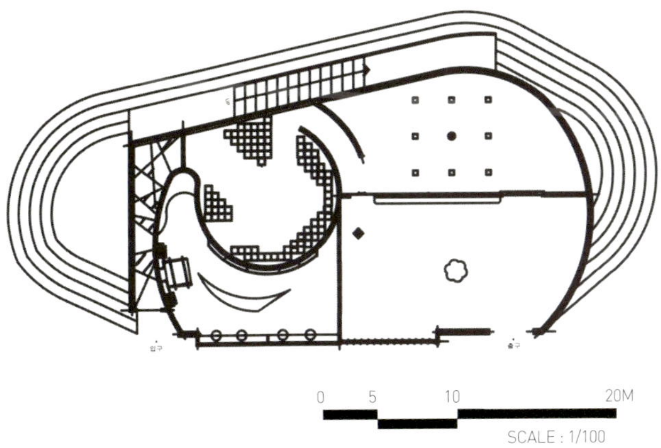

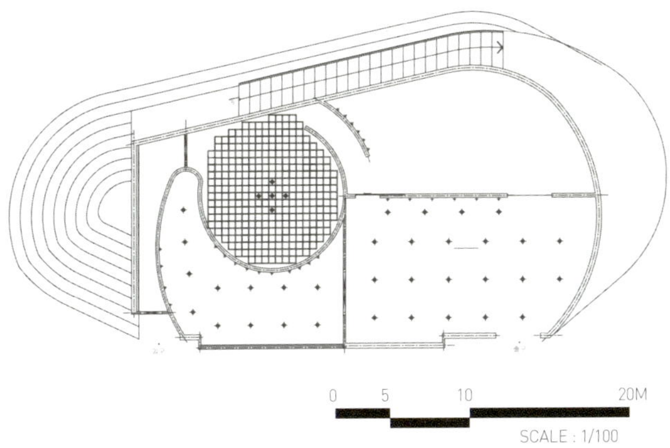

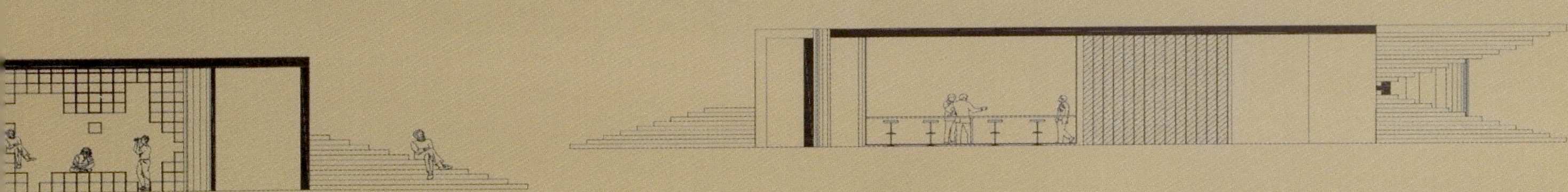

ELEVATION 3

Severance in communication

홍종무 | Hong Jong-Mu

Background

우리나라 사회는 단절되어 있는 사회이다. 유교적인 부분을 가지고 있지만 자신과 사회에 대해서 단절된 현상을 보인다. 이런 현상 또한 공부를 하는 습관에도 영향을 미치는데, 외국 같은 경우 토론식의 공부법을 통하여 학습능력이나 창의적능력을 키우는것을 지양한다. 하지만 우리나라는 독서실, 열람실, 도서관에 갇혀서 개인적인 공부만 하며 주입식, 외우기식 공부만 하게된다. 이런 획일적이고 답답한 공간에서 공부하는 것이 아닌 단절되어 있을것 같은 공간에서 변화를 주어 사람들끼리 같이 이야기하며 즐거운 공부를 할 수 있는 공간을 만들고자 한다.

Site

고양시 일산동구 백석동 백석 도서관

일산에는 여러 주제를 가진 도서관들이 존재 하는데, 그중 백석 도서관은 어린이들의 창이적인 생각을 발달시켜주자는 주제로 운영되고 있는 도서관이다. 이런 주제에 맞는 공간을 찾는데 있어서 소통은 중요한 것이다. 단절되어 있는 공간에서의 공부가 아닌 소통을 하며 창의적인 도서관 열람실을 만들고자 한다.

Material

strengthen cardboard

강화 카드보드는 중량물 포장 자재로써 충격 흡수성에 의한 발군의 강도, 엄격한 환경의 변화에 대응하는 우수한 밀봉성, 내후성을 발위합니다. 환경친화적이고 안전한 장난감이 될 수 있습니다. 사용이 끝난 후에도 자원으로서 리사이클 할 수 있는 강화 카드보드지. 석유가 아닌 제품으로 삼림도 줄어들지 않습니다. 그리고 습기에 강하고 내구성이 뛰어나며, 여러겹의 골판지를 부착할 때 화학약품이 아닌 옥수수 전분으로 착하여 인체에 무해한 친환경 재료입니다. 그리고 두께는 15mm~30mm까지 크기가 다양합니다.

Concept

severance in communication

우리나라 사람들은 더 좋은 환경에서 , 더 좋은 생활속에서 살아 가기 위하여 공부를 시작하고 공부를 병행하며 살아가고 있다. 하지만 공부방법은 너무나 획일적이며 개개인의 공부에 치중한 나머지 소통은 이루어지지 않은 형태로 학습하고 있다. 이러한 소통의 단절인 공간의 도서관에서 서로 소통하며 즐겁게 공부할 수 있는 , 편하게 공부하며 학습 능력이 커지는 공간을 만들어 주려고 한다.

Motive

cardboard

카드보드는 우리가 일반 생활속에서 사용 할 수 있는 물건 들이다. 택배상자, 포장상자등 사각형으로 이루어진 단순한 상자이다. 하지만 이런 상자들을 하나씩 모아 연결 시키고 상자와 상자가 결합하여 공간을 만들 수 있다.

Proposal

다양한 개성의 사람들을 포괄적으로 수용하고 팀이나 개인이 자신들에게 맞는 형태의 공간을 만든다. 자신들의 만든 공간에서 이야기를 나누며 공부를 더 즐겁게 할 수 있는 방법을 제시한다.

Keyword

BOOK , RUN , WORD , TARK
PAPER, ALONE

Process

strengthen Card Board를 knock Down의 형태로 만들어서 가구를 만든다. 재료의 특징 중 하나인 단면. 이 단면은 사람과 사람의 단절된 것을 나타내며 단절된 것들이 knock Down의 형태로 합쳐서 자연스러운 가구로 다시 태어 나게 된다. 가벼운 무게를 이용하여 여러명의 사람들이 자신만의 공간을 만들어서 열람실을 이용하고자 한다.

+

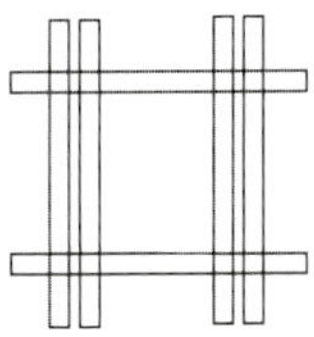

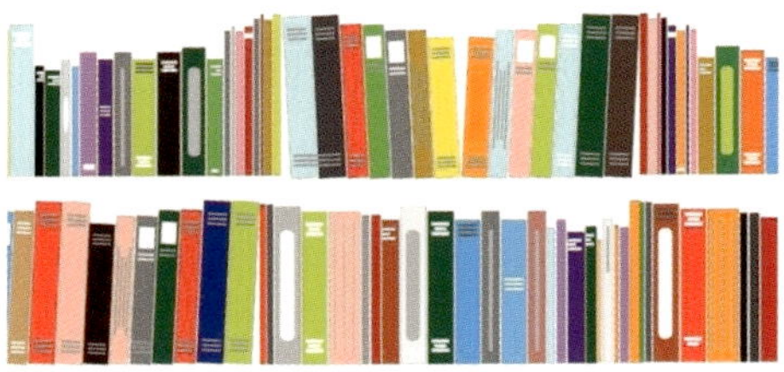

Isometric

카드보드지의 특성으로 나무재질과 같은 따뜻한 느낌을 받을 수 있으며 사용자가 직접 움직일 수 있는 공간이다.

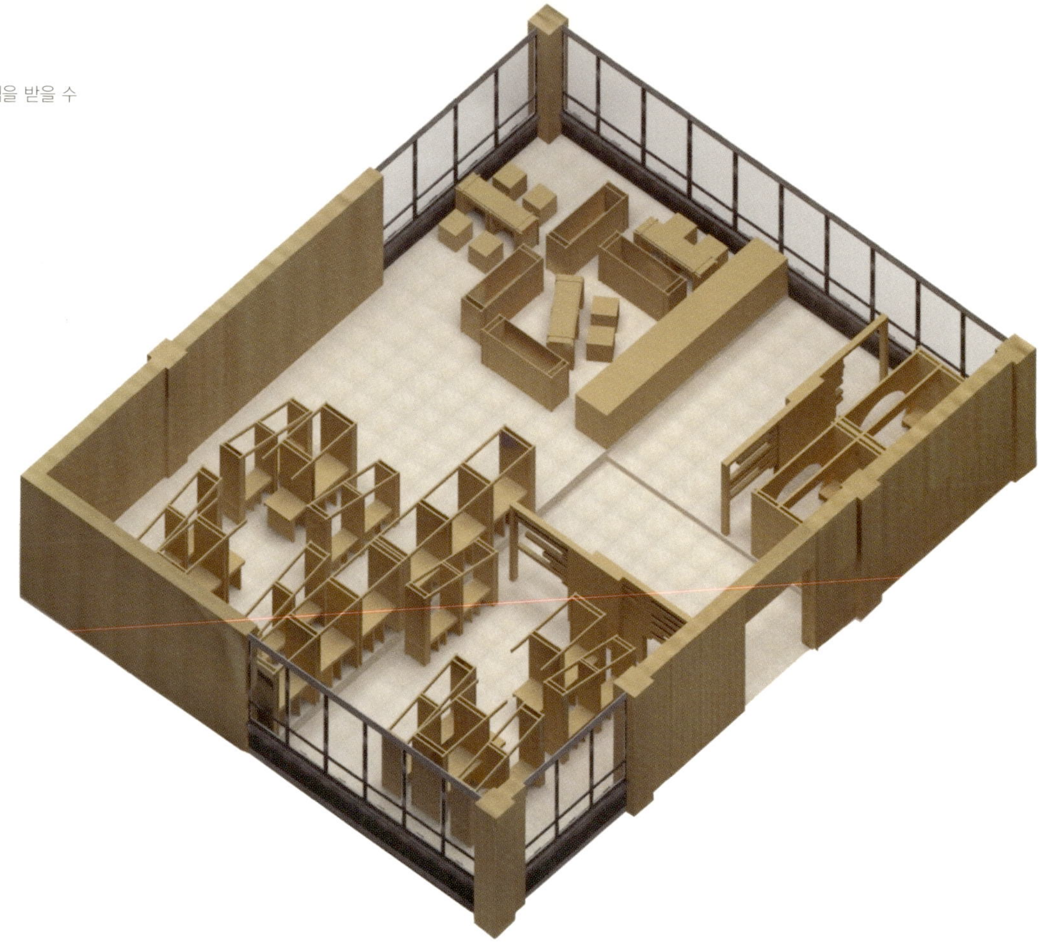

Plan

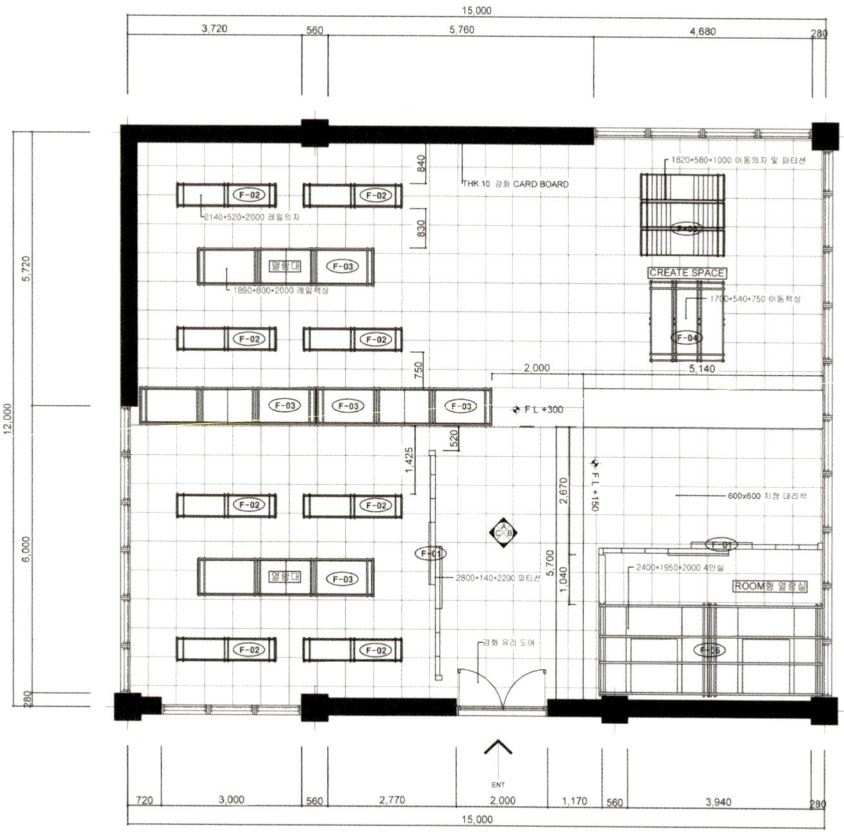

카드보드의 특성인 박스형태를 기본으로 하여 열람실 속에서의 상자들을 구성하고 상자속에서 열람실을 이용하는 사람들만의 이야기를 만들어가며 혼자만이 아닌 다양한 사람들과의 접촉을 이끌어낸다.

Elevation

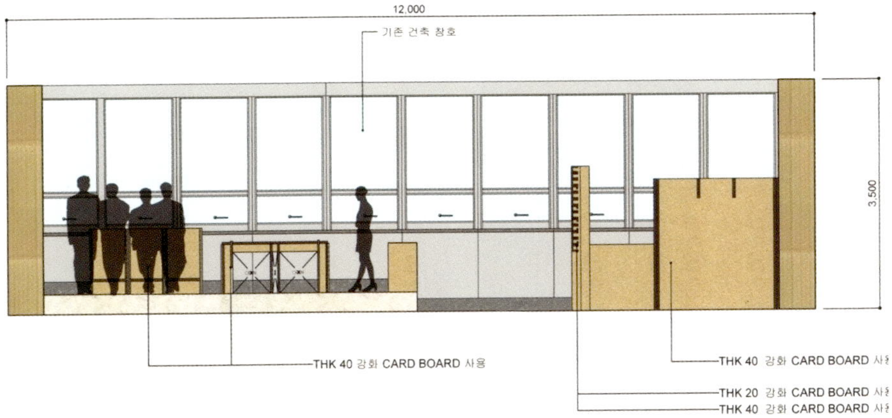

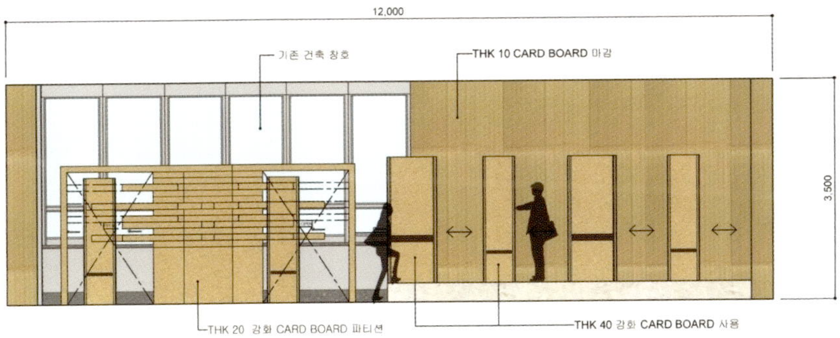

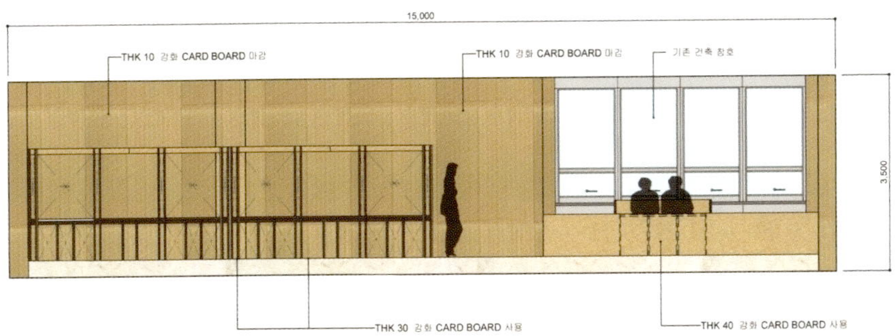

Space view

A section

cardboard로 되어있는 가벼운 가구를 도서관을 이용하는 시용자가 앞 뒤 옆으로 움직일 수 있는 공간이다. 2명에서 4명이 사용이 가능하다.

B section

가구속에 의자가있어서 의자를 꺼내 자신이 원하는 책상과 함께 이동시켜서 공부할 수 있는 장소를 만들고, 파티션이 있어서 공부하는데 있어서 방해 받지 않는 공간이 만들어진다. 2인용으로 사용이 적합한 공간이다.

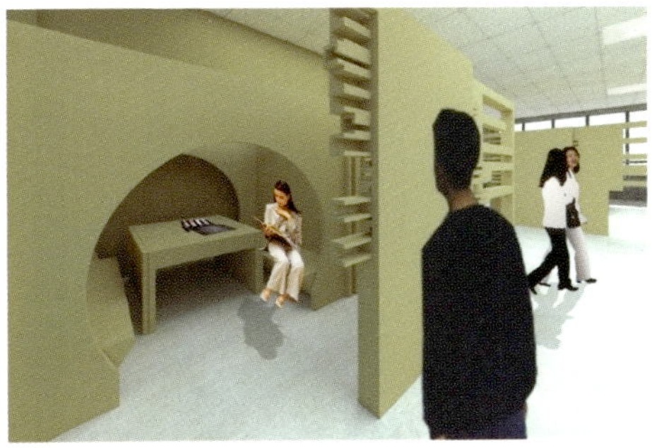

C section

4인 이상의 reading room이다. 앞의 파티션을 통하여 가림막을 할 수 있는 장치가 되어있으며 단체사람들의 공부를 할 수 있는 공간이 될 것이다.

곽민주 | Kwak Min-Joo

글로 짓다

Typography

활자의 서체나 글자 배치 따위를 구성하고 표현하는 일.
활자 서체 폰트 글꼴 등 여러가지 말로 표현되는 타이포그래피는 글자의 배열을 말하는데 문자 또는 활판적 기호를 중심으로 한 2차원적 표현을 칭한다. 구성적인 그래픽 디자인 전체를 가리키고 일반의 디자인과 동의어. 바우하우스를 중심으로 하는 근대 타이포그래피는 구성주의적인 창작에 의하여 옛 형태를 타파하고, 점차 기능적인 표현을 행하여 디자인의 한 분야

Site

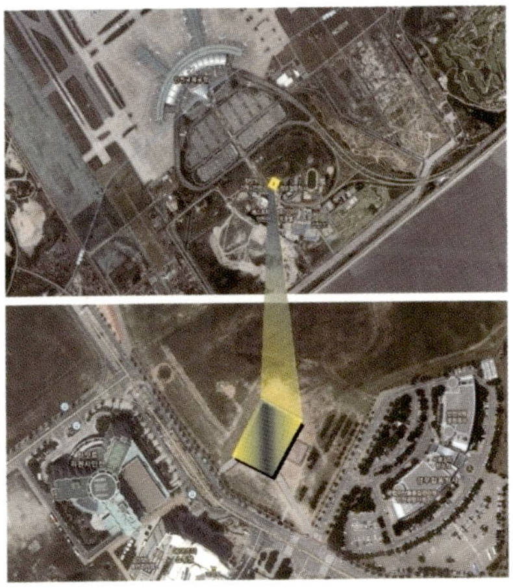

위　　치　인천광역시 중구 운서동 공항로 424번길 2851-26

대지면적　201㎡
건축면적　183㎡

특　　징　영종 하늘 도시 인천을 site로 지정한 이유는 인천 국제공항이 있어 외국인의 이동이 많고 그동안 명성에 비해 침체해 있던 관광지의 역할이 카지노 개발이 확정됨으로 인해 더욱 부흥할 것으로 예측 되었기 때문이다.

지정한 사이트 주변에 하얏트 호텔, 인천 국제공항공사, 정부합동청사, 각종 체육시설이 위치해 있어 유동인구가 비교적 많은 길목에 위치했고, 인천 국제공학역, 운서역, 인천대교가 있어 교통이 편리하다. 공항에서 호텔, 인천대교를 이용하는 사람은 이곳을 지나칠 수 밖에 없다. 경제 자유 구역으로 지정된 영종도는 무궁무진한 발전의 기회가 있는 곳이다.

Background

모든 분야에서 디자인이 크게 자리 잡고 있는 현 시대의 흐름에 맞춰 글자도 디자인의 한 분야로 자리잡은지 오래다. 현 시대의 흐름에 맞는 디자이너를 양성해내는 공간을 만들고 그 자리함에 있어서 업무능력과 적절한 휴식, 아이디어가 솟아나는 공간을 만들고자 한다.

Target

결코 많지 않은 직원의 수이지만 그들이 창조해내는 가치는 어마어마하다. 각자 자신의 맡은 일에 최선을 다하는 다양한 연령대의 성인층이 이 공간을 사용할 것이다.

Motive

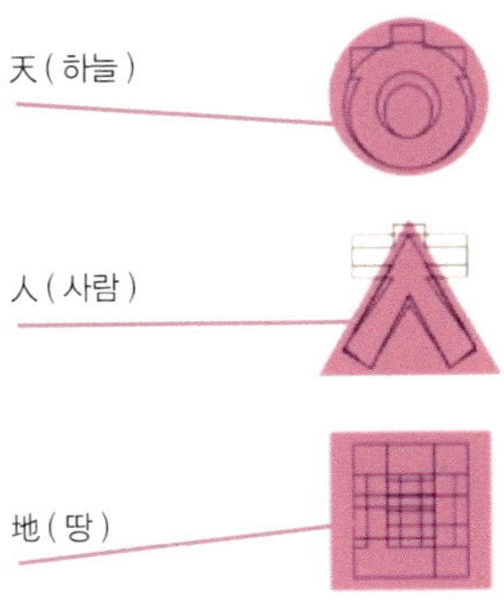

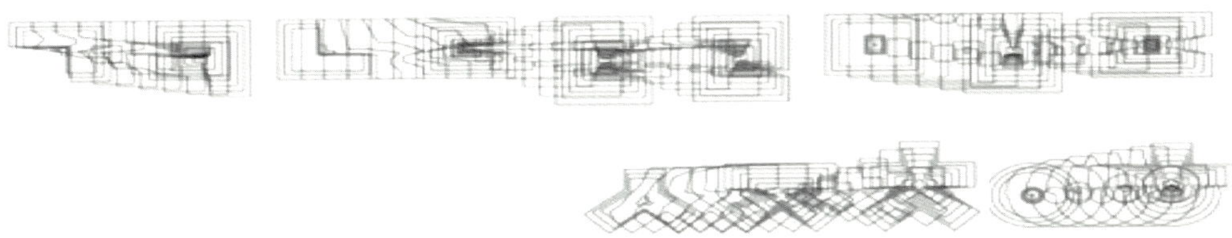

한글은 우주의 원리를 따서 만든 글자로 天(하늘) . 地(땅), 人(사람) 이 세 가지를 기본 원리로 하여 창제된 문자이다. 매우 과학적으로 지어진 한글은 연동성도 뛰어나 세가지 모양으로 자음이 함축 될 수 있는데 하늘을 뜻하는 원과 사람을 뜻하는 삼각형, 땅을 뜻하는 사각형이 그것이다. 기하학적인 이 세가지 모형을 이용해 자음의 중첩으로 만들어지는 건물을 설계하고자 한다.

Mass strategy

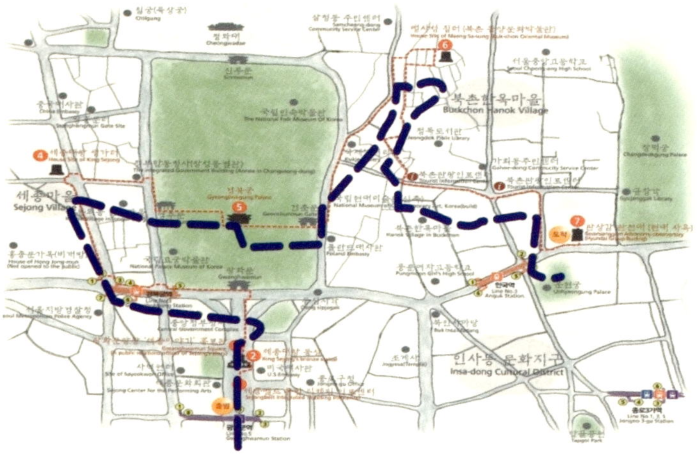

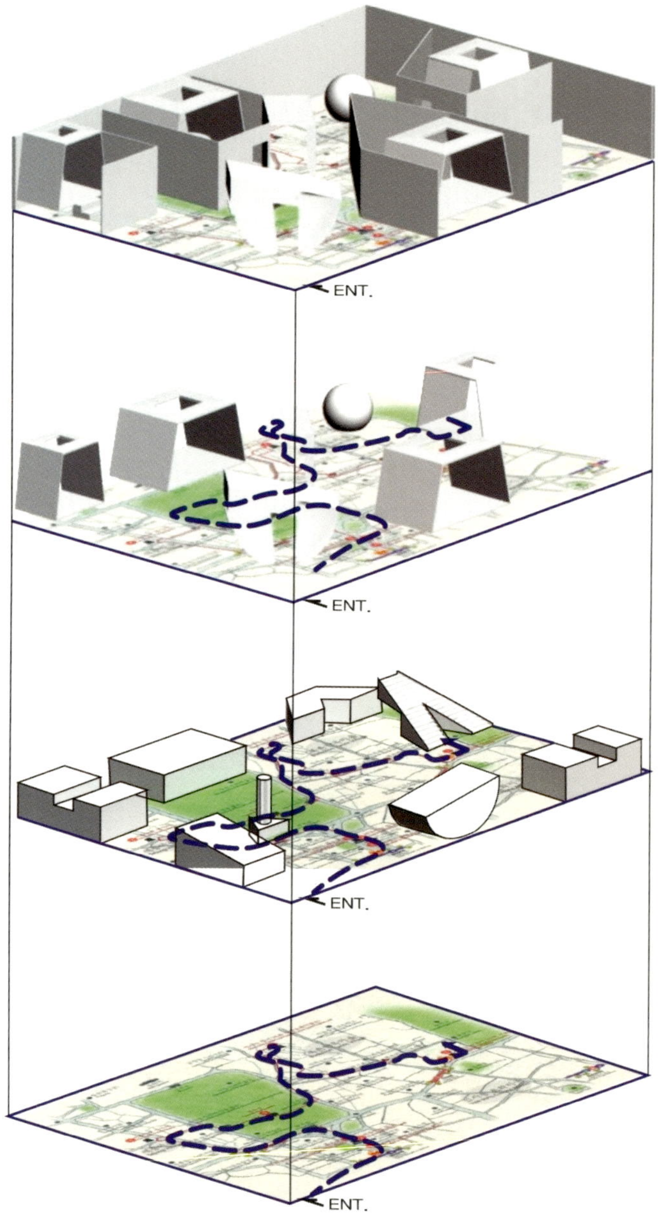

위에 보이는 지도는 '세종 한울길' 이다. 한글의 원리를 이용한 설계이므로 한글의 주조자이신 세종대왕의 숨결을 느끼며 그 발자취를 따라가고자 하는 의미에서 공간의 동선을 세종 한울길 코스로 하였다. 세종로가 있는 광화문사거리에서 세종마을을 지나 경복궁, 맹사성 집터가 있는 북촌과 관상감관천대가 있는 운형궁 주변은 세종대왕의 이야기가 함께하는 거리이며 그 발자취를 따라 걷고 싶은 소망을 나타냈다. 처음엔 자음의 기하학적인 모형이 대지 위에 놓여지고 그것이 대표적인 큐브형의 공간으로 변모해 공간속의 공간을 만든다.

Mass

공간속 공간을 만들어주는 기하학 적인 모양의 큐브는 자연과 흡사한 잔디 위에 원두막 처럼 계단을 올라야만 들어갈 수 있다. 잠시 자연에 온 듯 편안한 느낌을 가질 수 있다. 때론 독립적인 개인적 공간이 될수도 있고 개방되어 소통할 수 있는 공간이 될수도 있다.

Material

이 소재는 일반적인 콘크리트와 같은 강도를 가지면서도 빛을 투과하는 성질을 가지고 있어 인테리어 잡지에 주로 등장하는 미려한 강화유리로 뒤 덮인 미래적인 건축물들이 가지는 방열과 내구성 그리고 사후관리의 어려움들을 손쉽게 해소해준다.

Plan

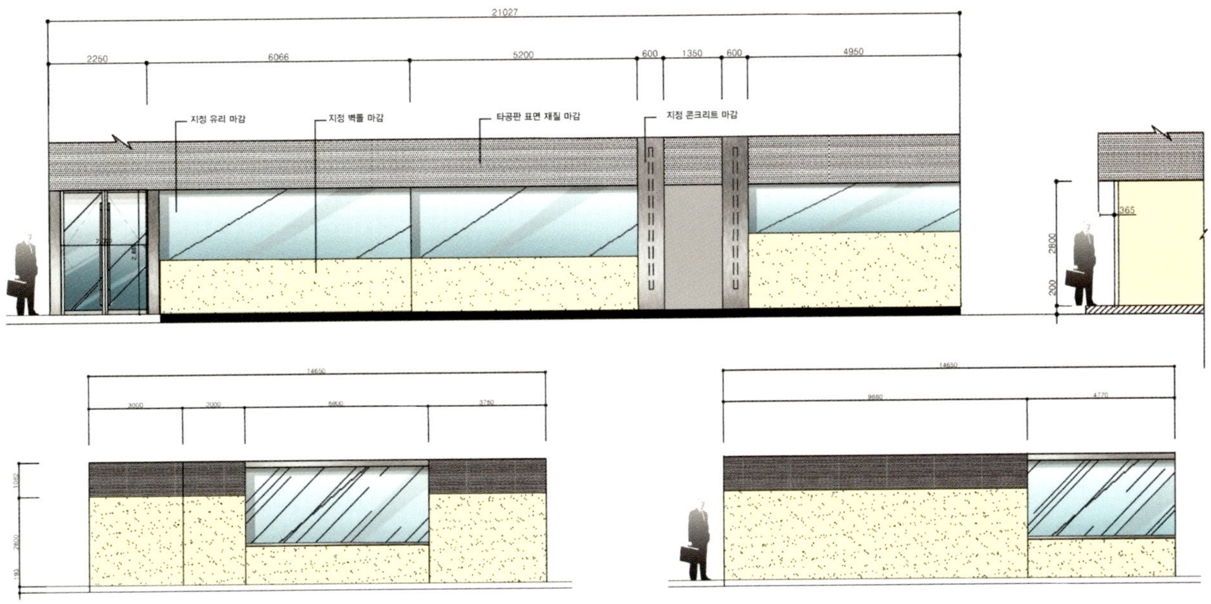

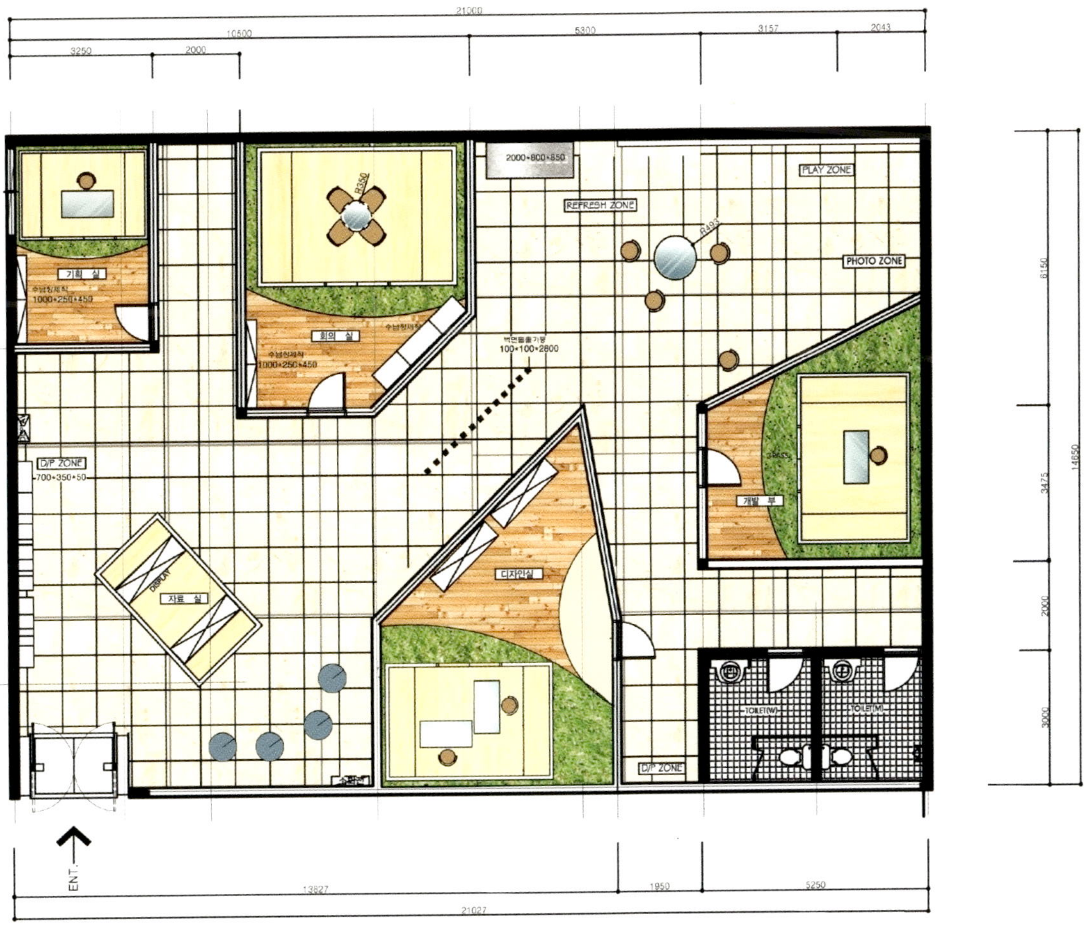

FLOOR PLAN

SCALE 1/50

초입부

입구에 들어서면 가장먼저 눈길이 가는 MASS를 주는 공간인 자료실이 나온다. 이곳은 신문과 잡지, 트렌드에 민감한 직원들을 위해 매일 새로운 일간지를 볼 수 있는 공간이다. 왼쪽엔 조형물을 전시할 수 있는 선반이 있다.

중반부 1

기역을 형상화한 반복적인 구간이 나온다. 심심할 수 있는 공간인 통로를 재미있고 새로운 영감을 받으면서 지나갈 수 있다. 가운데를 기준으로 양쪽으로 갈리는 길은 기호에 따라 통과할 수 있다.

중반부 2

휴식 공간이다. 벽면엔 한글이 뒤죽박죽 튀어나온 벽면이 한글체를 연상할 수 있게 도와주어 휴식시간에도 새로운 자극을 준다. 다른 한쪽 벽면엔 설계자가 가장 좋아하는 문구가 쓰여진 벽지가 발라져 있다.

후반부

양쪽에 각 부서 사무실이 있어 긴 통로처럼 느껴질 수 있으나 지정 유리벽을 통해 안을 들여다 볼 수 있어 개방된 느낌을 주고 끝에는 Screen 벽이 설치되어 있어 새로운 소식이나 아이디어를 자극하는 문구들이 매일 바뀐다.

이성경 | Lee Seong-Kyung, 이호림 | Lee Ho-Rim

CONTROL FREEDOM

자유로움을 조절하다.

background

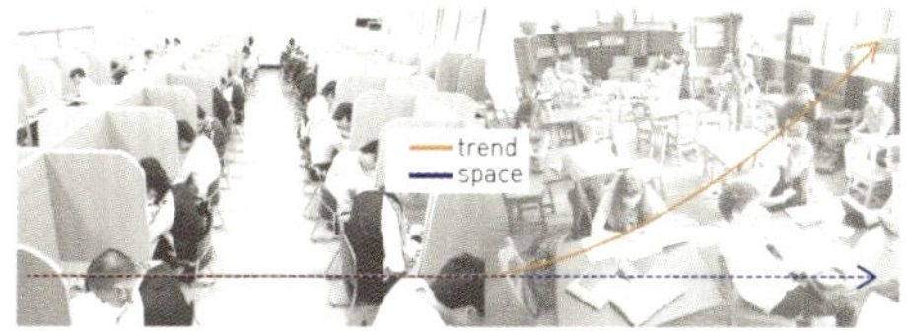

최근 커피숍에서 공부하는, 일명 코피스족(coffee와 office의 합성어)이 늘어나면서 커피숍 자체의 본질을 잃어가고 있다. 실제 설문 조사를 통해 알아본 결과 이를 좋지 않은 시선으로 본다 라는 의견이 높게 나왔다. 그럼에도 불구하고 원래 공부가 목적인 독서 실에서 공부 하지 않고 식음공간인 커피숍에서 공부하는 사람이 계속해서 늘어나는 이유는 왜일까?

우리는 이러한 이유를 두가지로 생각해보았다.
첫째 우선 트랜드는 계속해서 바뀌어 가는데 그에비해 공간은 따라가지 못하고 그대로이기 때문이다. 과거 혼자서 공부하는 습 관을 갖고 있던 사람들은 지금의 독서실과 같이 칸막이를 쳐놓고 혼자만 집중해서 하는 공부 방법을 선호했다. 하지만 외국 드라 마와 여러가지 트랜드의 변화로 공부하는 방법에 있어서도 트랜드가 바뀌어 가고 있다. 때문에 현재 트랜드에 맞는 공간이 없으므로 사용목적에 맞지않은 커피숍에 가서 공부를 하는 사람들이 늘어가고 있는것이다.
두번째로는 실제 커피숍에서 집중이 더 잘된다는 과학적 근거가 있다. 이는 바로 백색소음(白色騷音)때문이다. 백색소음이란 일 정한 주파수 스펙트럼을 가지고 있어 귀에 쉽게 익숙해져 작업에 방해되지 않고 오히려 거슬리는 주변 소음을 덮어주는 작용을 한다. 예를들어 진공청소기나, 공기정화 장치, 파도소리, 빗소리, 폭포소리 등이 포함이 된다.

space program

독서실은 조용해야 된다는 상식을 버리고 역발상을 통해 '조용하지 않은 독서실' 을 만들어 보편적이지 않지만 바뀌어 나가는 트랜드에 맞추어 공간을 만들어 나가려고 한다.

Q

user가 이공간에 왔을때 어떤 감정을 느끼게 할 것인가?

freedom , active

Concept

자유로움을 조절하다.

공부하는 방법에 대한 트랜드가 변해가며 예전같이 혼자 조용한 곳에서 공부하는 사람보다는 카페같이 자유로운 공간에서 공부하기를 원하는 사용자들이 늘어나는 추세이다. 하지만 그렇다고 꼭 모두가 그런 것은 아니다. 때로는 조용한곳에서, 때로는 은은한 소음이 들리는 곳에서, 때로는 토론을 할 수 있는 시끄러운 곳에서 사용자가 선호하는 환경에 따라 이용 할 수 있도록 빛(light), 천장고(ceiling height), 투명도(transparency), 소음(noise), 흡음력(sound-absorbing power)을 갖고 공간마다 자유로움을 조절하고, 또 사용자가 이용하면서 그 공간의 자유로움을 조절하고 즐길 수 있게 하려고 한다.

자유로움을 조절하는 요소

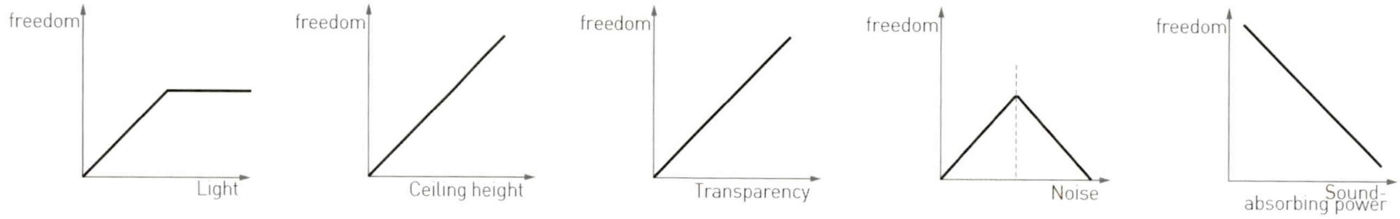

Ceiling height

자유로움을 느끼고 싶으면 공간의 넓이도 중요하지만 그만큼 공간의 높이도 중요하다. 흔히 천장고가 높으면 자유로움을 느끼고, 천장고가 낮으면 숙이고 들어가야 하지만 아늑한 느낌이 들 수 있고, 내 몸에 딱 맞는 천장고에서는 혼자만의 공간을 느낄 수도 있다. 이러한 공간의 높이에 따른 사람이 느끼는 감정(자유로움)을 조절하려고 한다.

Light / Transparency

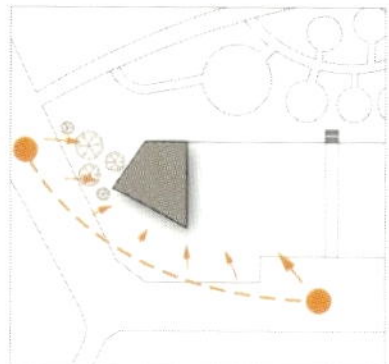

지형에 따라 빛의 방향을 고려해 불투명 유리와 투명유리(또는 폴리카보네이트)를 겹치고 또는 겹치는 거리차로 인해 공간마다 투명도와 빛의 양을 조절 하려고 한다.

Noise

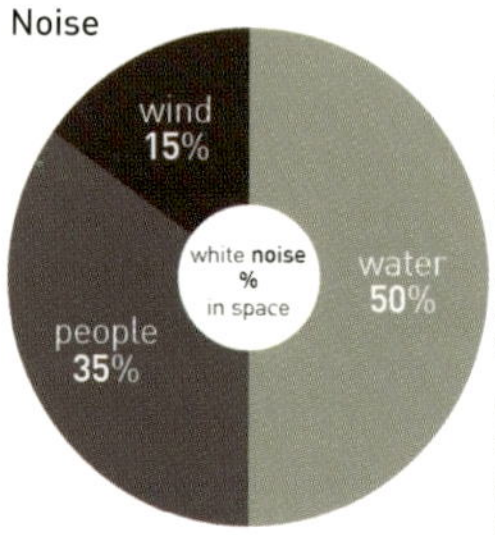

water **noise** (+gravity)
위에서 밑으로 떨어지려고하는 중력의 성질을 이용하여 2층에 수영장을 둬서 수영장을 이용하는 사람들에 의해 자연스럽게 물이 1층으로 내려와 백색소음을 발생하게 한다.

people **noise** (+conversation)
사람들에게 적당히 대화를 할수있는 공간을 주어 그 소리가 마감재에 의해 상쇄되어 들려 백색소음을 발생하게 한다.

wind **noise** (+temperature difference)
차가운 공기는 아래로 따듯한 공기는 위로 가려는 성질(온도차이의 의한 바람발생)을 이용하여 공간마다 그늘의 양을 조절하여 바람을 만들어 백색소음을 발생하게 한다.

Sound-absorbing power

sound-absorbing power →

ceiling	유리	노출천장	흡음텍스
wall	유리	목재	아트보드
floor	타일	목재	카펫

공간마다 흡음력(소리를 흡수하는 능력)이 다른 마감재를 사용하여 소음과 울림의 정도를 조절하려고 한다.

Furniture

일체형 가구

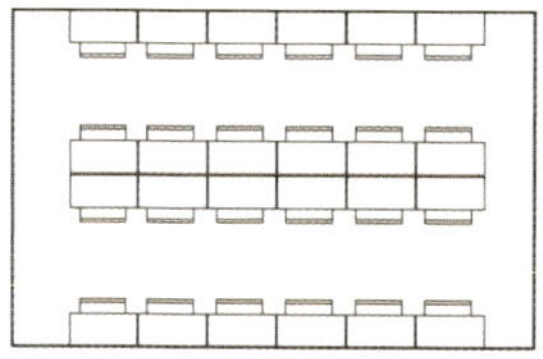

기존 독서실에 가장 큰 단점 (만들어져있는 공간)

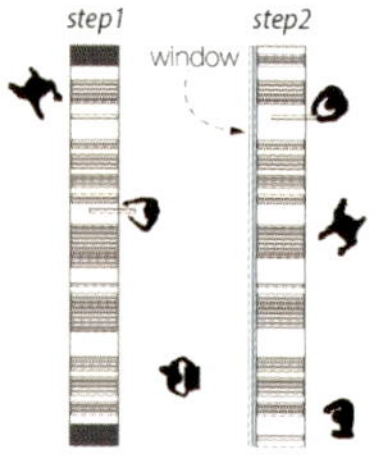

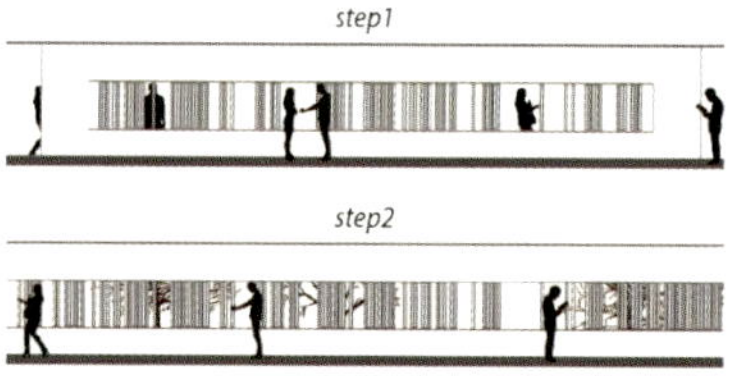

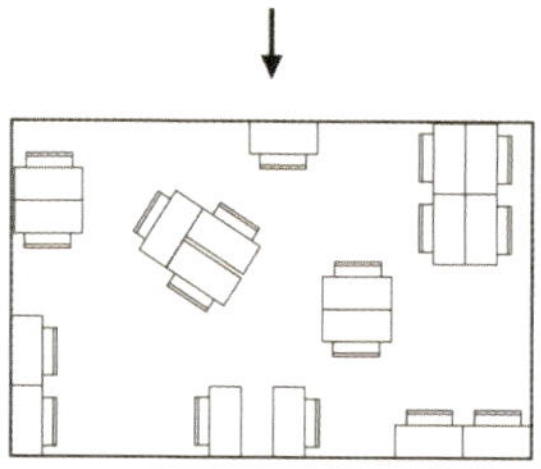

독서실 이용자들이 자유롭게 공간을 채워 나간다.

공간을 사용자들이 만들어 간다는 것에 중점을 두어 책상과 의자를 일체형으로 만들어 이동이 편리할 뿐만 아니라 평소에는 오브제의 기능까지 갖추어 공간에 적용하였다. 사용자들이 가구를 사용함에 따라 외부의 빛의 양이 증가할 수도 있고, 공간이 확장 되 자유로움을 조절할 수 있다.

매립형 가구

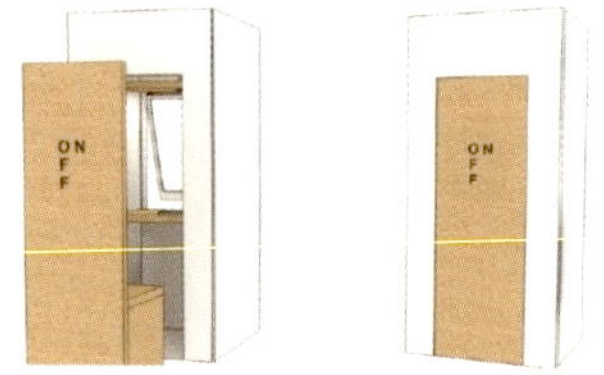

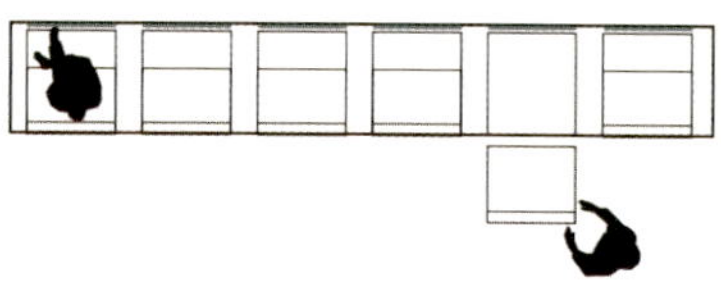

매립 형 가구는 의자와 책상이 딱 맞게 설계되어있어 사용자가 의자를 끌어당겨 앉게 되면 하나의 방(공간)이 만들어진다. 앞 뒤 옆이 막혀 자신만의 공간이 만들어지면 다른 의미에서 자유로워지게 되어 혼자만의 조용한 공간을 원하는 사용자가 이용하게 된다. 의자에는 센서가 달려있어 사람이 앉게 되면 OFF 에서 ON 으로 불이 들어오게 된다.

Site analysis

위치 서울특별시 동작구 신대방동 395 보라매공원 독서실
크기 30m x 12m = 360m2 / 108 평
주변시설 조경시설 : 잔디마당, 수경시설(연못, 벽천 등), 철쭉동산, 무궁화동산 등
운동시설 : 조깅트랙, 축구장, 테니스장, 다목적운동장, 농구장, 베드민턴장, X-game장, 인공암벽등반장, 게이트볼장, 지압보도, 헬스
편익시설 : 주차장, 매점, 음수대, 팔각정, 화장실, 벤치
유희시설 : 어린이놀이터 , 피크닉장, 바닥분수, 에어파크
교양시설 : 청소년수련관, 시민안전체험관, 동작구민회관
보안시설 : 시설물관리 감시용 CCTV 38대 24시간 녹화가동 중
기타시설 : 관악노인종합복지관, 지적장애인복지관, 남부장애인복지관

특징
- 주변에 학교와 아파트 단지가 많아 이용객이 많다.
- 공원 안에 있는 곳이라 자전거 이용객이 많다.
- 주변 다른 시설에 비해 도서관의 시설이 많이 낙후 되어있고 주변 환경과 어울리지 않는다.
- 주변 많은 대지들이 있는데 그에 비해 도서관의 크기가 너무 작고 1층으로 되어있다.
- 공원의 중심은 아니지만 세 개의 도로가 만나는 접합 점에 위치하기 때문에 유동인구가 많다.
- 도서관이 있을 만큼 조용한 위치가 아니다.
- 보라매공원은 공군사관학교를 개조하여 만들어서 도서관 뒤쪽으론 비행기 전시장이 있다.
- 가까운 거리는 아니지만 외각 쪽에 높은 빌딩이 있어 앞쪽으로 뷰가 그리 좋지 않다.
- 도서관을 기준으로 오른쪽에서부터 뒤쪽으로 3m경사가 있으며 왼쪽 뒤로는 15개의 계단이 있다

Mass strategy

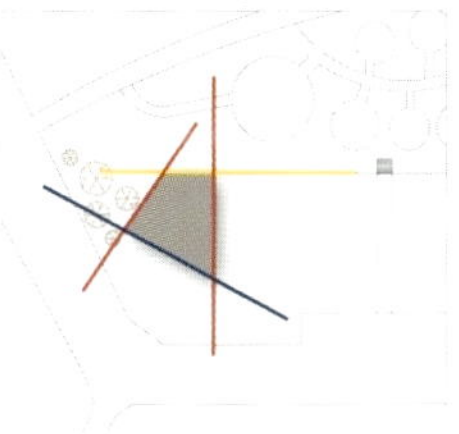

원래 있던 지형적 레벨차로 인한 축
bad view에 인한 축
3개의 길이 만나는 곳을 본 축

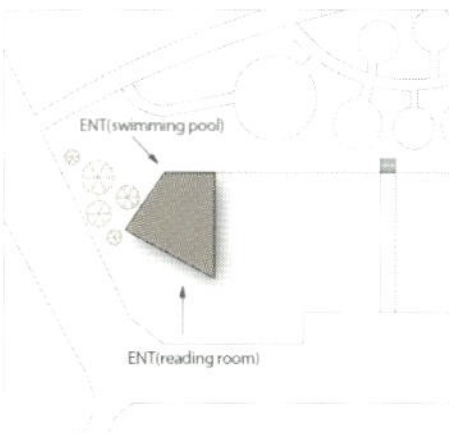

기본 지형적 특성을 통해 기본 mass를 형성하였다.

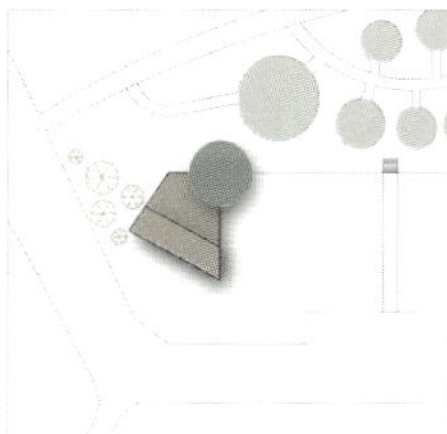

주변 대지를 이용해 수영장을 원으로 만들고 또한 수영 장과 수평적인 소통을 할 수 있게 도서관의 일부분을 2층으로 올려 서로를 볼수 있게 하였다.

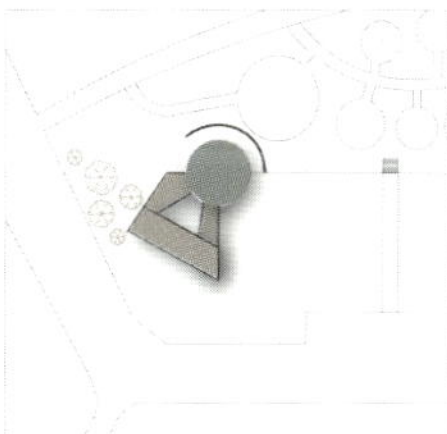

2층의 너무 근접해 있는 비행기 전시장에 가벽을 세워 가렸고 1층의 mass 중 중앙을 void시켜 오픈공간을 만들었다.

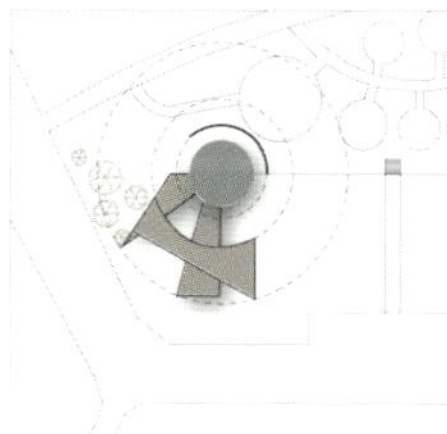

2층에서 접근할 때에는 수영장의 메인입구로써 직선적인 1층과 달리 최대한 자유로운 느낌을 주려고 한중심에서 뻗어 나가는 원을 이용하여 곡선만을 사용하였고 그 원이 1층의 mass까지 이어져 끝점을 맞췄다.

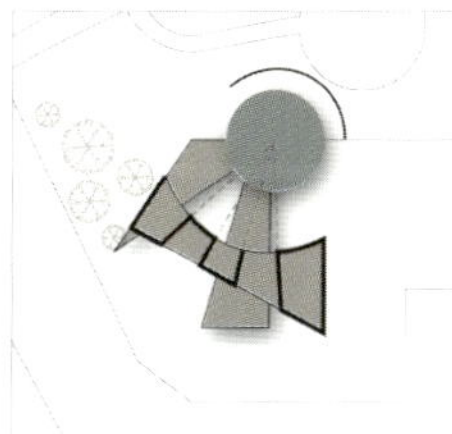

컨셉을 적용해 2층을 5개의 섹션을 나눠 각자의 섹션마다 자유로움(빛, 소음, 흡음력, 투명성, 천장고)을 조절하였다.

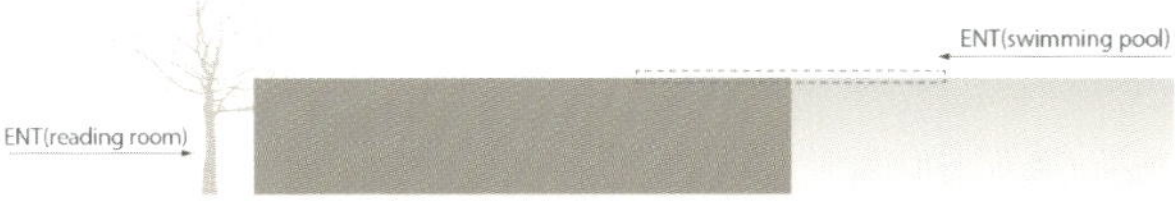

수영장의 물의 낙차(백색소음과, 시각적효과)를 이용하기 위해 2층으로 올리고, 지형의 레벨차를 이용해 독서실 이용자와 수영장 이용자의 접근을 다르게 해 서로의 동선에 방해 받지 않게 의도 하였다.

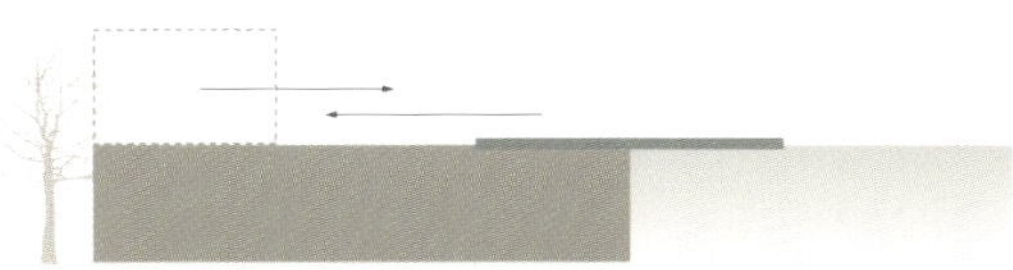

독서실 이용자와 수영장 이용자끼리의 수평적인 소통을 하기 위해 독서실을 2층으로 올려 서로의 시야를 확보 하였다.

독서실 이용자와 수영장 이용자끼리의 수직적 소통(수영장 이용객들에 의해 발생되는 물의 낙차로 인해 발생되는 소음)을 극대화 시키기 위해 2중으로 수공간을 설계 하였다.

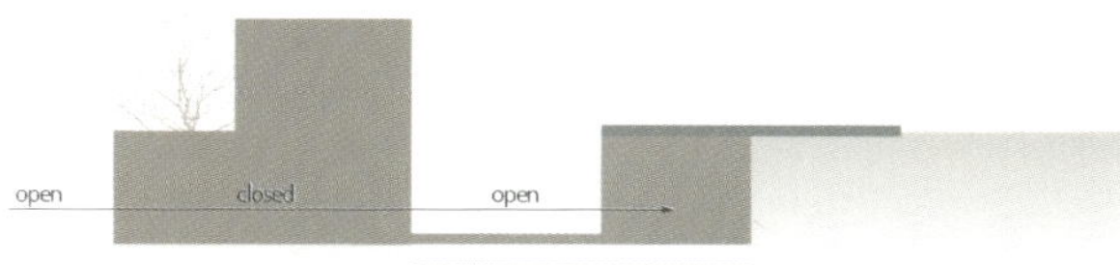

공원 특성상 너무 밝고 시끄러운 외부로 부터 한번 차단시켜 주고 차분하게 만들어 내부로 다시 들어 왔을때 오픈 공간의 백색소음과 함께 다른 공간임을 느끼게 할 수 있게 의도 하였다.

공간마다 조절되는 자유로움을 이루는 요소들

Light
Ceiling height
Transparency
Noise
Sound-absorbing power

3d modeling

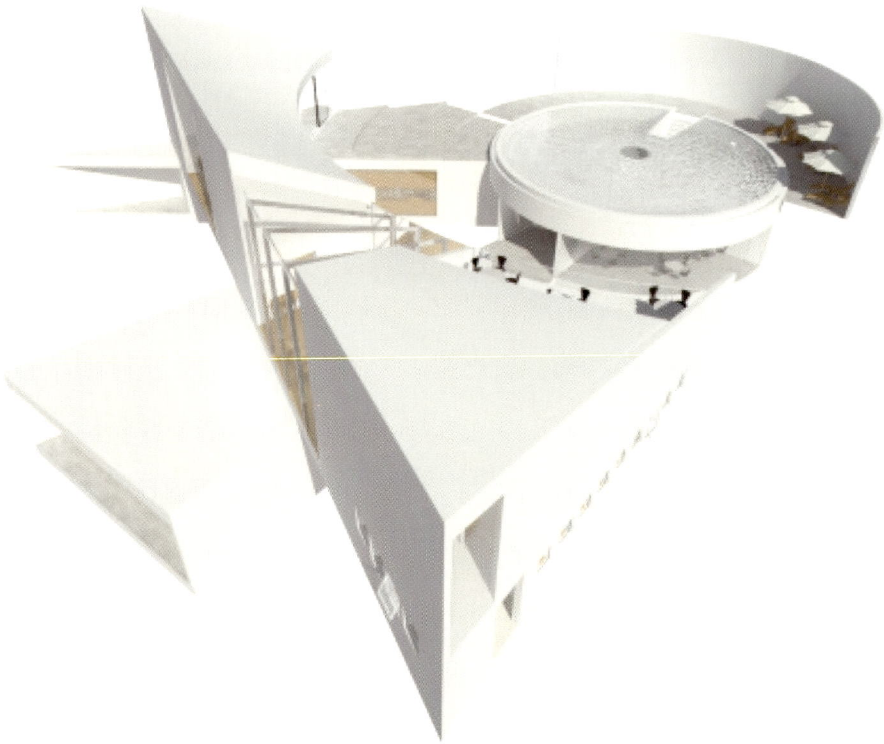

Plan

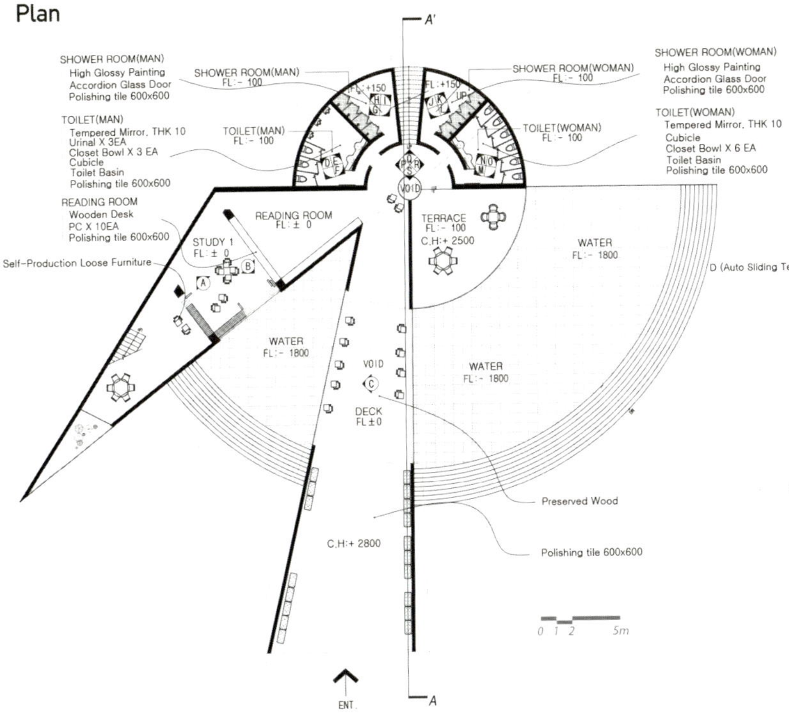

1floor plan

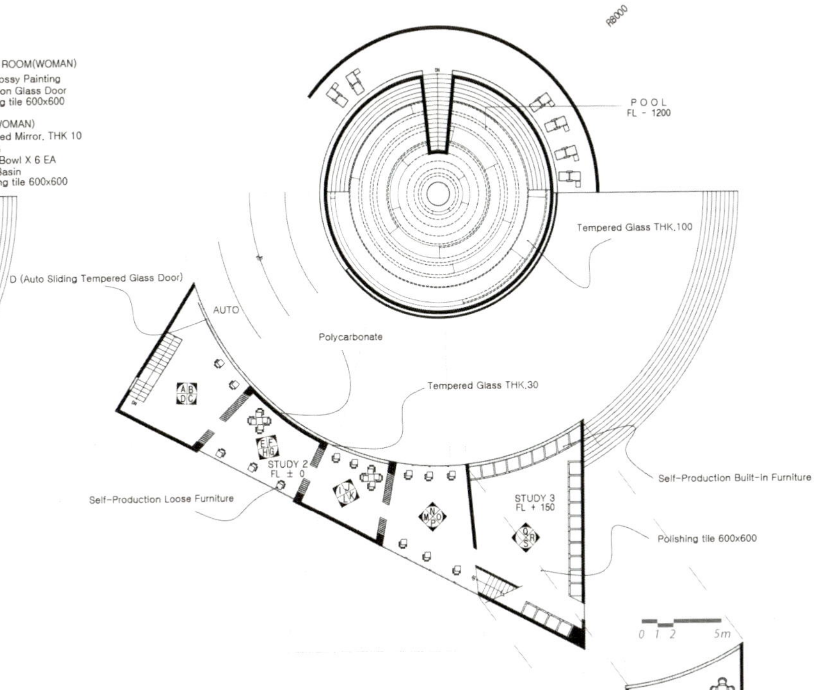

2floor plan

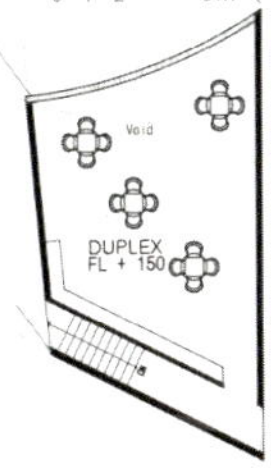

2'floor plan

A-A' elevation plan

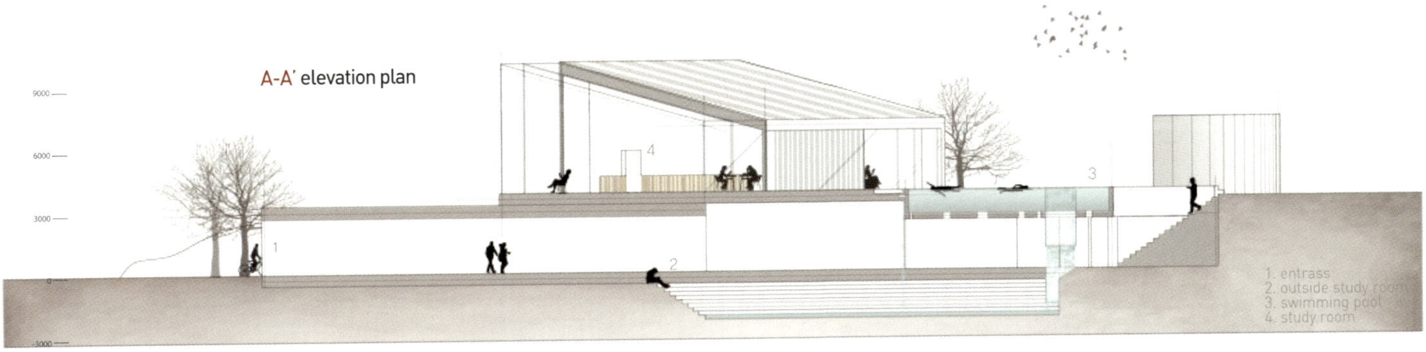

Modeling

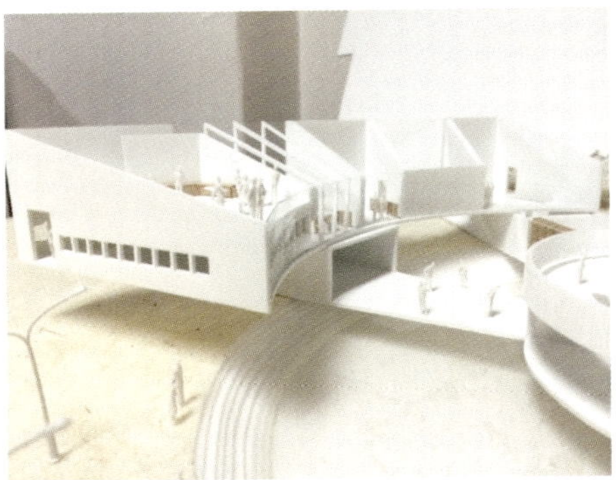

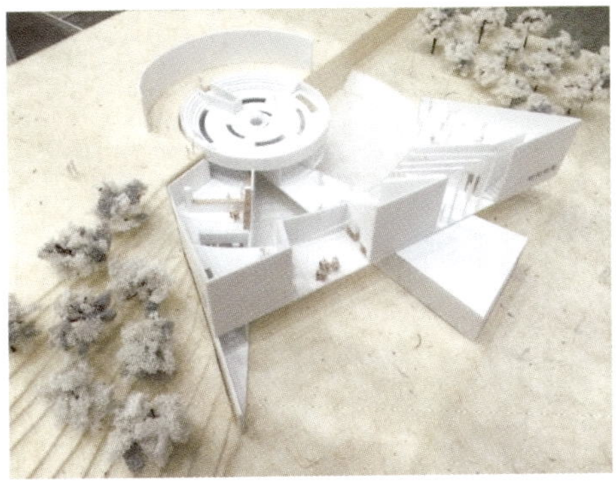

contents 2014

Dongyang Mirae University
Dept. of Interior Design
Interior Design Studio Review

The 13th narrative in spatial praxis

MATTER;REAL
41 PROJECTS

이제 시작
입니다!
^^

2004 _ *3rd* graduate exhibition [都心空間 開花展]

2005 _ *4th* graduate exhibition [autonomic space]

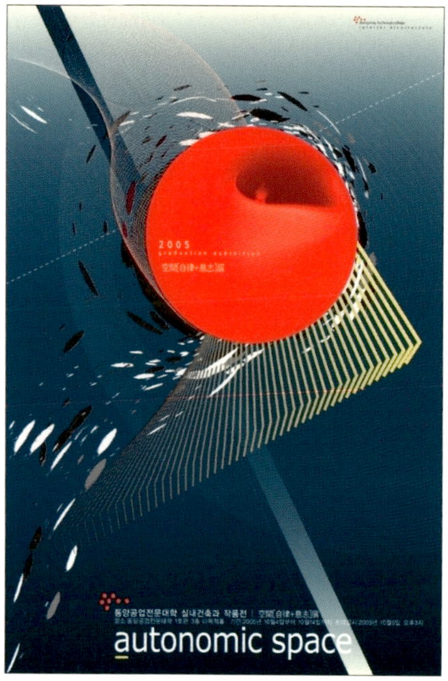

Award 2004

대한민국 환경디자인대전
- 최우수상 PANIC & AVOID

KIID INTERIOR DESIGN AWARD CONTEST
- 우수상 NEON PAVILION

대한민국 실내건축대전
- 우수상(실내디자인학회장상) honey comb
- 우수상(세계 실내건축연맹회장상) always here in sign
- 우수상(한국 실내건축공사협회 회장상) deep breath
- 특 선 The playground_path experience
- 입 선 match & matchbox space
  - culture sponge
  - 磁+間
  - youth play establishment on the axis
  - nomadic extreme park

Award 2005

DGID 실내건축대전
- 대상 [music_painting_puzzle space]:mi
- 장려상 UBI+MED
- 입선 MOSSING SYSTEM

대한민국 실내건축대전
- 특선 CULTURAL METABOLISM
- 입선 LAPUTA ; castle in the sky
  - Feel Freedom In Disorder
  - Urban Aging
  - KIOSK(BUS STOP TRAIN)
  - Nco's-Neo Company Sphare
  - 九折坂(LIVING & DINING)
  - PHOTO PLASTIC
  - Marina
  - Kinetic CUBE
  - UNIQUE NATURE OF THE FACILTY
  - Characteristics of the Public Places
  - Proliferous unit For Humanity
  - Neo Business House

JAD 국제디자인공모전
- 특별상 AURA+Rehabilitation system

한국 인테리어대전
- 특선 CULTURE PLATFORM
  - 1+0 House

경기도 디자인대전
- 우수상 STEREO PAVILION
- 특선 K2
  - 滄波

부산 인테리어 대전
- 특선 WATER PAVILION
  - BREATHING WATER

치유환경을 위한 의료시설공모전
- 입선 the primary school for handicaped people

2006 _ *5th* graduate exhibition [space+ medium]

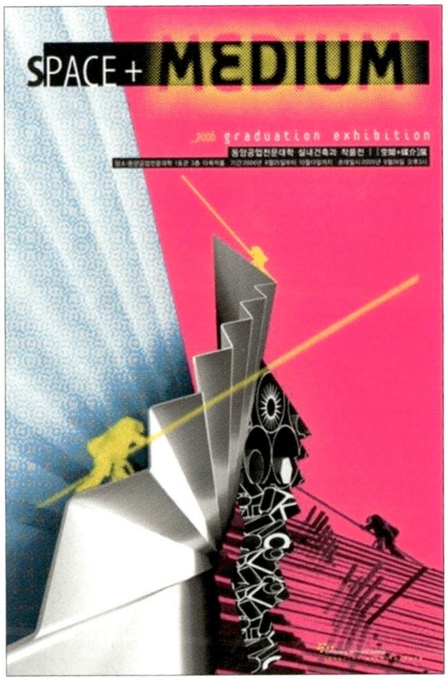

2007 _ *6th* graduate exhibition [FLUX]

Award 2006

KIID INTERIOR DESIGN AWARD CONTEST
- 장려상 BOUSE
  - 靜中動+空間
  - BLENDING EMOTION

대한민국 실내건축대전
- 입선 Dozen Objects Houses
  - Variable polic station
  - URBAN FILTER for sensibility car
  - Evening Glow
  - Emvelopment tactics
  - 곤충의 일상으로 보는 옴니버스
  - Culture Activity
  - MOVEMENT

DGID 실내건축대전
- 입선 本

한국 인테리어대전
- 입선 SSAMZIE
  - 아무것도 낯익은 것이라고는 없다

부산 인테리어대전
- 입선 the eurhythmics Operation System

Award 2007

대한민국 실내건축대전
- 최우수상 Feminism Positioning Pavillion
- 특선 THE BIO PLATE
  - Digilog in AV MUSEUM
- 입선 Safety Experience Center
  - ICAS.[Infinite Coexistence for Asian Students]
  - URBAN FILTER for sensibility care
  - 누리자
  - The Four Bubble Island
  - Road Channel 74434
  - CUBVILION
  - Agit of Artist and public
  - Memory Park
  - Cotton Bridge
  - Regeneration Feedback
  - The Way

DGID 실내건축대전
- 대구상공회장상 Hanging Nest Station

JAD 국제디자인공모전
- 입선 SFACE

KIID INTERIOR DESIGN AWARD CONTEST
- 특선 HOME ALONE

한국 인테리어대전
- 장려상 A Culture of Rhizome

부산 인테리어대전
- 동상 Esperanto

현대건설 뉴 컨셉 주거아이디어 공모전
- 입선 ONE's house
  - One House for 4 Generations, Community for 3 Households

2008 _ *7th* graduate exhibition [global & local]

Award 2008

DGID 실내건축디자인대전
- 최우수상 1
- 단체장상 1
- 특선 1
- 장려상 2
- 입선 2

37회 전국대학생 디자인대전
- 협회장상 1
- 입선 1

제1회 한국공간코디네이션 대전/ / INTERNI & Decor
- 특선 2

대한민국 실내건축대전 / 한국실내건축협회&LG화학
- 장려상 1
- 특선 2
- 입선 10

2009 _ *8th* graduate exhibition [GAP]

Award 2009

Autodesk Virtual Visualization Design Competiton/ ㈜오토데스크 코리아
- Autodesk상 1

DGID 실내건축디자인대전/대구실내디자이너협회
- 최우수상 1
- 관련단체상 1
- 특선 1
- 장려상 2
- 입선 16

대한민국 실내건축대전
- 특선 1
- 입선 7

제2회 한국공간코디네이션 대전/ INTERNI & Decor
- 은상 1
- 장려상 1
- 입선 3

2010 _ *9th* graduate exhibition [Change]

Award 2010

한국 공간코디네이션대전
- 대상 1
- 동상 1
- 특별상 4
- 특선 1
- 장려상 2

대한민국 공공디자인대상
- 우수상 1

제5회 유니버셜디자인공모전
- 최우수상 1

대한민국 실내건축대전
- 장려상 1
- 입선 6

DGID 실내건축대전
- 특선 3
- 장려상 4
- 입선 9

제2회 공공디자인 공모전
- 장려상 1

제1회 아름다운 FENCE디자인 공모전
- 동상 1

전국 대학생 막걸리 용기디자인 공모전
- 입선 1

2011 _ *10th* graduate exhibition [Design speaks today]

Award 2011

디자인대전
- 동상 1
- 특선 4
- 입선 9

DGID 실내건축대전
- 우수상 3
- 장려상 7
- 특선 3
- 입선 11

한국 공간코디네이션대전
- 은상 3
- 특별상 2
- 특선 3
- 장려상 9

2012 _ *11th* graduate exhibition [Sharing Rising restoring]

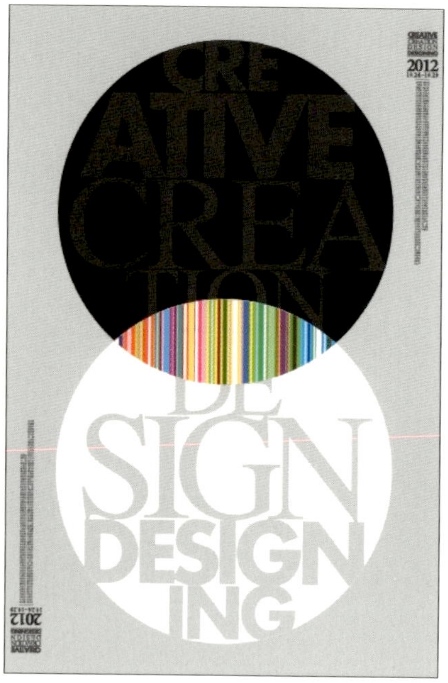

Award 2012

양성평등 공공디자인 전국공모전
- 은상 1
- 특선 1

국제 조명디자인 공모전
- 대상 1
- 은상 1
- 동상 1
- 특선 1

공간국제학생 실내건축상
- 특선 2

공공시설물 시민공모전
- 장려상 1

디자인대전
- 특별상 1

2013 _ *12th* graduate exhibition [예(禮) : 공간을 말하다]

Award 2013

제11회 부산국제건축문화제 실내건축대전
- 동상 1

DGID 실내건축디자인대전/대구실내디자이너협회
- 장려상 1
- 특선 1
- 장려상 2
- 입선 4

국제 조명디자인 공모전
- 동상 1

국제 공간환경디자인 공모전
- 특선 1

한국 공간코디네이션대전/ INTERNI & Decor
- 대상 1
- 동상 1

annual_2004 *Interior Architecture Studio _DESIGN REVIEW*

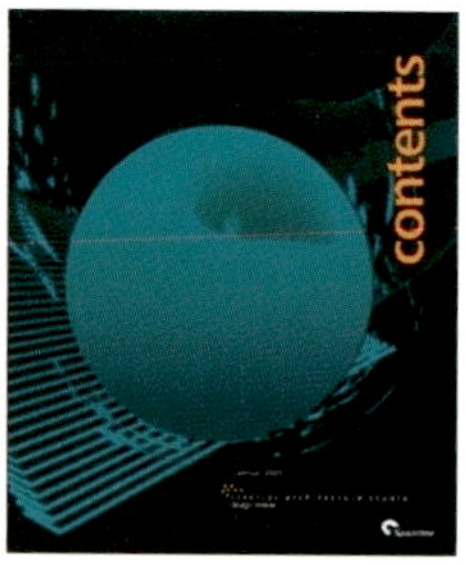

annual_2005 *Interior Architecture Studio _DESIGN REVIEW*

annual_2007 *Interior Architecture Studio _DESIGN REVIEW*

annual_2009 *Interior Design Studio _DESIGN REVIEW*

annual_2010 *Interior Design Studio _DESIGN REVIEW*

annual_2011 *Interior Architecture Studio _DESIGN REVIEW*

annual_2012 *Interior Architecture Studio _DESIGN REVIEW*

annual_2013 *Interior Architecture Studio _DESIGN REVIEW*

FHHS2010 - *The 1st Hidden Space Project* "LIVING BRIDGES"

FHHS2011 - *The 2nd Hidden Space Project* "URBAN ROOFTOPS"

FHHS2012 - *The 3rd Hidden Space Project* "HIGH STREET"

FHHS2013 - *The 4th Hidden Space Project* "THE RISE OF THE CREATIVE DISTRICT"

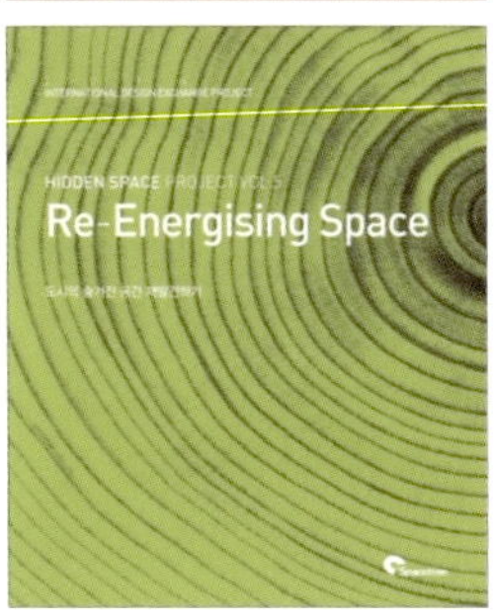

FHHS2014 - *The 5th Hidden Space Project* "RE-ENERGISING SPACE"

*FHHS (Future Horizon for Hidden Space)

2010년 [LIVING BRIDGES]주제로 영국 런던 메트로폴리탄대학과 한국의 가천대학교, 한국의 동양미래대학교가 공동으로 런던 아키텍 페스티벌 참가하면서 시작된 FHHS는 우리시대 숨겨진 공간들을 10년간 10개의 주제로 교류전을 기획, 현재 5회까지 진행했으며 이후 주제를 현재 기획중이다.
FHHS는 이후 계속해서 우리주변의 숨겨진 공간들을 찾아 열정과 지혜, 그리고 성찰의 노정(路程) 을 계속해 나갈 예정이다.

Published By 2014 Intreior design studio - MATTER;REAL - Project
(Park, Young Tae / Lee, Mi Kyung / Lee, Eun Ryung)

Total Design
Park, Young-Tae | DONGYANG MIRAE University
만든이 | 동양미래대학교 박영태
편집, 기획, 사진, 표지, 디자인 | 박영태
편집보조 | 최승민, 양정은, 이소라

펴낸날 | 2014. 9.27. 1쇄 발행
발행인 | 김기현
발행처 | spacetime · 시공문화사
등 록 | 1993년 3월12일 1-1493
주 소 | 120-796 서울시 서대문구 독립문공원길 13 극동프라자 5층
전 화 | 02-3147-1212
팩 스 | 02-3147-2626
ISBN | 978-89-5592-306-3

정가 | 20,000원